基礎から学ぶ

環境学

後藤尚弘＋九里徳泰

［編著］

朝倉書店

執筆者（執筆順）

*九里 徳泰（くのり のりやす）	相模女子大学学芸学部英語文化コミュニケーション学科　（1, 4〜6章）
*後藤 尚弘（ごとう なおひろ）	豊橋技術科学大学環境・生命工学系　（2, 3, 9章）
立花 潤三（たちばな じゅんぞう）	富山県立大学工学部環境工学科　（7章）
東海林 孝幸（とうかいりん たかゆき）	豊橋技術科学大学環境・生命工学系　（8.1〜8.3節）
高見 徹（たかみ とおる）	大分工業高等専門学校都市・環境工学科　（8.4〜8.6節, 12章）
鈴木 渉（すずき わたる）	国際連合大学サステイナビリティ高等研究所　（10章）
佐伯 孝（さえき たかし）	富山県立大学工学部環境工学科　（11章）
田畑 智博（たばた ともひろ）	神戸大学大学院人間発達環境学研究科　（13章）

＊は編集者．（　）内は執筆担当．

はじめに

　本書は大学において環境をはじめて学ぶ人のための本である．また，環境問題に興味を持った人が，環境問題を解決するために踏み出さなければならない最初の一歩を考えるための本である．

　環境問題は人類の存続に関わる問題である．1950～1960年代以降の公害を解決するために人類が払ってきた犠牲を振り返れば，環境問題を認識することの必要性は論をまたないであろう．半世紀以上にわたる公害・地球環境問題への取組みは，我々の社会に環境問題を広く浸透させてきたし，今後もそれが変わることはないであろう．どんな人間活動であってもその根底には環境問題があり，それを無視することはできない．それは環境問題を専門とする人だけでなく，すべての人にとって不可欠な視点である．

　一概に環境問題といってもその仕組みは極めて複雑である．経済と環境，食料とバイオ燃料，医療と人口問題，技術進歩と化学物質….環境問題はトレードオフの無数の組合せである．だからこそ，すべての人にとって環境問題は不可欠な視点となる．複雑に絡み合ったパズルを解きほぐすためには，専門性と同時に俯瞰的視点が必要である．専門性は解決策を見出すためのものであり，技術や政策などの個別対策である．専門性に基づいた個別対策が，環境問題解決を牽引していく．一方，環境問題は多くのトレードオフを内包することから，対策導入前は波及効果について予測し，導入後はその波及効果を評価しなければならない．このような俯瞰的視点がなければ，個別対策は機能しない．

　高等教育機関は専門性を学ぶ場であるという要素が強いことから，細分化され，大きく文系，理系に分かれている．そのシステムは専門を学ぶという観点からは効率がよいが，環境問題は文理の枠にとらわれない俯瞰的視点が必要となることから，弊害となる場合もある．文系学問を履修する学生には理系的観点からみた環境問題を，理系学問を履修する学生には文系的観点からみた環境問題を，それぞれ意識してほしい．

　本書はすべての学生に向けた本であり，文理を問わず様々な内容を含んでいる．文系学生に配慮し，理系分野については数式や化学記号をなるべく使わずにわか

りやすい表記とした．理系学生には，環境問題に関わる社会学や経済，経営学という文系学問をわかりやすく表記した．読者は，自分の専門以外の内容の理解を心がけてほしい．ただし，本書は専門外の人にわかりやすい内容を心がけているが，決して平易な内容だけに終始していない．一般的内容の先には専門性に基づいた個別対策があることから，本書は次の専門へ進もうとする人にとっても読み応えのある内容となっている．

環境問題は極めて複雑であるが，人類の存亡に関わる問題でもある．読者が何か行動を起こすにあたって，その行動が環境へ与える影響を意識してくれるようになれば本書の目的は達成したといえよう．

［先生方へ］

大学の講義は多くの場合15講で完結する．本書は13章から成り立っており，2講分が抜けている．その2講分には次の2つのどちらか，もしくは両方を取り入れてほしい．

まずは，「重要な環境問題とは何か」，あるいは「環境問題を解決するために必要な対策は何か」などの討論を取り入れてほしい．環境問題解決のためには様々なステークホルダーの意見を調整することが極めて重要である．他人と議論することにより自分の気づかなかった問題を認識することができ，環境問題解決のための大きな力となるであろう．

もう1つは，先生方の専門分野の話をしてほしい．本書は広く環境問題を網羅した教科書であり，各章は入門から高度な内容まで書かれている．しかしながら，環境問題解決のためには，その先にある技術開発や社会システム，イノベーションなどの個別対策が必要である．そのような個別対策を生み出すためには専門性は重要であり，本書の一般的内容から専門性への橋渡しをするような講義をしてほしい．

2013年8月

後藤尚弘

目　　次

1. **地球環境問題と持続可能な開発** …………………………………… 1
   1.1 宇宙船地球号　1／　1.2 9つの地球環境問題　3／　1.3 環境と開発の共生の時代に　9／　1.4 人間社会と生態系の持続不可能な状態　14／　1.5 これからの地球環境問題を考える　16

2. **環境問題の歴史** ………………………………………………………… 18
   2.1 公害の歴史と科学　18／　2.2 技術と資源消費の歴史　23／　2.3 世界の環境問題の歴史　33

3. **地球温暖化** ……………………………………………………………… 36
   3.1 温室効果とは何か？　36／　3.2 温室効果ガスとは何か？　37／　3.3 気候変動の影響　38／　3.4 温室効果ガス排出量　39／　3.5 地球温暖化対策　41

4. **企業と環境** ……………………………………………………………… 52
   4.1 企業と環境問題　52／　4.2 企業の社会的責任（CSR）　54／　4.3 環境マネジメントシステム（EMS）と環境経営　56／　4.4 トリプルボトムライン経営とステークホルダー経営　59／　4.5 環境問題におけるフリーライダー問題と外部不経済　61／　4.6 企業における環境経営の実践とその評価　63

5. **社会と環境** ……………………………………………………………… 68
   5.1 環境倫理　68／　5.2 サステナビリティ　73／　5.3 環境教育　77／　5.4 新しい公共における環境NPO/NGOの働き　86

6. 環 境 政 策 ·· 89

6.1 環境政策とは何か？ 89／ 6.2 日本の環境政策の歴史 90／
6.3 環境政策の原理と原則 98／ 6.4 環境政策の計画と評価 101／
6.5 環境政策の手法 103

7. エネルギー ·· 106

7.1 エネルギー資源と環境 106／ 7.2 化石燃料 106／ 7.3 原子力 109／ 7.4 再生可能エネルギー 111／ 7.5 これからのエネルギー利用システム・技術 119

8. 大気・水と環境 ··· 123

8.1 大気汚染の定義と環境基準 123／ 8.2 大気拡散 126／ 8.3 大気環境の予測手法 131／ 8.4 水質汚濁の科学 134／ 8.5 水質汚濁防止に関する法的規制 135／ 8.6 水質汚濁に関する対策技術 137／ 8.7 砂漠化と水資源 141／ 8.8 ウォーターフットプリント 142

9. 大地と環境 ·· 145

9.1 地球の歴史 145／ 9.2 土壌 150／ 9.3 農業と環境 152

10. 生物多様性 ··· 159

10.1 生物多様性とは 159／ 10.2 生物多様性と政策 167／ 10.3 問題解決に向けた動き 171

11. 廃 棄 物 ··· 175

11.1 廃棄物の定義と分類 175／ 11.2 廃棄物の現状 177／ 11.3 廃棄物の流れ 179／ 11.4 処理技術 183／ 11.5 有機性廃棄物のリサイクル技術 185

12. 化 学 物 質 ··· 188

12.1 化学物質の環境影響 188／ 12.2 化学物質の法的規制と管理 194／ 12.3 環境リスクとリスクコミュニケーション 196

13. 持続社会と資源循環 ··· **198**
　13.1　資源面からみた持続可能性　198／　13.2　資源循環の評価手法　201／
　13.3　循環型社会の構築に関する取組み　207／　13.4　持続可能な消費　211

おわりに ·· 217

付　録 ·· 219
　付録1　環境と開発に関するリオデジャネイロ宣言　219／　付録2　サステナ
　ビリティの各類型の例　220／　付録3　水質汚濁にかかる環境基準　221

索　引 ·· 225

1. 地球環境問題と持続可能な開発

　平成2年版環境白書で，地球化時代の環境問題という新しい項目が登場した．これまでの地域で発生する公害問題だけでなく，地球規模での環境問題が世界的な問題として顕在化してきたからだ．本章では，地球環境問題の歴史とその内容，さらにこれからの地球環境問題を学ぶ．

1.1　宇宙船地球号

　1972年，ローマクラブという世界的なシンクタンクが『成長の限界』という報告書を発表した．これは，人類が現在のまま経済成長を続けていくと，数十年以内に，人口爆発，食料危機，資源枯渇，エネルギー不足，そして環境汚染という5つの深刻な問題に直面し，その成長の限界に達すると予測したものだ．この報告書を作成したのは，マサチューセッツ工科大学（アメリカ）のデニス・メドウズらで，この予測研究には，地球を「巨大な容器」とみなす，「ワールド3」というシミュレーションモデルが用いられた．

　一方，現代のレオナルド・ダ・ビンチと呼ばれたバックミンスター・フラーは，1969年に『宇宙船地球号操縦マニュアル』のなかで，地球を1つの宇宙船とみなし，人類がそれをうまく操縦していく方法を述べた．当時はある種滑稽で，ユーモアのある考えと捉えられたが，その思想の根底には，地球は「精緻な機械」である，つまり複雑な生態系の多複重性があるとの考えがあった．

　その後，NASAの科学者だったジェームズ・ラブロックが，1979年に『地球生命圏』という著作において，「地球とは，1つの【大いなる生命体】である」という「ガイア思想」と呼ばれるものを提唱した．

　三者に共通するのは，地球を1つの複雑なシステムの集合体と考えた点だ．地球のことを，メドウズは「巨大な容器」といい，フラーは「宇宙船地球号」と認識し，ラブロックが「ガイア＝大いなる生命体」と呼んだ．そもそも，「宇宙船地球号（Spaceship Earth）」という考え方を最初に言い出したのは，経済学者のケネス・E・ボールディングである．1966年の「The economics of the coming spaceship earth」という文章で，たとえ話として経済の2つの型を説明した．1つは

「カウボーイ経済」，もう1つは「宇宙飛行士経済」である．前者は，西部開拓時代のように無限の大地で資源を旺盛に利用し，無頼にふるまう．後者は，宇宙船という有限の環境で，再生可能な物質循環と生態系システムを確立する経済といえる．この2つの経済の違いは，消費である．前者では消費はよいことであり，後者では生産と消費よりも，資本の維持と技術革新が重要である．前者の経済が続くと，将来の子孫から「あなた方は私たちのためにかつて何をしてくれましたか．」と質問されたときに，どう答えてよいか困ることになるだろう．

さて，我々が乗り組んでいる宇宙船地球号は，いまやその乗員数が70億人を超え，21世紀半ばには100億人を超えるという予測もある．宇宙船地球号の定員については諸説あるが，毎年9000万人の乗組員を増やしながら，どうもほぼ限度に，しかも急速に近づいているのではないかと多くの人は考えている．乗員数の増加だけではない．これだけの乗員を養うには食料もいるし，エネルギーも必要だし，空気も必要だ．そして人間は自分達が乗っている宇宙船地球号の船体にガタが出ていることに見て見ぬふりをしている．船内環境の悪化から人間や生物が生存できなくなるという事態になりつつあり，鳥のさえずりも聞こえない沈黙の宇宙船になろうとしているにもかかわらずである．問題は，船内の生物生存の基盤である生態系が破壊されだしているということだけではない．重要なのは，船内の環境は徐々にゆっくりと破壊されるのではなく，指数関数的な環境悪化により短期間で一気に破壊されるということである．それは，この地球が複雑なシステムの集合体であり，そのダイナミズムはまさに複雑系であることによる．複雑なシステムの最大のポイントは，複雑がゆえ様々な外部環境に強い半面，原因から結果を予測するのが難しく，最初のわずかな違いがまったく違う結論を導き出す初期値敏感性という現象があることだ．宇宙船地球号の乗組員である人類こそ，この初期値敏感性が全体に複雑に無限に影響を与えることを認識すべきである．とはいえ，世界の多くの人は自分に身近なこと，数日以内のことにしか関心を払っていない．人々の生活は楽ではなく，自分と家族の日々の食料を確保するために多くの努力をしなくてはいけない．個人の時間的視野ならびに空間的視野は，文化，過去の経験，直面する問題の緊要性に依存する．したがって，時間的・空間的スケールが大きくなるほど，問題の解決に関心を持つ人は少なくなる．小さく，すぐに解決できる問題はよいが，大きく，手をつけにくい問題は後回しにされてしまうのだ．これを社会心理学では認知的不協和というが，このように放っておくと，宇宙船地球号の環境は悪化し続けてゆくのである．

1.2　9つの地球環境問題

平成2年版環境白書では，地球化時代の環境問題（地球温暖化，オゾン層の破壊，酸性雨，熱帯林の減少，砂漠化の進行，途上国の公害問題，野生生物種の減少，海洋汚染，有害廃棄物の越境問題）が指摘されている．公害問題だけでなく地球規模での環境問題が世界的な問題として顕在化してきたためである（図1.1）．

1.2.1　地球温暖化

地球の表面気温が上昇して気候が変わってしまう現象をいう．国際的には一般に気候変動（climate change）と呼ばれる．原因は温室効果ガス（主に二酸化炭素）である．

産業革命以降，産業や交通の発達によって，工場や発電所，自動車から，二酸化炭素を含んだ排気ガスがたくさん出るようになった．二酸化炭素は，地上から放射する赤外線を溜め込んで，地球全体を温室のようにしてしまう（温室効果）．具体的には，産業革命前に安定していた二酸化炭素濃度が280 ppmから390 ppm（2013年現在）まで，1.4倍に上昇してしまった．その結果，19世紀以降，地球の平均気温が0.3～0.6℃上昇したといわれる．このような急激な気温の上昇によ

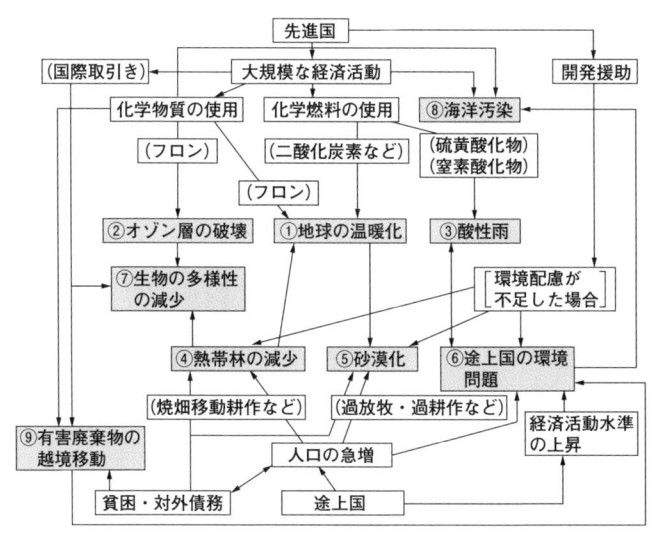

図1.1　9つの地球環境問題
環境庁（1990）より．

る影響として，海面水位上昇による土地の喪失，豪雨や干ばつなどの異常気象の増加，生態系への影響や砂漠化の進行，農業生産や水資源への影響，マラリアなどの熱帯性の感染症発生数の増加など，地球環境と我々の生活に甚大な被害が及ぶと考えられる．温室効果ガスの排出総量を抑えることが，温暖化問題解決の単純だが難しい課題となる．

1987年に初めて温暖化防止策を検討する会議がイタリアのベラジオで開催されて以来，国際的な対応が行われ，1997年には京都議定書が採択された．しかし当初批准したアメリカなどが離脱し，2008〜2012年に実施されており，効果は限られたものであった（第3章参照）．

1.2.2 オゾン層の破壊

フロン（CFC）類はかつて，「夢の物質」といわれた．安価でとても安定した物質であり，スプレー，クーラーの冷媒，精密機器の洗浄用溶媒として様々な分野で使用されてきた．しかし，このフロン類が大気中に放出されると，10年以上かけて成層圏に到達し，太陽紫外線によって分解され塩素原子を放出する．この塩素原子は，成層圏にあるオゾンと連続的に反応してオゾン層を破壊してしまう（1つの塩素原子が1万個のオゾン分子を壊す）．オゾン層破壊の原因となる物質はフロン以外に，トリクロロエタン（有機塩素化合物），四塩化炭素，ハロン，臭化メチルなどがある（12.1.1項参照）．

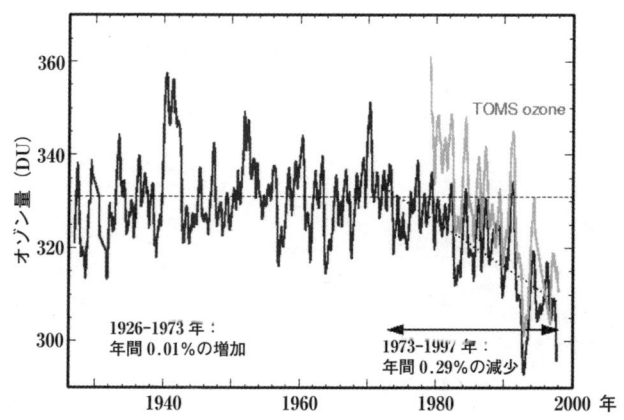

図1.2 スイスのアローザにおけるオゾン層の推移
DU（ドブソン）はオゾン量を表す単位．http://jwocky.gsfc.nasa.gov/multi/multi.html より．

オゾン層は，1973年を境に破壊され始め急速に減少していった．南極上空のオゾンホールは，1982年の日本の観測隊が，10月にオゾン層が薄くなることを発見し，後に衛星画像で確認された．1985年にはイギリスの研究者が10月の南極上空のオゾン層が減少していることを論文で指摘し，国際的な環境問題として扱われるようになった．オゾン層が破壊されると，地上に到達する有害な紫外線が増加し，皮膚ガンや眼病などの健康被害を起こすとされ，野生動植物やプランクトンの生育の変化から生態系への影響も考えられる．さらに，オゾン層破壊物質の多くは温室効果ガスでもあり，地球温暖化を助長することもある．オゾン層破壊の防止は，ウィーン条約（1985年）やモントリオール議定書（1987年）により前進し，日本では1988年にオゾン層保護法が制定された（12.2.1項参照）．成層圏におけるオゾン層破壊物質の総濃度は1990年代後半の最大値から減少傾向にあり，南極域のオゾン濃度は2060〜2075年ころに，正常であったころ（1973年ころ）の値に戻ると予測されている．

1.2.3　酸性雨

石炭や石油といった化石燃料の燃焼によって生じる硫黄酸化物や窒素酸化物が大気中で化学変化し硫酸や硝酸に変わり雨に溶けて降る現象を酸性雨といい，pH 5.6以下の雨のことを指す．酸性雨の特色として，原因物質が，発生源となる地域から数千kmも離れた地域に運ばれることもある（越境汚染）．欧米では湖沼の酸性化や森林の立ち枯れが確認されている．その他にも魚類などへの影響，建築物や石像などの歴史的資産への影響，地下水の酸性化などが考えられる．酸性雨による影響はヨーロッパ，北米などの先進工業国のほかに，中国，東南アジアなど世界的な規模で発生している．日本でも，欧米並みの酸性雨が観測されているが，生態系への影響は現れていないと考えられている．ただし今後も酸性雨が降り続くとすれば，将来，日本でも影響が発現する可能性が考えられる．

国際的な取組みとして，1979年に「長距離越境大気汚染条約」が採択され，1985年の「ヘルシンキ議定書」で硫黄酸化物の排出量削減，1988年には「ソフィア議定書」で窒素酸化物の排出量削減が宣言された．1994年には，硫黄酸化物排出量の国別の削減目標が「オスロ議定書」によって規定された．酸性雨を防ぐためには，工場や発電所などの固定発生源，および自動車などの移動発生源において，大気汚染物質の発生総量を抑制，除去することが重要である．

1.2.4 熱帯林の減少

文明が発生し人類の活動領域が拡大していくにつれて，木材の使用量や開拓地の面積が増え，世界の森林が少なくなってきている．特に熱帯林の減少が顕著である．木を切ってはいけないわけではなく，持続可能な森林管理が必要である．森林破壊は温帯の先進地帯から始まり，近年は途上国における急激な熱帯林の減少が問題になっている．熱帯林での焼畑耕作，燃料用木材の採取，放牧地・農地への転用，不適切な商業伐採などが原因に挙げられる．

焼畑耕作とは森林を焼き，残った灰を養分に耕作することで，焼畑から発生する灰と炭素は一時的に土壌を豊かにするが，数年耕作すると土壌の養分は少なくなってしまう．また，その耕作地が放棄されると熱帯気候の激しい雨に洗い流され，土地は荒廃し豊かな森林が半砂漠化してしまう．

途上国で人口が増加したことによる人口圧力から土地利用が変化することもある．途上国では熱量の多くを木材に依存しているため薪炭材が過剰に採取され，森林が放牧地や農地へ転用されており，不適切な商業伐採も挙げられる．この背景には，貧困，急激な人口増加などの問題がある．

そもそもの森林の役割は，自然のダム，生物多様性の宝庫，大気の浄化装置である（10.1.5項参照）．森林破壊は洪水，土砂崩れなどの災害の誘発，多数の種と遺伝子の絶滅，地球温暖化を加速させている可能性もある．このような状況で，国際的な対応として1985年に国連食糧農業機関は熱帯林行動計画を採択し，1986年に国際熱帯木材機関が設立された．1992年の地球サミットでは森林に関する初めての世界的合意である森林原則声明が採択された．日本国内では「森のISO 9001」のような健全な森という品質に認証を与える森林認証システムが生まれている．日本の木材消費は多くを外材に頼っており，ヨーロッパのように木材の持続可能な消費を促すような政策やシステムは出来上がっていない．

1.2.5 砂漠化の進行

砂漠化は，人為的要因（植生の再生可能スピードを超えた人間活動）により，土地がやせて植物が育たなくなり，砂漠のようになってしまうことをいう．一度砂漠化してしまった土地は，膨大な労力と費用をかけない限り，元に戻すのは困難である．気候変化に伴う砂漠化はここには含まない．具体的には，家畜の放牧や耕作の休耕期間を短縮したために土地がやせてしまうことが考えられる．砂漠化は環境問題にとどまらず，食料不足から起こる飢餓や内戦など社会的混乱を引

き起こす可能性もある．平成2年版環境白書によると，砂漠化の影響を受けている土地は地球上の全陸地の約1/4で，耕作可能な乾燥地域の7割になる．世界人口の約1/6（約9億）が影響を受けている．

　国際的な対応として1977年に国連砂漠化防止会議が開催され，1996年に砂漠化対処条約が発効しており，特にアフリカの砂漠化防止に焦点が当てられている．

1.2.6　途上国の公害問題

　途上国における急激な人口増加，都市への人口集中，急激な工業化の結果として，大気汚染，水質汚濁が起こり，熱帯林の減少，野生生物種の減少，砂漠化などが起こる．その原因としては，都市基盤，環境保全政策，公害防止対策の未整備などが挙げられる．途上国で有効な対策を進めるためには先進国などの協力が不可欠であり，経済成長と環境保全の調和をとりながら国家政策を行うことが極めて重要な問題となっている．

　国際的な対応としては，調査，研究，人材育成（教育），資金・技術援助が行われており，日本では国内制度整備と途上国の政策決定者へのキャパシティビルディング（能力開発）が行われている．

1.2.7　生物多様性の減少

　人間による生息環境（ハビタット）の破壊や乱獲などにより急速に遺伝子，種が絶滅し，生態系が壊されている問題である．例えばホットスポットという，地球上で最も動植物が豊かに生息する場所でありながら，生物多様性が最も危機に瀕している場所がある．現在世界の25地域が特定されており，その重要性からホットスポットでの生物多様性の確保が急務と考えられる．また1966年に国際自然保護連合が，世界規模で絶滅のおそれのある動植物をリストアップしランクづけした（レッドデータブック）．世界各国でレッドデータブックづくりが進められており，日本ではエゾオオカミ，トキ，ニホンカワウソなどが挙げられている．

　国際的な対応としては，1992年の地球サミットで生物多様性条約が採択され，2010年には名古屋でCOP10が開催された．締約国には，生物多様性の保全のために国家戦略を策定することと，大きな開発には環境影響評価を行うことなどが義務づけられている．日本では，1992年に絶滅のおそれのある野生動植物の種の保存に関する法律が，2008年に生物多様性基本法が成立した（第10章参照）．

表1.1 地球環境問題に関連する年表

年	出来事
1968	スウェーデンが国連で「人間環境に関する国際会議」の召集を提案し可決
1971	「人間環境に関する国際会議」の準備会合「開発と環境に関する専門家パネル」開催（スイス：フネ）
1972	ロンドン条約（廃棄物その他の物の投棄による海洋汚染防止に関する条約）締結 「国連人間環境会議」開催（スウェーデン：ストックホルム）
1977	「国連砂漠化防止会議」開催
1979	「長距離越境大気汚染条約」採択
1982	「国連人間環境会議10周年を記念するUNEP管理理事会特別会合（ナイロビ会議）」開催（ケニア：ナイロビ）．105カ国が参加
1985	「オゾン層の保護に関するウィーン条約」制定 「ヘルシンキ議定書」締結．硫黄酸化物の排出量の削減 国連食糧農業機関が「熱帯林行動計画」を採択
1986	国際熱帯木材機関設立
1987	「オゾン層を破壊する物質に関するモントリオール議定書」採択 「温暖化防止策について初めての国際的検討（ベラジオ会議）」開催（イタリア：ベラジオ）
1988	「特定物質の規制等によるオゾン層の保護に関する法律」制定 「トロント会議」開催（カナダ：トロント）．2005年までにCO_2排出量の20%削減を提案 「ソフィア議定書」で窒素酸化物の排出量削減を宣言
1989	「環境首脳会議」（オランダ：ハーグ）開催．温暖化対策実施のための組織を検討 エクソン社の石油タンカー「バルディーズ号」がアラスカのプリンスウイリアムサウンドで座礁．積荷の原油が海洋環境中に放出される（海洋環境事故史上最悪）
1992	地球サミット（リオサミット）開催（ブラジル：リオ・デ・ジャネイロ）．リオ宣言が出され，アジェンダ21を採択．国際的な実行計画が出来上がる．同時に「森林原則声明」が合意され，「気候変動枠組条約」と「生物多様性条約」への署名開始 「絶滅のおそれのある野生動植物の種の保存に関する法律」成立 「環境と開発に関する国際連合会議」開催
1993	「バーゼル条約」発効．有害廃棄物の越境移動防止の国際的対応 「バーゼル法（特定有害廃棄物等の輸出入等の規制に関する法律）」施行．「環境基本法」発効
1994	「オスロ議定書」によって硫黄酸化物排出量の国別削減目標を規定
1996	「砂漠化対処条約」発効
1997	「気候変動枠組条約第3回締約国会議（COP 3）」で「京都議定書」採択．アメリカなどが批准せず，2007～2012年に実施されている
1998	「地球温暖化対策推進法」公布
2002	「持続可能な開発に関する世界首脳会議」（ヨハネスブルグサミット）開催（南アフリカ：ヨハネスブルグ）
2008	「生物多様性基本法」成立
2010	COP 10が開催される（日本：名古屋）

灰色部分は日本国内に関するもの．

1.2.8 海洋汚染

船舶事故などに伴う油の流失，河川からの有害物質の流出，廃棄物の海洋投棄，船底や魚網からの有害物質溶出，バラスト水による海水の移動による問題など広範囲な海洋汚染がある．1989年3月には，エクソン社のバルディーズ号という石油タンカーがアラスカのプリンスウイリアムサウンドで座礁し，積荷の原油が海洋環境中に放出された（海洋環境事故史上最悪といわれる）．こうしたタンカーの事故は，世界中で毎年起こっている．また，フジツボなどの生物を駆除するために魚網や船底に塗られたトリブチルスズが海中に溶け出し，貝や魚を死滅させたり，環境ホルモンとして生態系を攪乱したりする．ごみや産業廃棄物の投棄も深刻で，北太平洋は大海でありながらごみが大量に浮かんでいる海でもある．極めて毒性の高い放射性廃棄物を詰めたドラム缶も海底に投棄されてきた．海の生物多様性を育むサンゴ礁が，海洋水質汚濁により死滅した地域もある．

このような海洋汚染を防ぐ制度として，1972年のロンドン条約（廃棄物その他の物の投棄による海洋汚染防止に関する条約）以降，各種の海洋汚染に関する条約が制定されているが，その汚染はまだ根絶されていない．

1.2.9 有害廃棄物の越境問題

経済活動に伴い廃棄物を発生させた国における処理コストの上昇や処分容量の不足，規制強化により，違法行為でありながら第三国に有害廃棄物が持ち出され，投棄されるという問題である．イタリアで発生した汚染土壌がナイジェリアのココの港で発見された事件が有名である．この事件をきっかけに有害廃棄物の越境移動を防止するための国際的対応としてバーゼル条約が1993年に発効した．これを受けて日本でもバーゼル法（特定有害廃棄物等の輸出入等の規制に関する法律）が施行された．

1.3 環境と開発の共生の時代に

1.3.1 国連人間環境会議（1972年）とフネレポート（1971年）

1972年，ストックホルムで開催された国連人間環境会議の発端は，1960年代に国境を越えて降り注いだ酸性雨の問題であった．スウェーデンは1968年に国連で「人間環境に関する国際会議」の召集を提案し可決され，この会議の準備会合「開発と環境に関する専門家パネル」が1971年，スイスのフネで行われた．途上国の貧困化が環境問題と深く関わり合っていることが指摘され，環境と開発がどう共

生するのか，ということに焦点が当てられた．このような段階を経て開催された1972年の国連人間環境会議には，東欧の一部の国を除く113カ国が参加した．会議は先進国と途上国の対立を乗り越え，「人間環境宣言」，「行動計画」，「26項目の原則宣言」が採択された．

石 (2002) は国連人間環境会議の意義として，次の2点を挙げている．
① それまで自然保護や天然資源の問題であった環境問題を，「人間環境」として人類活動も含めて生物圏の保護や管理という包括的な問題にまで意識を高めた．
② 会議は環境問題を抱えた先進国の提唱で開かれたが，環境保護が開発を阻害することを恐れる途上国の間で対立を呼び，妥協の結果まとまった．一方で，南北間の対立は環境問題の国際的相互依存を理解する場にもなり，会議後には途上国が環境問題で多く発言するようになった．

1.3.2 ローマクラブの『成長の限界』と世界の均衡状態 (1972年)，デイリーの3原則 (1973年)

ローマクラブは1970年に発足した民間組織で，25カ国の科学者，経営者，教育者など様々な分野の人間からなる約70名で構成された．メンバーには政府の公職者はいない．深刻な問題である天然資源の枯渇，公害による環境汚染の進行，途上国における人口増加などによる危機の接近に対し，人類として可能な回避の道を探索することを目的としている．この目的に沿い「人類の危機に関するプロジェクト」を発足させ，資源，人口，汚染，食料，工業生産の有限性に着目し，メドウズのチームに委託してシステムダイナミックス (1956年にジェイ・フォレスターにより開発された，コンピュータを利用するシミュレーション手法で，世界モデルでは，地球の諸現象をシミュレーションできる) の手法を使用して研究された．この研究は『成長の限界』として1972年に発表され，人口増加や環境汚染などの現在の傾向が続けば100年以内に地球上の成長は限界に達し，人口と工業力が制御不能のオーバーシュート (指数関数的減退) を起こし，悲劇的結末を迎えると警鐘を鳴らし世界に大きな波紋を呼んだ．

その回避策として「持続可能な生態学的，経済的な安定性」つまり，均衡状態 (equilibrium) をとるシナリオを提示しており，そのような国際的政策転換は早ければ早いほうがよいとしている．「持続可能な生態学的・経済的な安定性」および均衡状態という考え方は，後の「持続可能性 (サステナビリティ)」の考え方につながる．この均衡状態とは「人口と資本が本質的に安定した状態」(資本は，サ

ービス，工業，農業資本を指す）で，人口，工業生産，1人当たりの食料も安定し，汚染も少ない社会である．このような社会は停滞しているのではなく，芸術や教育，スポーツなど社会的交流が盛んになり満足した人間活動が行えると説明している．また平等，貧困問題に対してもこの均衡状態が重要であると説く．

ハーマン・デイリーも，ローマクラブの報告と同様のことを定常化社会として『Toward a Steady-state Economy』(1973年）で，持続可能な開発の原則（principles of sustainable development）を以下のように述べている．

原則1：土壌，水，森林，魚など「再生可能な資源」の持続可能な利用速度は，再生速度を超えるものであってはならない（例えば魚の場合，残りの魚が繁殖することで補充できる程度の速度で捕獲されるものであれば持続可能である）．

原則2：化石燃料，良質鉱石，化石水など，「再生不可能な資源」の持続可能な利用速度は，再生可能な資源を持続可能なペースで利用することで代用できる程度を超えてはならない（石油を例にとると，埋蔵量を使い果たした後も同等量の再生可能エネルギーが入手できるよう，石油使用による利益の一部を自動的に太陽熱収集器や植林に投資するのが，持続可能な利用の仕方となる）．

原則3：「汚染物質」の持続可能な排出速度は，環境がそうした物質を循環し，吸収し，無害化できる速度を超えるものであってはならない（例えば下水を川や湖に流す場合には，水性生態系が栄養分を吸収できるペースでなければ持続可能とはいえない）．加えて次のような手段を用いよといっている．①物質は循環させる，②循環型社会での駆動力は無限ともいえる太陽エネルギーを用いる．

これはデイリーの3原則として世界的に有名で，原料とエネルギーのスループット（通過量と速度）が生態系の環境容量（キャリングキャパシティ）内に収まるようにしなくてはならないという主張である．

1.3.3 汚染者負担原則（1972年），予防原則（1992年）

1972年，OECDは「環境政策の国際経済的側面に関する指導原則」を出し，汚染防止に関わる費用は汚染者が負担するという基本原則（polluter pays principle, PPP）を国際的に確立させた．生産，流通，消費のサプライチェーンの各側面において，その費用をコストに入れ込むべきであるというものだ．日本においても，「公害対策基本法」，「公害防止事業費事業者負担法」，「公害健康被害補償法」に反映されている．日本ではさらに激烈な公害による健康被害と，それにより形作られた社会的倫理観から，公害を引き起こす物質を発生した人・組織が当然責任を

負うべきであるとしていて，法律にも反映されている．日本における PPP は，汚染防除費用，環境復元費用，被害救済費用を対象としている．

また，PPP をさらに発展させた，予防原則（precautionary principle）が 1980 年代から検討され始めた．それは，地球温暖化や遺伝子操作といった，必ずしも科学的確実性はないが甚大な環境被害が想定される場合において，いままさに調査・研究途上な問題に関して予防措置（precaution）を行おうという考え方だ．予防原則が正式に登場したのは，1992 年の地球サミットにおけるリオ宣言の第 15 原則である（付録 1 参照）．

このように，汚染者への経済的責任という市場アプローチと，国際政策としての予防・抑制アプローチにより，環境問題を引き起こさない国際的な社会体制が出来上がりつつある．

1.3.4　ブルントラント委員会と持続可能な開発（1987 年）

「持続可能な開発」は，1987 年に国連の「環境と開発に関する世界委員会（WCED，通称ブルントラント委員会）」の報告書『地球の未来を守るために（Our Common Future）』で広く世界に認知された．ノルウェーの総理大臣をしていたグロ・ハーレム・ブルントラントは，自国の政治を切り盛りしながら，この歴史的な大事業を乗り切った．この報告書で「持続可能な開発」とは「将来世代の欲求を満たしつつ現在の世代の欲求も満足させるような開発」をいう．持続可能な開発には 2 つのキーとなる考えが含まれている．1 つは世界の人々の基本的な欲求を満たすことであり，もう 1 つは技術や社会のあり方によって規定される，現在および将来世代の欲求を満たすだけの環境容量の限界についてである．つまり前者は貧困の撲滅を，後者は環境サステナビリティ（環境の永続性）を説いている．この「持続可能な開発」という言葉が日本に入ってきたとき，WCED 報告書はまともに検証されることもなく「持続可能な発展」と誤訳された．国際的な用語でいう「開発＝デベロップメント」とは，貧困の克服であり，教育，衛生，民主，ジェンダーの各問題解決が含まれる．経済成長も背景とし，環境と開発を両立させることである．

「持続可能な開発」とは，「資源，生態系容量」の制約のもと，「地域間の社会的公正」〈貧困の撲滅〉，「世代間の社会的公正」〈環境の永続性〉を追及するものである．資源，生態系の許容限界を知り，そしてその範囲の中で現時点での地球上の不公正さ〈貧困〉をなくし，そして現在と同等の地球環境を将来世代に残して

いこうということである．

　同報告書では，持続可能な開発の戦略として以下を挙げている．
・意思決定における効果的な市民参加を保障する政治体系
・剰余価値および技術知識を他者に頼ることなく，持続的に作り出すことができる経済体制
・調和を欠いた開発に起因する緊張を解消しうる社会体制
・開発のための生態学的基盤を保全する義務を遵守する生産体系
・新しい解決策をたゆみなく追求することができる技術体系
・持続的な貿易と金融を育む国際的体系
・自らの誤りを正すことのできる柔軟な行政体系

ここで重要なのは，量的な成長ではなく，質的な成長という視点および，人間の発展は物質的なものだけではないという考え方で，そのためには地球環境の保全および，それを支える社会体制を変えてゆくことが重要である．

1.3.5　地球サミットとアジェンダ 21（1992 年）

　1992 年，ブラジルのリオデジャネイロで「環境と開発に関する国際連合会議」が開催された．一般には地球サミットと通称されることが多く，リオサミットともいわれる．国連の主催による環境や開発を議題とする会議は，1972 年の国連人間環境会議以来，1982 年のナイロビ会議，1992 年の地球サミット，2002 年の持続可能な開発に関する世界首脳会議（ヨハネスブルグサミット）と，約 10 年ごとに開催されている．

　地球サミットには国連の招集を受けた世界各国や産業団体，市民団体などの非政府組織（NGO）が参加した．世界 172 カ国（ほぼすべての国連加盟国）の代表が参加し，4 万人を超える人々が集う国連史上最大規模の会議となり，世界的に大きな影響を与えた．

　会議の成果として，持続可能な開発に向けた地球規模での新たなパートナーシップの構築に向けた「環境と開発に関するリオデジャネイロ宣言」（リオ宣言：付録 1 参照）と，この宣言の諸原則を実施するための行動計画である「アジェンダ 21」が合意された．また，別途協議が続けられていた「気候変動枠組条約」と「生物多様性条約」が提起され，この会議の場で署名が開始された．さらに，国連の経済社会理事会の下に「持続可能な開発委員会」（CSD）が設置された．この会議には世界各国の多くの非政府組織が参加し活発な活動を展開したことも，それ

までの会議とは大きく違う点である.

　序文と27の原則からなるリオ宣言では,「各国は国連憲章などの原則に則り,自らの環境及び開発政策により自らの資源を開発する主権的権利を有し,自国の活動が他国の環境汚染をもたらさないよう確保する責任を負う」などの内容が盛り込まれており,「持続可能な開発」の概念がすべての中心に置かれている. 環境保全と開発の調和の概念こそ,「持続可能な開発」であるという位置づけだ.

　アジェンダ21は,21世紀に向けて持続可能な開発を実現するための具体的な行動計画であり,前文と4部構成全40章からなる(第1部「社会的/経済的側面」,第2部「開発資源の保全と管理」,第3部「NGO,地方政府など主たるグループの役割の強化」,第4部「財源/技術などの実施手段」). 持続可能な開発には,持続可能な生活(ライフスタイル)も含まれるということが言及されている.

　アジェンダ21は各国に,それぞれの国でアジェンダ21の計画を作成するように促している. 1993年に出された日本の行動計画の重点項目には,先進国と途上国の構造的な問題があるにも関わらず国際的な貧困への言及が少なく,「持続可能な開発を通じた地球環境の保全の実現」という地球環境配慮への力点が多い.

1.4　人間社会と生態系の持続不可能な状態

　人類が生存するという条件は何か. まず,食料,水,空気,それに適当な気温が挙げられる. 衣服,住居などのためには物質やエネルギーも必要である. さらに食料を生産する土壌や,森,成層圏のオゾン層や,川や海洋なども挙げられる. 人間には社会も必要だ. もちろん健全な人間生存を保障してくれる生態系システムが重要だとわかる.

　「地球上には何億人の人間が生存できるのか」というテーマに挑んだ人口学者ジョエル・コーエンは,人口容量を決定する要因は水,食料,エネルギーの3つだと述べている. この人間の生存基盤の現状がどのようなものであり,それが将来的にどう変化するかをコンピュータでシミュレーションしたのがメドウズである. メドウズは『成長の限界』で,長期的・世界的問題に関する5つの要素(人口,食料生産,工業化,汚染,および再生不可能な天然資源)を挙げた. 人間は,食べ物により生きながらえるが,その生産を阻害する工業化,環境汚染や,工業を支える枯渇性エネルギーの減少により,どのような人口と環境を持つようになるのかをシミュレーションした. その結果,上述の5つの要素は増大しつつあり,毎年の増加量は指数関数的に成長するパターンに従うことがわかっている.

この増加が危険なのは，非常に急速に莫大な数を生み出すということと，限界に急速に近づくため，人々がその危機の接近に気がつきにくいこと，そして気づいたときにはオーバーシュートという指数関数的現象が伴うからである．つまり，気づいたときには手遅れになるのだ．では，どうすればよいか，優秀な人類は社会的合意を取り付けて優れたシナリオを選択できるのだろうか．メドウズは以下のように指摘している．「こうした成長の趨勢を変更し，持続的な生態的・経済的安定性を打ち立てることは可能である．この全体的な均衡状態は，人々への平等な物質および権利の配分がなされるよう設計されなければならない」．つまり，世界中の人々がこの取組みを決断するならば，行動の開始が早いほど成功する機会は大きいという．私たち人類はすでに未来を選択できる立場にいて，いつその重要なスイッチを押すのかという状況なのである．

1.4.1 人口の爆発的増加

持続可能な生態的・経済的安定性を手に入れるには，爆発している現在の地球人口が大きな問題となる．人類がおよそ240万年前に地球上に現れて以来，地球上の人間は増加を続けてきた．約1万年前，人類は世界のいくつかの地域でその数を増やし始めた．これは人間が狩猟採取から農業へと生活様式を変化させていったことによる．この増加は今から250年前（産業革命）まで緩やかに続いた．産業革命が起こり，機械化により農業生産が飛躍的に向上し人口は急激に増加し始める．産業革命以前は10億以下だった世界人口は，2000年には60億を超える規模にまで膨れ上がってしまった．物質フローを考えた場合，1万年ほど前までは人間は狩猟採集に頼って生活しており，自然の生態系を大規模に変容させない存在だったと考えられるが，農耕が始まると環境収容力が上がり，200年ほど前の産業革命で非生物的資源を大規模に使うようになってさらに環境収容力が上がったといえる．毎年9000万ずつ増えている世界人口は，今後の予測では21世紀の半ばには100億を突破するといわれている．世界人口は2011年現在70億を超えて増加を続けているが，地球はこの増加する人口を扶養できるのだろうか．ここで考えなくてはいけないのは，先進国と途上国の人口増加率の比較だ．先進国では少子高齢化により人口増加率が低調であるのに対し，途上国では出生率が高いのに加え，公衆衛生の向上により20世紀に入り乳幼児死亡率が低下し，大人の寿命が長くなるといったことから爆発的に人口を増やしている．この南北差も大きな視点であることを忘れてはならない．

1.4.2 人口増加と環境収容力

人間が，生態系の一部として生態系と社会システムの間でエネルギー・物質・情報というものの相互交換を行っている以上，生態系システムにより制限や量的限界が設けられる．つまり限界がある．人間とその集団を養うには食料が必要であり，それを生産するには土壌面積が必要で，そこで植物が生育するためには応分の水や太陽光が必要，というように連鎖している．生態系からの恩恵は「生態系サービス」といわれ，地域差こそあれ地球規模では有限である．これが，地球の爆発的な人口増加と地球の環境容量のジレンマであり，地球上には何億人の人間が生存できるのかという問題である．

エコロジカルフットプリントは，人間個人の生活レベルにより資源の供給，廃棄物の吸収が生態系の陸地や海といった自然環境にどのように依存しているかを「地球何個分か」で説明することのできるわかりやすい指標だ（13.2.2 項参照）．

国連の Global Biodiversity Outlook 2（2006 年）では，15 ある生態系サービスの評価指標のうち 12 が悪化傾向で，生態系の持続可能性は著しく低下している．

地球上により多くの人間が住むことを可能にするには，農耕の集約化・高効率化（化学肥料と農薬を使った労働集約的な，高投入高収穫の農耕）と灌漑などによる農地の開発を通しての食料増産で解決するという方法が一般には考えられる．しかし環境負荷とその影響という壁に当たり，土壌劣化や地下水の枯渇，塩害などにより，結果として増産の妨げになる．人口と食料のジレンマという問題がある一方で，食料と環境のジレンマという別の問題がある．

これらの問題に対処するにあたり，人口減少は大きな解である．カープラスは『破滅予測の限界』（1992 年）の中で，「人口過剰はこの本で議論されたほとんどのカタストロフの根源である．世界の人口が現在の水準の 50％あるいは 75％のレベルに安定して維持されていさえすれば，ほとんどの環境問題や公衆衛生問題はより簡単に対処できるであろう」と述べている．

1.5 これからの地球環境問題を考える

一般に「環境」とは，"自分を取り巻くすべてのもの"と定義される．自然と同義でそこにあるもの，としてもよいだろう．すなわち環境とは，「大気」，「水」，「土壌」，「太陽光」を土台として「生物」が存在し，これら 5 つの要素が互いに関わりあうことで成り立っている仕組みのことだ．もし地球上から人間がいなくなれば，人間が悩み苦しむ相対的な環境問題は存在しない．つまり人間由来の問題

だということがわかる．46億年前に誕生した地球上に人間が存在し始めてたかだか20万年である．これから数億年後，宇宙のダイナミックな活動のなかで地球は惑星としての寿命を終える．環境問題とは，人間が無償の恩恵を受けている生態系の破壊の問題であり，この人間と生態系の関わり合いの調整の問題である．

　ヒューマンエコロジー（人類生態学）は，人間が活動するうえでのソーシャルシステム（社会システム）とエコシステム（生態系）の相互関係のうえで持続可能な関係を保つことを環境社会学の立場から説明している．人間と生態系の持続不可能な相互作用が環境問題であり，社会システムが生態系と共適応（生態系の異なる部分が互いに順応しあうこと）する持続可能な状態を作り出す社会システム，生態系の関係，つまり社会–生態恒常性のある状態を意識して作らなくてはいけない時代に来ている．我々人類が生態系とどのように相互に影響を及ぼしあっているのかを俯瞰的に，また長い歴史として構造的に理解することがとても重要である．

[九里德泰]

文　献

石　弘之（2002）：環境と開発における歴史的相克と妥協．環境と開発（吉田文和，宮本憲一　編），岩波書店．

環境庁（1990）：平成2年版環境白書．

九里德泰（2005）："宇宙船地球号"の未来．地球環境の教科書10講，左巻健男，九里德泰，平山明彦　編著，東京書籍．

九里德泰（2010）：サステナビリティ（持続可能性）とはなにか？――持続可能な開発（サステイナブルデベロップメント）から持続可能性（サステナビリティ）へ．富山県立大学紀要20．

Brundtland report（1987）：Our Common Future ［ブルントラント委員会（1987）：地球の未来を守るために（http://www.env.go.jp/council/21kankyo-k/y210-02/ref_04.pdf），2013年7月27日アクセス］．

Daily, H. E.（1973）：Toward a Steady-state Economy, Freeman and Co.

Daily, H. E.（1977）：The steady-state economy：what, why and how? The Sustainable Society：Implication for limited growth, Praegers.

Fuller, R. B.（1968）：Operating Manual for Spaceship Earth ［フラー，R.（芹沢高志　訳）（2000）：宇宙船地球号操縦マニュアル，筑摩書房］．

Karplus, W. J.（1992）：The Heavens Are Falling：The Scientific Prediction of Catastrophes in Our Time, Perseus Books ［カープラス，W.（牧野　昇　訳）（1992）：破滅予測の限界：人類を脅かす八つの危機シナリオ，経済界］．

Lovelock, J.（1979）：Gaia：A New Look at Life on Earth（3rd ed.），Oxford University Press ［ラブロック，J.（星川　淳　訳）（1984）：地球生命圏　ガイアの科学．工作舎］．

Meadows, D. H., Meadows, D. L., Randers, J., et al.（1972）：The Limits to Growth, Universe Books ［メドウズ，D. H. ほか（大来佐武郎　訳）（1972）：成長の限界――ローマ・クラブ「人類の危機」レポート，ダイヤモンド社］．

2. 環境問題の歴史

2.1 公害の歴史と科学

　技術によって社会と経済が発展した結果，環境問題が起こった．技術と環境問題の歴史を紐解くことは，環境問題を理解するうえで重要である．ここでは環境・技術・社会を科学の視点から俯瞰する．

2.1.1　銅に起因する公害
a．銅とは

　銅は，天然に純銅の形（自然銅）で存在するため人類が利用しやすく，最も古くから利用されている金属である．エジプト，メソポタミア文明において，紀元前4000年ごろには銅が使用されていたことが知られている．初期のころは純銅が使用されていたが，量は少なく貴重なものであった．その後，銅鉱石から精錬によって銅を得られるようになると，その需要も飛躍的に大きくなった．また，スズとの合金である青銅の開発も重要である．青銅は銅よりも硬く，また溶解中における気泡発生を抑えることができるため，複雑な鋳造も可能である．

　産業革命以前は，銅は主に装飾品，美術品，武器に利用されていたが，産業革命以降は，エンジンその他多数の機械部品として大量に生産されるようになった．さらに，19世紀に発展した電気産業において，導電性に優れた銅が急速に普及し，送電，配電，電信電話の銅線，発電機，電気機器の素材として消費量が増大した．また，熱伝導性も高いので熱交換器などにも欠かせない資源である．

　特に1880年代から，日本を含めた様々な国々における電信線の銅線採用，清国新銅貨の大量鋳造によって銅の需要は急増した．日本には古くから銅鉱山が多くあったことから，明治時代の主要な輸出品であった（1890年の総輸出額の9.5％）．足尾銅山（古河鉱業社，栃木県）や別子銅山（住友社，愛媛県），小坂鉱山（同和鉱業社，秋田県）が有名である．

　銅鉱物に含まれる銅の多くは硫化銅として存在するので，硫黄分を除去する必要がある．その際に亜硫酸ガスが発生し，煙害を及ぼすこととなった．また，銅

を採掘・生成する過程で生じる鉱毒(残滓から流出.主成分は銅イオンなどの金属イオン)は農業に甚大な被害を与えた.

b. 足尾銅山と日立鉱山

江戸幕府直営の鉱山だった足尾銅山は,江戸後期には産出量が急激に低下していた.1877年に古河市兵衛が栃木県の管理のもと操業を開始したことにより,本格的な生産が始まった(後の古河鉱業社).表2.1に足尾銅山の歴史を記す.

足尾銅山の公害問題では田中正造の活動が有名である.技術的な進歩のないなかで操業の可否を問うたので,持続的な解決策を見出すことができず,田中正造の死去とともに反対活動も低下していった.当時の銅産出は国家の大事業であったため,政府の対応は根本的なものではなく,それが深刻な鉱毒被害を招いたといえよう.

一方,日立鉱山の近代操業は,小坂鉱山(秋田県)の経営を成功させた久原房之助が1905年に茨城県赤沢銅山を買収し,本格的に採掘活動を始めたときに遡る(表2.2).

足尾鉱山は公害問題を解決できず住民の棄村を招いたが,日立鉱山は住民とともに煙害・鉱毒問題を解決した.当時の最先端の気象学の知識を生かした大煙突の建設が公害問題解決の大きな一歩となった.しかしながら本質的な煙害・鉱毒問題の解決は,技術的な進歩(自溶炉と脱硫装置の開発)と社会状況の変化(銅鉱山の枯渇と輸入鉱石の増加)を待たなければならなかった.

表2.1 足尾銅山の歴史

1885年	有望坑道の開発.全国産銅の1/3を占める.このころから煙害,鉱毒被害が顕在化
1890年	大洪水の発生により,農地が甚大な鉱毒被害を受ける.操業停止を求める活動が活発化
1891年	田中正造が衆議院において操業停止を求める
1986年	大洪水の発生により,再び農地が甚大な鉱毒被害を受ける.鉱毒反対闘争が激化
1897年	東京押し出し.鉱毒調査委員会の設置.被害補償でなく地租減免で対応.当時の選挙制度では地租減免は選挙権の喪失であり,これによって操業反対派の政治力が弱まった
1900年	川俣事件.政府に請願するために出かける途中の農民と警官が衝突した
1901年	田中正造が天皇へ直訴
1902年	鉱毒調査委員会が遊水地を作って鉱毒水を貯める方針を示す.ただし,いくつかの村が水没する
1917年	田中正造死去
1920年	谷中村民棄村

表2.2 日立鉱山の歴史

1907年	初の煙害交渉
1908年	高品位鉱層の発見.近代設備の建設開始.このころから銅算出が飛躍的に伸びる.煙害の拡大
1909年	気象観測所の設置
1912年	煙害の激化.銅生産の増加に伴って,煙害激化.この時期にばい煙濃度の希釈を図り,煙突を建設するも失敗
1916年	大煙突(155.7 m)の完成.逆転層を利用し,ばい煙が近隣地域に沈着することなく拡散

c. 銅精錬の技術

銅の精錬は採鉱→選鉱→製錬の工程に大別される．これらの工程において，重金属を含む鉱毒水，硫黄酸化物が排出されてきた．1956年に足尾銅山において自溶炉と脱硫装置が開発されたことによって，これらの問題を技術的に解決することができた．以下に，銅の精錬工程を示す．

①採鉱： 鉱山から銅鉱石を採掘する工程．国内では竪坑掘りが主流だったが，海外では露天掘りが主流である．

②選鉱： 採掘された銅鉱石を破砕したあと，ボールミルなどでさらに細かく粉砕する．次に浮遊選鉱工程で捕集剤を用いて，銅鉱物を選択的に泡と一緒に浮かせて集める．これを脱水させたものが製錬原料の銅精鉱になる．

③製錬： 選鉱工程から得られた銅精鉱を自溶炉と呼ばれる炉に投入し，常温高酸素空気を吹き込む．銅精鉱は，炉内で瞬時に酸化反応し，銅精鉱自身の酸化熱により，銅品位65%の銅マットとスラグに溶解・分離される．自溶炉は硫化銅鉱の酸化熱をフルに活用するため，燃料をほとんど必要とせず，従来の方法に比べて燃料消費量が非常に少ない方法である．

自溶炉で生成された銅マットは転炉に送られ，炉内に酸素富化空気を吹き込み，さらにマットを酸化させ，銅品位約99%の粗銅を作る．次に，精製炉と呼ばれる炉に粗銅を投入し，ブタンガスを吹き込んで，粗銅に含まれる酸素を除去する．これによって，銅品位を99.3%まで高められる．次にこの粗銅を電極として用いた電気分解を行う．粗銅を陽極として，硫酸銅溶液を張った電気分解槽にステンレス板の電極（陰極）と交互に挿入し，直流電流を流す．これにより，陽極中の銅分が硫酸銅溶液中に溶出し，陰極に電着する．最終製品は純度99.99%の銅として出荷される．

④脱硫： 排ガスから硫黄酸化物を除去する工程を排煙脱硫工程という．排煙脱硫の方式は湿式と乾式に大別できるが，実用されているものの大部分は湿式である．代表的な脱硫法は石灰石または消石灰のスラリーによる吸収法である．炭酸カルシウム（石灰石）または水酸化カルシウム（消石灰）を5〜15%含むスラリーが用いられ，これが硫化物を吸収する．この反応では最終的に硫酸カルシウム（石膏）が副生する．

2.1.2 なぜ水俣病は起こったのか？

水俣病の原因はメチル水銀という化学物質である．チッソ社の水俣工場が水俣

湾に排出したメチル水銀が，魚体を経て人間の口に入ったのである．その背景には人類のあくなき生活向上への欲望があった．

チッソ社の水俣工場は様々な化学物質を製造していたが，メチル水銀を排出していたのは，アセチレンからアセトアルデヒドを製造する工程であった．アセトアルデヒドとは有機化学工業の原料，合成染料・プラスチック・合成ゴムなどの中間体であり，日本の経済発展において極めて重要な物質だった．

アセトアルデヒドを製造する設備そのものが廃棄されてしまったため，有機水銀が垂れ流された機構は厳密には解明されていない．触媒として用いられた無機水銀が垂れ流され，海中で有機水銀になったとする説もあったが，現在ではチッソ社の製造工程から非意図的に有機水銀が生成していたとする説が有力である．無機水銀から有機水銀への転換プロセスは複雑であり，現在でも解明されていない点が多くある．当時の科学技術では当然知り得なかった現象でもある．

その後，水銀を使わないアセトアルデヒド製造方法が開発された．まず，コークスと石灰石から作り生成するカーバイト法が開発され，その次に，エチレンからワッカー酸化によって製造する方法が開発され，これが現在の主流である．これによって，有機水銀が発生する可能性のある製法はなくなった．

> **コラム： チッソ社を築いた実業家 野口 遵**
>
> 野口 遵（したがう）（1873～1944年）は日本窒素肥料社（現 チッソ社）を中核とする日窒コンツェルンを一代で築いた実業家であり，「電気化学工業の父」，「朝鮮半島の事業王」などと称された．チッソ社のほかにも旭化成社，積水化学工業社，積水ハウス社，信越化学工業社の実質的な創業者でもある．
>
> 朝鮮半島北部の鴨緑江水に目を付け，大規模な水力発電所をいくつも建設し，咸鏡南道興南（現 咸興市の一部）に巨大なコンビナートを造成した．第二次世界大戦の終結により，これらの設備はすべて接収されてしまったが，水力発電所はいまでも稼働しているとのことである．

2.1.3 七大公害

公害は過去の現象でなく，いまでも続いている．環境基本法では大気汚染，水質汚濁，土壌汚染，騒音，振動，悪臭，地盤沈下の7つを典型公害と規定している（表2.3）．騒音，振動は人によって感じる度合いが異なるので，感覚公害といわれている．以下，簡単にそれぞれを解説する（大気汚染，水質汚濁，土壌汚染

は他の章に譲る)．

a. 騒　音

建築・土木工事に関するものが多く，次いで製造事業所に関するものとなっている．工場騒音，建設騒音，道路交通騒音，鉄道騒音，航空機騒音のいわゆる「産業騒音」だけでなく，近年は近隣騒音も深刻である．近隣騒音の音源は自動車やオートバイの空ぶかし，深夜営業の商店や飲食店，カラオケなどの音楽などがある．いずれも，消音器を取り付けたり制振処理を施したりするなど音源そのものに対策を講ずるか，屋外へ伝播しないように吸音壁や遮音壁を設置するなどの対策が必要である．

表2.3　2010年度の典型7公害の苦情件数

大気汚染	17612 (32.1)
騒音	15678 (28.6)
悪臭	12061 (22.0)
水質汚濁	7574 (13.8)
振動	1675 (3.1)
土壌汚染	222 (0.4)
地盤沈下	23 (0.0)
合計	54845

(　) 内の数値は%．
公害等調整委員会による．

b. 振　動

建築・土木工事に関するものが多く，次いで交通機関に関するものとなっている．振動は繰返し運動であり，機械の運転が原因であることが多い．電気を動力に変える場合，モーターによる回転運動や，さらに回転運動を往復運動に変えるときにも振動は起こる．対策としては，振動が少ない機械に替える，振動が伝わらないように振動発生機械を支える台もしくは基礎を替えることなどが挙げられる．なお，近年は人の耳には聞き取りにくい低い周波数の音が原因となった被害が報告されてきた．低周波の問題は必ずしも解明されておらず，被害との因果関係がはっきりしていない．現在，様々な機関で研究が実施されている．

c. 悪　臭

苦情件数は2003年を境に減少傾向にあるが，それでも2010年には約1万2000件の苦情があった．以前は畜産や製造業に関する苦情が多かったが，近年は野外焼却（野焼き）や飲食店などのサービス業に関する苦情が最も多くなっている．悪臭防止法によって22の悪臭原因物質が規制されてきたが，悪臭発生源の多様化とともにそれ以外の悪臭原因物質（約40万種あるといわれている）による複合悪臭の被害が多くなってきた．そこで，最近は臭気指数という新しい指数を導入して対応している．臭気指数とは，あらかじめ検査（嗅覚が正常であることを調べる）に合格した被検者が臭気を感じなくなるまで試料を無臭空気で希釈したときの希釈倍率（臭気濃度）を求め，その常用対数値に10を乗じた数値である．これによって，複合的な悪臭も評価できるようになった．

d. 地盤沈下

　地下水の過剰な採取によって引き起こされるものである．古くは1910年代から東京都江東地区で注目され，その後急速に被害が拡大し社会問題となった．被害のあった地域では，戦災を受けた1945年前後には，地下水の採取量が減少したため一時的に沈下が停止したが，その後の経済復興とともに地下水使用量が急増すると再び沈下が激しくなり，沈下地域も拡大してきた．1955年以降は大都市ばかりでなく，全国各地にみられるようになった．このような状況から，地下水の採取を規制する「工業用水法」が1956年に，冷暖房用などの建築物用地下水を対象とした「建築物用地下水の採取の規制に関する法律」が1962年に制定された．近年は減少傾向にあるが，それでも全国各地で被害がある．特に近年は，水溶性天然ガスの溶存した地下水の揚水が多い地域，冬期の消融雪用，都市用水，農業用水としての利用が多い地域に地盤沈下がみられる．

　我々は便利な生活のみに目を奪われて，その背後にある負の要素を忘れてしまいがちである．過去の過ちから何を学ぶべきであろうか？　まず，人類の発展と環境破壊は表裏一体であることを学ぶべきである．技術の進歩を否定することはできないが，新たな技術が世に出る場合は健康と生活への影響を予測し，その対策を十分に講じたうえで世に出すべきである．公害は技術の進歩がもたらしたものではあるが，多くの公害の解決にもまた技術の進歩が必要であった．

2.2　技術と資源消費の歴史

　環境問題は人類の発展とともに引き起こされた．現代の豊かな生活を支えるために多くの資源が消費され，環境負荷物質が放出されてきたのである．こうした問題を克服するためには，経済と環境が両立した「持続可能な社会」，つまり「持続社会」を目指すべきである．持続社会実現のためには多様な技術，多様な対策が必要であり，真に持続社会の形成に貢献されるものが望まれる．そのためには地球環境問題の本質と現代社会の関わりを十分に理解しなければならない．

　理想的な持続社会とは，様々な物質循環への非生物学要因物質の排出抑制および人間圏内における完全リサイクルが実現した社会である．しかしながら，そこに人類が存在している以上，より豊かな生活を求める人間活動との両立も考慮しなければならない．それを実現する方法は技術開発と持続可能なライフスタイルの確立である．生活水準を一定のもとで資源消費を下げようと思えば，いまと同程度のサービスを提供する省資源型の新技術が必要である．一方，ライフスタイ

ルを変化させていま享受しているサービスを少なくする（必要な生活は維持するという前提で）ことによっても資源消費を下げることができる．

　気候変動問題をはじめとする様々な環境問題は我々の社会と密接に関係していることから，環境負荷を低減するためにはいまの大量生産・大量消費・大量廃棄の社会システムを転換しなければならない．我々の生活は様々な物質を消費することによって成り立っており，どのような物質が使われているかを理解する必要がある．生活において，これら物質がどのような機能を果たしているかを知れば，どこに改善の余地があるかを明らかにすることができる．これまでの人類の歴史において物質がどのように消費されてきたかを振り返ってみよう．

2.2.1　資源消費の始まり

　石器時代の人々は1人当たり約6 t/年の物質を消費していた．大部分が食料・水であり，石や骨などの道具や火を使用するときに用いる資源はわずかであったと考えられる．一方，現代人は1人当たり約86 t/年の物質を消費しているとの研究報告がある．すなわち，石器時代の人々は現代人の約1/14の物質しか消費していなかったのである．

　日本の縄文時代の暮らしはどうだったであろうか．食生活については，常に飢餓にさらされていたのではなく，豊かであったことが最近の研究でわかってきている．縄文人は狩猟採集民族として知られているが，不安定な狩猟だけに頼っていたのではなく，木の実などの採集に重きを置いた社会でもあった．食卓も肉，魚，キノコ，木の実など多彩だったであろう．ドングリなどの堅果類を食用とするためには様々な加工をしなければならず，そのための加工施設が存在し，共同作業をしていた可能性が指摘されている．

　また，黒曜石やヒスイは特定の地域でしか産出しないが，全国の遺跡から出土しており，広く交易があったことが知られている．このことから，縄文時代においても現代の物流に通じる遠距離のモノ・ヒトの移動があったことがわかる．縄文人の日常生活はわからないが，現代の狩猟採集民族の日常生活は，1週間の労働日が2.2日であり，残りの時間は家族や友人との会話や，昼寝で過ごしているとの研究報告がある．現代人にとっては羨ましい限りである．しかしながら，縄文人の寿命は15歳時平均余命が男16.1年，女16.3年であったと推計されている．現代人のそれは男63年，女69年であり，縄文人の寿命の短さがわかる．

2.2.2 農業の始まり

石器時代の食生活は豊かであったが，狩猟・採集という生態系の食物連鎖に沿った食料調達には限界があり，人口を押し上げる要因にはならなかったと思われる．人口が増加し始めたのは，最終氷期（約7万～1万年前）が終わり気候が温暖になった，いまから1万年くらい前に農耕が始まってからである（図2.1）．

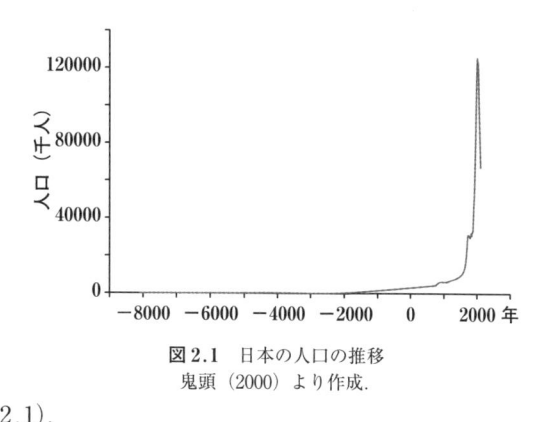

図2.1 日本の人口の推移
鬼頭（2000）より作成．

日本においても縄文後期の一年生草本の種実食が，農耕の始まりと考えられる．特に稲作の発展によって食料生産性が高まり，人口が増加した．弥生時代以前で最も人口が多かった縄文中期に26万であったのに対して，弥生時代には約60万と推計されており，稲作によって人口は2倍以上になったと考えられる．しかしながら，1人当たりの食料が増えたわけではない．人口が増えた分だけ，確保すべき食料の総量は増えたと考えられよう．天候不順による農業生産減少時の影響は縄文時代よりも弥生時代のほうが大きかったのではないだろうか．縄文時代であれば，食料の豊富な地域へ集団が移動することで対処することができた．しかし農耕は土地を多く必要とする活動であるので，移動しても他の集団がすでに定住している可能性がある．人口が増えたこともあり，定住民に占有されていない土地は少なかったであろう．それゆえに争いが多い社会であった．弥生時代の遺跡では外敵から身を守るために集落が堀で囲まれていることからも，争いの多かったことが想像できる．

2.2.3 食生活の歴史

食生活の歴史は料理とともに大きな変化を遂げる．100万年前に火を手に入れたことによって，人類は生食できなかった食材を食せるようになり，他の生物との生存競争において，より有利となった．前述のように現代でも熱帯林の奥地へ行くと狩猟採集民族が生活をしている．彼らは採集によっての摂取カロリーの大部分を得ていたが，それでも肉食への執着は消えることはなかった．生活実態を調査すると，食料採集に要する時間はわずかであり，それ以外の時間は会話をし

て過ごしているが，その会話も肉食の話題が多いとのことである．それだけ，彼らが肉食を好んでいるといえよう．彼らよりも豊かな物質文明のなかに生きている現代人の食生活において肉食が増えるのは道理であるといえよう．しかし，肉類の生産（畜産）にかかる消費熱量は，作物の生産よりも大きくなる．なぜなら，肉類を生産するのにその何倍もの穀類を必要とするからである．さらに畜産は，糞尿による地下水汚染や温室効果ガスの排出をもたらす．我々の生活に豊かな彩りを添える食の発展は，様々な歪みをもたらしている．

　狩猟採集民族の生活では，採集した植物体の摂取が主なエネルギー源であり，それがやがて農業へと発展していった．弥生時代はコメを食の基本とし，アワ，ヒエなどの畑作穀類や堅果類，ウリ科植物や果実類が食されていた．飛鳥，奈良，平安時代へ下ると，大陸からの影響もあり，様々な食材が食されるようになった．特に上流社会では年中行事の実施が盛んであったことから，食事が豪華になり種類も増えていった．しかし，こうした豊かな食材は一部の貴族の食べ物であり，一般庶民には手が届かなかった．また，このころから貴族の間に殺生禁断思想が広まり，生獣肉類の消費は制限され始めた．

　鎌倉時代は武士が政権をとった時代であるが，貴族に比べると質素な食生活を送っていた．武士は肉体を鍛錬するときに狩りを行い，そのときに仕留めたウサギや野鳥を食していた．殺生禁断思想が消滅したわけではなく，度々狩猟と肉食を禁ずる命令が出されているが，肉食がなくなったわけではなかった．豪華な貴族の食，質素ではあるがバランスのとれた武士の食，さらには大陸の影響を受けた僧家の食が互いに影響しあって，さらに発展していった．

　江戸時代になると，政権が安定し人々の目が豊かな生活に向けられたことから，食に関する様々な事柄が発展した．まずは，経済の基盤であるコメの生産増加が図られ，新田開発が進んだ．大規模な新田開発は現代では環境破壊と非難されよう．一方，菱垣廻船や樽廻船などを利用した全国の流通網の整備によって，人々の口に入る食材も豊富になった．

　江戸時代の庶民の食をみると，1日の摂取カロリーは 2000〜2400 kcal であり，現代人のそれと大差がない．しかし内訳をみると，1日の摂取カロリーの 80〜90％はコメから得ていたことがわかっている．この，コメ食中心の食生活は昭和初期まで続く．大正時代に国民に推奨された栄養献立をみると，全摂取エネルギー 2380 kcal のうち米飯は 490 g，1744 kcal であり，全体の 70％となっている．

　日本の食生活は戦後，急激に変わってきた．終戦直後の食料難の時代に援助を

もとにパン・ミルクを主とした学校給食が始まったためである．これが家庭にも急速に普及し，食の欧米化を促進した．

　食に関する技術の進歩も著しい．化学肥料，農薬が食料生産を拡大し，施設園芸が農作物の周年生産を可能とした．また加工技術が発達し，凍結技術が冷凍食品を，凍結乾燥技術がインスタント食品を生み出した．食品の保存は古代からの大きな課題であったが，家庭用冷蔵庫の普及によりその問題は解決した．輸送技術の進歩も大きな影響を与えた．木箱や藁で運んでいるとどうしても中身が傷みやすかったが，プラスチックの緩衝材を開発することで，食品を傷めることなく輸送できるようになった．

　ライフスタイルの変化も食の変化をもたらした．特に女性の社会進出は，家庭での料理時間の短縮につながり，外食や，加工食品を家庭で食する中食が当たり前となった．

　現代日本では，消費されている食料の持つ熱量と我々が摂取するカロリーの差が大きくなり，2005年現在ではその差が1人当たり約700 kcal（1日の1食分の熱量に当たる）である．この差は食品加工業や外食産業での食品廃棄物であるといわれている．これが廃棄されていると仮定すると，日本人は毎日1食分の食料を廃棄していることになる．一方で，日本の食料自給率は約4割で，食料の半分以上を輸入に依存している．このように現代では，食料のために大量のエネルギーを使い，大量の環境負荷物質を排出するようになっている．

2.2.4 技術と資源消費

　技術は人類の発展に大きく寄与してきた．最初の技術は道具の開発であった．まずは打製石器（旧石器時代〜縄文時代）であり，やがて磨製石器，土器と新しい技術が次々と開発されていった．初期の技術は食料に関するものがほとんどであり，人口の維持・増加に大きく寄与したものと考えられる．それ以降も様々な技術が開発されるが，多くは資源を集め消費するものであった．

a. 鉄の歴史

　現代の我々にとって身近な資源である鉄は，紀元前1400年ごろから利用が始まった．鉄は鉱物として存在する酸化鉄を，炭素を用いて還元する（酸素を取り除く）ことによって得られる．この炭素源には，木質資源である木炭などが用いられてきたが，鉄文明の発展は森林資源の枯渇を引き起こし，やがて各地の鉄文明も衰退した．イギリスでは木質資源の代わりに石炭を炭素源として用いることに

よって，鉄文明の衰退を免れた．ただし，石炭の利用は各地で深刻な大気汚染を引き起こした．また石炭には大量の硫黄分が含まれており，石炭をそのまま用いると良い鉄は得られなかった．そこで石炭を蒸焼きにし，硫黄分を除去したコークスが発明されることによって，製鉄業は飛躍的に伸びた．

　日本ではたたら製鉄と呼ばれる製鉄法（砂鉄から鋼を得る）が古くからあった．たたら製鉄でもエネルギーとして木炭が用いられ，過度の伐採により森林が衰退しかけたが，山をいくつかの地区に区切り各地区の森林の成長を待って順に伐採することで森林資源が回復した．砂鉄は山を切り崩して得られたが，そのときに発生する土砂が下流の農地に堆積して被害を引き起こしたという記録もある．

　以降，鉄生産技術は大量生産，高品質製品を目指して推移し，現代において鉄は社会基盤，建築材料，耐久消費財など，生活に欠かせない資源となっている．一方で，現在の鉄産業は鉄鉱石を還元するために大量のコークスを導入しており，大量に化石燃料を消費し，大量に炭酸ガスを放出する産業となっている．

　現在，そのコークスの使用量を削減しようとする技術開発がなされている．1つが，コークスの代わりに廃プラスチックを用いる方法である．プラスチックは石油から作られた物質であるため，炭素源の塊である．これを用いてコークスの消費量を削減しようとするものであり，国内の製鉄場では普及している方法である．さらには，炭素の代わりに水素を用いて還元しようとするものもある．炭素と酸素が結びつくと二酸化炭素になるが，水素と酸素が結びつくと水になる．

b. 化学工業の歴史

　近代において繊維，ガラス，陶器などの産業が発展した過程で様々な化学品が利用されてきた．これら化学品の製造開発は化学工業発展の礎といわれている．

　例えば，繊維の漂白にはアルカリが重要であった．それまでは天然のアルカリである木灰などが用いられていたが，各種工業の発展によって大量のアルカリが必要となった．フランス科学アカデミーがアルカリを工業的に製造する方法に賞金をかけて募集したところ，ルブランが開発した「ルブラン法」が賞を獲得した．ルブラン法は硫酸と食塩からアルカリを製造するので，硫酸ガスや塩化水素ガスを発生する．ルブラン法による操業が始まったイギリスでは当初は塩化水素ガスを大気中へそのまま放出していたので，深刻な健康被害を引き起こした．その後，吸収法によって水に塩素を吸収させ，塩酸の形で回収するようになったが，塩酸の需要がなかったため，根本的な対策には至らなかった．1863年にイギリス議会は塩酸の回収を義務付ける条例（アルカリ法）を可決した．

その後，ルブラン法に代わる方法としてソルヴェー法が開発された．ルブラン法と異なり食塩とアンモニアを使う方法であり，副生物の発生は極端に減少した．両法はしのぎを削っていたが，その後，電解法で水を電気分解することによってアルカリを得る方法が盛んになると両法とも姿を消した．

電解法では電極の素材が重要であった．様々な素材が試され，水銀を電極として用いる水銀電極法が，アルカリの濃度，純度ともに高いため主流となってきた．しかし，水銀電極法では水銀の流出が度々起きた．水銀電極法で用いる水銀は無機水銀であり，水俣病の原因物質であった有機水銀に比べて毒性が低かったが，水俣病の悲惨さを知る日本では水銀が排出されることは問題であった．よって，現在の日本ではイオン交換膜電解法が用いられている．

これらの電解法は大量の塩素を発生する．塩を分解するとアルカリと塩素が同量発生するためである．当初はアルカリの需要が高く，塩素の需要が低かったが，戦後，塩化ビニル（塩素を含んだプラスチック）が開発されると塩素の需要が飛躍的に伸びた．

> **コラム： 塩化ビニルとダイオキシン**
>
> 塩化ビニルは多くの場で使われてきたが1990年代のダイオキシン騒動で需要が極端に減ってしまった．廃棄物として排出された塩化ビニルが焼却施設で焼却されるときにダイオキシンが発生するというものである．塩素を特殊な条件下で焼却するとダイオキシンが発生するが，ごみ焼却場においては食品に含まれる食塩由来の塩素のほうが量的に多いことがわかり，塩化ビニル＝ダイオキシン犯人説は否定された．しかし需要の回復には至っていない．

化学工業では様々な副生物が発生し，その副生物が環境問題を引き起こしてきた．水俣病はその典型例である．化学工業は副生物の再利用や製造プロセスそのものの変更によって環境問題を克服してきた．

c. 社会基盤の歴史

社会基盤である道路，橋，建物などの建設もまた人類の歴史とともに歩んできた技術である．なかでもセメントと骨材（砂利や砂）の混合物であるコンクリートは，社会基盤の整備に欠かせないものである．骨材を固めるものとしては，元々は石膏，火山灰，石灰などを原料としたモルタルや漆喰が利用されてきた．最も古い使用例は，紀元前8世紀ごろに中近東で使用されていたものが発見され

ている．その後様々な発展を遂げてきたが，18世紀に，天然の粘土質石灰石から得られる，水を加えると固まる水硬性セメントが発明された．19世紀には，石灰石と粘土を配合して天然の粘土質石灰岩に代わる材料とする発明がなされた（ポルトランドセメント）．これが現在に至るセメントの原型である．我々の社会に欠かせないものであるが，セメントの材料である石灰石や砂利などの採掘ならびにコンクリートを使った公共事業は自然環境に大きな影響を与えている．

セメントは石灰石と粘土，珪石，鉱さい（目的金属を取り除いたあとの鉱石）などを混ぜ合わせ，高温焼成し，粉砕後に石膏を加えたものである．現在はこれら原材料を汚泥や焼却灰で代替している．つまり，セメントは製造時に大量の廃棄物を受け入れている．

一方で，大量に炭酸ガスを発生する．原料である石灰石は分子中に炭素と酸素を含んでおり，高温焼成することによって炭酸ガスの形でその炭素と酸素が追い出される．また高温焼成する必要があることから，燃料を大量に消費する．

d. 輸送の歴史

人類の歴史は移動の発展の歴史でもあった．現在のグローバリゼーション社会では大量・高速輸送によってヒトとモノの移動があっという間に実現してしまう．移動の高速化には移動手段の発展と交通網の発展が必要である．

今から3万年前にエチオピアからヒトの祖先が移動を始め，1万4000年前に南アメリカ大陸へ到達したという説がある．ヒトの基本的な移動手段は徒歩である．江戸時代に江戸から伊勢へお参りに行く場合，成人男子で約13日間を要した．現在は，新幹線や特急を乗り継げば3時間30分ほどである．

中世から近代にかけての主な輸送手段である馬は，初期には牽引用・乗用として用いられてきたが，急速に広まったのは鞍とあぶみが発明されてからである．それ以前はラクダが利用されていた．ラクダは特に中世の主な交易路であったシルクロードにおいて大いに利用された．しかしながら，船と航海術の進歩によって14世紀にはラクダによる輸送は廃れていった．

船は紀元前より，大型の輸送手段として発展してきた．最初に帆船ができたが，風のないときには役に立たない．次に出てきたのは帆と人力を併用するガレー船であった．7～8世紀に開発された大三角帆を持った船は風をとらえやすかったので，風が吹くのを待つ必要がなく航海が容易になった．また，操船技術として忘れてならないのは，羅針盤の利用である．羅針盤を使えば，どんな天候であっても航海できることから，航海期間の短縮につながった．羅針盤は9世紀には中国

で使われていたが，ヨーロッパで広まったのは14世紀ごろである．帆船はながらく海上輸送の中心であったが，18世紀に蒸気船が作られると廃れていった．

1769年にワットが改良蒸気機関を発明して以来，蒸気機関車，蒸気船が開発され，輸送に石炭燃料が用いられるようになった．1860年にルノアールが，蒸気機関で用いられるシリンダーの中で石炭ガスを燃焼させる動力機関（内燃機関）を実用化した．さらに，1872年にオットーがガソリンを利用できるように改良し，1894年にはディーゼルが軽油を利用できるディーゼルエンジンを発明した．これら内燃エンジンが開発されるまでは，石油に含まれるガソリンや軽油のような軽質成分は重要視されていなかったが，内燃機関開発後は石油のすべての成分を分離・精製して用いる石油化学工業が発展した．内燃機関の発明が石油文明と相まって輸送手段を飛躍的に伸ばすと同時に，化石燃料の消費も増大していった．

道の発展も移動手段の進歩とともにあった．古代ローマが道路を整備したのは有名である．古代ローマの道路は堅土の上を石で固めた板石で舗装され，最長で約8万kmに及んだ．近世においては自動車の発展と空気入りタイヤの発明によってタール舗装やセメントコンクリート舗装などの道路技術も発展した．アスファルト舗装は石油化学産業から発生する最重質成分であるアスファルトを有効に使うものである．

これまでの先人の努力によって現代では遠くへ速く移動し，多くの物質を輸送できるようになったが，輸送にかかるエネルギーは膨大なものとなっている．また，途上国で様々な開発をし，資源や商品を先進国へ届けることが容易になったため，先進国の膨大な需要を満たすために途上国の自然が過度に開発され，人々の暮らしに影響を与えている．

e. 農業技術の歴史

初期の農業で用いられてきた道具は木製・石製である．日本では5～6世紀になると鉄製農具が本格的に導入された．その後，施肥（草木灰，刈敷，人糞尿，魚糟，油糟など）や農具の開発（千歯扱きなど），家畜の利用により生産性を増やしてきたが，その飛躍は明治維新まで待たなければならなかった．

化学肥料の歴史は浅く，1840年にリービッヒが唱えた「緑色植物の栄養素は無機質である」という無機栄養説が，化学肥料製造のきっかけとなった．1913年に開発されたハーバー–ボッシュ法によって，アンモニア肥料を水素と窒素から工業的に合成できるようになり，化学肥料は飛躍的に普及した．同法で利用する水素は，現在は天然ガス中のメタンを改質して得ている．また，同法は高温高圧の反

応条件下で実施されており，大量にエネルギーを使用する．また，過剰な肥料の投入は地下水の汚染を引き起こす．近年の地下水水質検査によると，化学肥料を農地へ投入した結果（畜産廃棄物の不適切処理も原因の1つである），硝酸性窒素の濃度が地下水の環境基準を超える事例が，他の化学物質に比べて多いことがわかっている．硝酸性窒素は，硝化菌によるアンモニアの亜硝酸への酸化，さらに亜硝酸から硝酸への酸化で生じる（図9.5参照）．農薬の開発も化学の成果であるが，一方で環境汚染を引き起こしている（9.3.1項参照）．

現在，我々は主な農作物を1年中手に入れることができる．これは戦後に施設園芸技術が発達したおかげである．施設園芸にはガラス室とビニルハウス（塩化ビニル・ポリエチレン）がある．冬季でも作物生産を可能にしたことは画期的であったが，ボイラーの熱で温度を保つため大きなエネルギー消費を伴う．

f. 廃棄物の歴史

廃棄物問題は人類の発展とともにある．日本では「貝塚」というごみ捨て場が縄文時代にあったことが確認されている．しかしながら，最近の研究では貝塚は単なるごみ捨て場ではないとする見解がある．なぜなら，貝塚の近くに死者が埋葬されていたからである．おそらく，当時は貝の死骸と人間の遺体の区別はなかったのであろう．また，大量の貝の死骸が発見されたことから，貝を加工し保存食にしていたのではないかとも推測されている．もちろん，貝だけを食べていたわけではなく，貝塚からは様々な種類の骨が見つかっている．不可食部が多いので，貝が目立っているだけである．

江戸時代はリサイクルの時代であった．人口の増加による資源の需要と国内生産による供給のバランスが崩れていたためであろう．し尿はもちろんのこと，釘，髪の毛，クズ紙など，およそ現代ではリサイクルしないものまでリサイクルしていた．しかしながら，すべてのものがリサイクルできるわけでもなく，最終的には埋立て処分場へ運ばれ，江戸時代には廃棄物による埋立てがなされていた．ちなみに人間のし尿は良質の肥料であるが，寄生虫や悪臭の問題があり，現代では世界のどこでもリサイクルされていない．

明治時代になると，社会の発展とともに廃棄物問題がより深刻化していった．日本最初の廃棄物処理に関する法律は「汚物掃除法」であり，1900年に成立した．この法律の背景には感染症対策がある．当時はコレラやペストなどの感染症が流行し，多数の死者が発生していた．し尿を介した感染，廃棄物を餌とする小動物による感染が原因であった．汚物掃除法の成立当時は，人間のし尿はまだ貴重な

肥料として売買されており，汚物掃除法では，し尿は対象から除外されていた．江戸時代にはごみ，し尿にも十分な市場価値があり，政策的にシステムを整えなくても十分に処理することができたが，ごみ，し尿が徐々に市場価値を失うにつれ政策的なシステムが必要となってきた．

同法によって廃棄物処理は市町村の責任であると定められ，処理方法には焼却が奨励された．現在の日本の主流な廃棄物処理である焼却処理は，この時期から始まった．当時は，焼却灰は農業用肥料としての人気が高く，収益を上げることができた．日本最初の焼却炉は 1987 年に敦賀に建設された．その後，大阪を中心とする関西圏で続々と独自開発のごみ焼却場が建設された．焼却炉による焼却処理は衛生的ではあるが当時としてはコストのかかる処理方法であったので，普及には時間がかかった．焼却処理以外は陸上投棄，河海投棄が選択されており，リサイクルも多かった．

第二次世界大戦後は，戦災ごみや進駐軍のごみを埋立て処理することになり，その後の清掃法（1954 年），廃棄物の処理および清掃に関する法律（1970 年）につながっていく．

コラム： IT と環境問題

21 世紀の社会は IT 技術を抜きにして語ることはできない．IT の増大は社会の変革を引き起こしたが，環境には何をもたらしたであろうか．

産業においてコンピュータは欠かせないものとなった．インターネットの発展により，家庭にも広く普及している．コンピュータは作業効率を飛躍的に増加させ，余計なヒト・モノの移動を避け，社会全体の環境負荷低減に貢献している．一方で電力を消費するので，エネルギー消費は確実に増えているであろう．また，データの閲覧性や保存性に関しては紙に劣るため，データを印刷するためにコピー用紙の使用も増えている．電子書籍の普及が紙の使用量を減らす可能性はあるが，その効果は未知数である．

使用済みコンピュータの処理も大きな課題である．コンピュータの基盤には貴金属が含まれることから，コンピュータの回収，リサイクルが求められている．途上国では劣悪な環境でのリサイクル作業（リサイクルでは水銀などの有害物質が多く使われる）が従業員や周辺住民への健康影響を及ぼしている．

2.3　世界の環境問題の歴史

18 世紀に産業革命が起こって以来，人類は様々な公害問題に悩まされてきた．

産業革命以前も，石炭利用の拡大によって人類は大気汚染問題を中心に多くの環境問題に直面していた．ヨーロッパの石炭の使用は12世紀に遡る．その背景には森林の過剰な伐採による木質資源の不足・高騰があり，石炭を消費せざるをえなかった．石炭消費による大気汚染の問題は13世紀には存在していたようである．その後，ペストによる人口減少のため木質資源の消費に歯止めがかかり，石炭公害は影を潜めたが，人口が回復した16世紀には再び石炭の消費が拡大した．17世紀を代表するイギリスの作家イブリンは1661年にチャールズ2世に宛てた手紙の中でロンドンの大気汚染の凄まじさを語っている．

前述のソーダ工業から排出される塩素と硫黄酸化物による公害が世界初の大規模な産業公害である．イギリス議会によって世界初の公害法が制定されたが，公害は各地で広がった．製鉄業におけるコークス利用も大気汚染に拍車をかけていた．足尾銅山による公害もこの時期である．1930年にはベルギーのミューズ渓谷において，工業地帯からの大気汚染物質が大規模な健康被害を引き起こした．ミューズ事件と呼ばれるこの公害は，温度逆転層（地表の空気が冷たく，上方の空気が暖かいため，地表と上方の空気の交換が起こらず，地表の空気がいつまでも滞留する現象）によってミューズ渓谷に閉じ込められたために引き起こされた．大気汚染による同様の被害は1948年にアメリカのドノラでも発生した．1952年にイギリスのロンドンで起きたスモッグ被害は史上最悪の公害被害であった．このときは冬の暖房用に燃やされた石炭の汚染物質によるもので，3900名の命が失われた．これを受けてロンドンでは1956年に大気浄化法が制定された．このような大気汚染はさらに酸性雨という地球環境問題も引き起こした．

アメリカでは20世紀半ばになると自動車が普及し，自動車排ガスの大気汚染が深刻となった．1975年以降に製造する自動車の排気ガスを1971年型車の1/10にするというマスキー法が1970年には成立した．日本車はこの法律にいち早く対応し，その後の日本の自動車産業の飛躍をもたらした．

水質汚濁も大気汚染とともに深刻である．前述のアルカリ法によって，排ガスに含まれる塩素ガスは水に吸収されたが，塩素を含んだ水が河川へ排出されたので大気汚染が水質汚濁に形を変えただけであった．また，1960年代からは国際河川であるライン川において深刻な環境汚染が起こった．1986年にスイスのバーゼル市で起きた化学物質倉庫の火災によって，ライン川は化学物質で汚染され，その影響はドイツ，フランス，オランダに及んだ．国際ライン川保護委員会が設立され，排水規制の強化を打ち出した．

また，海洋では1989年にアラスカ沖で原油タンカーのバルディーズ号が座礁し，原油を流出させた．広範囲の海洋汚染を引き起こし，世界に衝撃を与えた．原油の海洋流出はその後も度々発生している．

　こうした公害問題は先進国だけの問題ではない．途上国では車社会の到来とともに都市の大気汚染が非常に深刻になっている．モンゴルのウランバートルではゲル（伝統的なテント住宅）での暖房用石炭の消費や自動車排ガスによって多くの大気汚染物質が放出されている．ウランバートルは盆地であり，冬季には接地逆転層（8.2.3項参照）が形成されやすく，大気汚染が深刻化している．

　水銀汚染も深刻である．水銀は金と合金を作るため，金精錬で利用されている．特に途上国では金鉱山からの残渣を用いて零細業者が金精錬を実施している．零細業者は設備のないまま水銀を利用して金精錬を行っているので水銀による被害が懸念されている．

　そもそも，我々の暮らしが化石燃料を中心とした資源を大量に消費する社会であるから，今日の地球環境問題が生じた．必要なものだけでなく，必要以上のものを安い価格で入手しようとするために，安く作ることができる国から製品を輸入する．グローバリゼーションの恩恵によって，たとえその国が地理的に遠くても高速・大量物流のおかげで距離を意識することはない．しかし，このままで持続可能であろうか．生活の向上は環境汚染を引き起こすこと，資源の量が限られていることを忘れてはならない．

[後藤尚弘]

文　献

飯田賢一 編（1982）：重工業化の展開と矛盾（技術の社会史4），有斐閣．
江原絢子，石川尚子，東四柳祥子（2009）：日本食物史，吉川弘文館．
門脇重道（1990）：技術発達史とエネルギ・環境汚染の歴史，山海堂．
川名英之（2005）：世界の環境問題（第1巻），緑風出版．
鬼頭　宏（2000）：人口から読む日本の歴史，講談社．
スペンサー・ウェルズ（2007）：アダムの旅，バジリコ．
石油天然ガス・金属鉱物資源機構（2006）：銅ビジネスの歴史．
西村　肇，岡本達明（2006）：水俣病の科学　増補版，日本評論社．
新田次郎（1978）：ある町の高い煙突，文藝春秋．
廃棄物学会 編（2003）：新版ゴミ読本，中央法規．
芳賀　登，石川寛子 監修（1999）：食生活と食物史（全集　日本の食文化2），雄山閣出版．
溝入　茂（2007）：明治日本のごみ対策，リサイクル文化社．
山内　昶（1996）：タブーの謎を解く，筑摩書房．

3. 地球温暖化

2011年3月11日に東日本大震災が発生し，大津波が福島第一原子力発電所を襲った．同原子力発電所は爆発し，東日本を中心に放射性物質が撒き散らされて，人々をパニックに陥れた．その結果，日本国民の原子力発電所に対する目は厳しくなり，多くの原子力発電所は停止を余儀なくされている．再生可能エネルギーへの関心が高まり，かつてないほどそれらが導入されている一方，主要な電力として火力発電の割合を大幅に高めざるをえず，昨今の石油価格高騰により電力料金が高くなってきている．そして，化石燃料の大量消費から二酸化炭素排出量が増えていることは事実である．しかしながら，諸外国の気候変動に対する取組みは東日本震災に関わらず進みつつあり，日本を取り巻く状況は厳しくなっている．

本章ではこれまでの気候変動に対する取組みを振り返るとともに将来へ向けて何が必要かを考えたい．

3.1 温室効果とは何か？

地球の気温は太陽からの熱によって平均15℃に保たれている．しかしながら，大気がなければ平均気温は−20℃になるといわれている．なぜなら，大気が地球からの熱放射を遮ってくれるためである．これを温室効果といい，物理法則で説明することができる．

すべての物体は熱を放射しており（ステファン-ボルツマン則），その放射強度は物体の表面温度の4乗に比例する．太陽からも熱が放射されているし，地球からも放射されている．太陽と地球の表面温度は異なるため，当然放射強度も異なるが，放射強度が異なると熱の波長分布も異なる．光がいくつかの波長に分解できるように，熱も波長に分解できる．温度が異なる物体からの熱放射の波長分

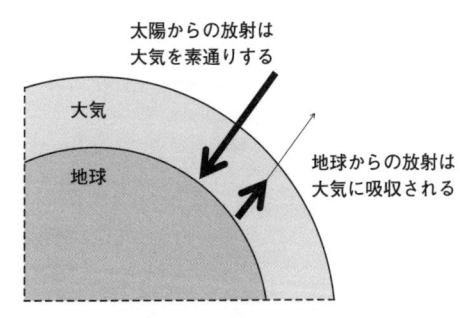

図3.1 地球温暖化の仕組み

布は異なる．そして，それぞれの気体が吸収できる熱放射は波長によって異なる．地球の表面を覆う大気は，太陽からの熱放射は吸収しないが，地球からの熱放射は吸収する性質を持っている．特に，二酸化炭素の役割は大きい．そのため大気中の二酸化炭素濃度が増加すると，大気の温室効果が強まり，地球温暖化が進行しているといわれている．図3.1は地球温暖化の仕組みを示すものである．

> コラム： ステファン-ボルツマンの法則
>
> 熱放射エネルギー（J）は，壁の材質，形状によらず，温度のみの関数である．どんな物質も絶対零度でない限り熱を放射している．
> $$J = \sigma T^4 \quad (W/m^2) \qquad \sigma：ステファン\text{-}ボルツマン係数，T：温度$$
> 太陽からの放射は可視光である．大気中の温室効果ガスは可視光を吸収しない．一方，地球からの放射は赤外線放射であり，一部が大気で吸収される．

3.2 温室効果ガスとは何か？

温室効果をもたらす気体には表3.1に示す6種類がある．

二酸化炭素は物（炭素）が燃焼するときに発生する気体である．メタンは，有機物が酸素がない状態で微生物によって分解されるときに発生する気体である．水田や反芻動物の消化管内発酵で発生する．亜酸化窒素は窒素が酸化して生じる気体である．特に家畜糞尿に含まれる窒素分が酸化して生じる場合が多い（9.3.2項参照）．

表3.1 地球温暖化係数

二酸化炭素	1
メタン	21
亜酸化窒素（N_2O）	310
フロン（HFCs）	1300
フロン（PFCs）	6500
六フッ化硫黄（SF_6）	23900

フロン類であるHFCはハイドロフルオロカーボンのことであり，PFCはパーフルオロカーボンである．両者ともにオゾン層を破壊するフロンの代替として開発されたものであり，従来のフロンよりもオゾン層の破壊度は少ないが，強力な温室効果があることがわかり，全廃へ向けて規制されている．両者ともにいくつかの種類があるために総称でHFCs，PFCsとしている．HFCsはカーエアコン，家庭用電気冷蔵庫，家庭用エアコン，業務用冷凍空調機器類，ポリスチレンフォーム，クリーニング用など多くの分野において冷媒用，発泡用，洗浄用などの様々な用途で使用されている．PFCsは半導体エッチングガスや不活性液体用として工場などで使用されている．

六フッ化硫黄（SF_6）は変圧器などの電気機械器具に封入されている電気絶縁ガス用，あるいは半導体エッチングガスとして，発電所や工場などで使用されている．

地球温暖化係数とは，二酸化炭素を「1」とし，その気体の大気中における濃度当たりの温室効果の100年間の強さを比較して表したものである（表3.1）．

3.3　気候変動の影響

温室効果の促進によって，地球の気候が変動することが予想されている．

(1) 気温上昇

IPCCの予測では2100年には地球の平均気温は1.1～6.4℃上昇するとされている．特に極地方での温度上昇が大きいことが予測されており，両極での雪氷の融解が懸念される．

(2) 降雨の変化

降雨量の地域格差が増大する．これまでに降雨量の多いところはさらに多く，少ないところはさらに少なくなることが予想される．その結果，洪水が頻発したり，砂漠化がさらに進行したりする．

(3) 異常気象の頻発

気温の上昇，降雨の変化に伴って，台風・集中豪雨が増加することが懸念されている．また，海流の変動によって，様々な気候変動を引き起こす恐れがある．高緯度帯では付近を暖流が通っているために，現在はそれほど寒冷にならずにすむ場所が多い．しかしながら，気候変動によって暖流の経路が変動すると，そうした地方では寒冷化が進んでしまう可能性がある．

(4) 海面上昇

極地方の雪氷の融解によって海水量が増加するとともに，温暖化による海水の膨張が沿岸域の陸地・砂浜の減少をもたらす．また海水面が上昇し，地下水に海水が混入することによる水質の悪化も懸念される．高潮の被害ももたらされるであろう．

(5) 農作物生産への影響

光合成は温度が高くなると活発になるため，植物にとっては一見よい影響があるようにみられる．2～3℃の温度上昇であれば，場所によっては増産するという予測もある．しかしながら大部分の場所では，土壌からの水分蒸散量が増え水分条件が悪化し，光合成の低下をもたらすと考えられる．

温暖化によって多くの種の栽培適地が北上する可能性がある．特に畑作作物，果樹に対する影響が大きいと考えられる．また，病害虫の発生も増えることが懸念される（表3.2）．

表3.2 農作物別の影響

米	白未熟粒・胴割れなど品質の低下
果樹	着色不良・日焼け果．台風による落果
野菜	抽だい・日焼け・結球不良・低温障害
畜産	熱中症による家畜死亡．飼料摂取量・飼料効率の低下．飼育適地の変化

いずれにせよ，品質の低下や産地の移動が予測される．品質の低下や産地の移動に対しては，高温に強い品種に改良することにより対応できるであろうが，その開発コストは膨大となろう．

（6） 生態系への影響

多くの生態系は急激な変化に対応できない．特に，移動速度が極端に遅い植生はその影響が大きいと懸念されている．日本各地に広がる温帯地方の典型的な植生であるブナ林は衰退する可能性がある．

（7） 健康への影響

夏季の気温上昇は熱中症の増加をもたらす．また，多くの熱帯性感染症は媒体動物を介して感染が広まる．媒体動物は熱帯気候に生息するため，寒冷地に進出することができなかった．しかしながら，温暖化が進行するとそのような媒体動物が寒冷な地方でも生息できるようになり，感染症の拡大が懸念される．

3.4 温室効果ガス排出量

図3.2に日本の温室効果ガスの総排出量の推移を示す．2010年度は，12億5800万tであり，京都議定書の規定による基準年（1990年度．ただしHFCs，PFCsおよびSF_6については1995年）の総排出量（12億6100万t）を0.3％下回っている．また，前年度と比べると4.2％の増加となっている．後述する京都議定書において日本は基準年比6％の削減が義務づけられているが，かなり厳しい状況にある．

図3.3に日本の部門別温室効果ガス排出量の推移を示す．産業部門が最も多く，次いで運輸，業務その他部門となっている．しかしながら，産業部門は基準年に比べてその排出量が減少している一方，業務その他，運輸，家庭部門からの排出の伸び率は大きくなっている．

産業部門は政府からの規制がかかることを嫌い，経団連を中心に各業界団体が自主目標を設け，二酸化炭素排出量を減少している．ただし，削減目標を達成し

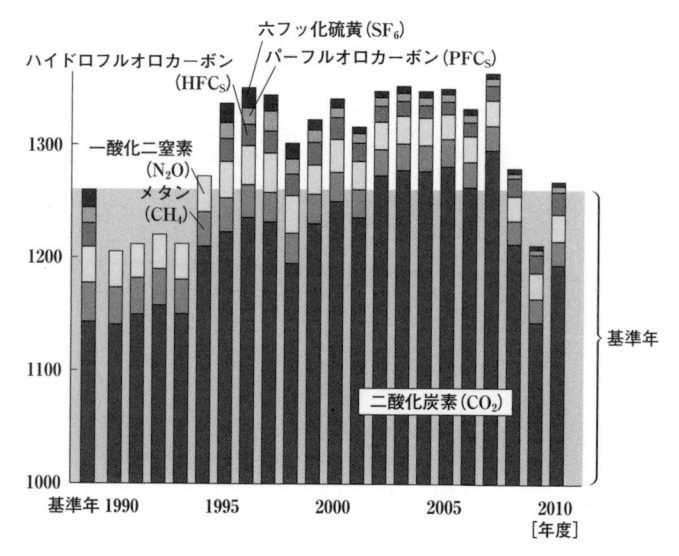

図3.2 日本の温室効果ガスの総排出量（100万 t）
二酸化炭素（CO_2）換算：各温室効果ガスの排出量に地球温暖化係数を乗じ，それらを合算した．
基準年：二酸化炭素，メタン，一酸化二窒素は1990年の，他の3ガスは1995年の排出量．
温室効果ガスインベントリオフィス資料より．

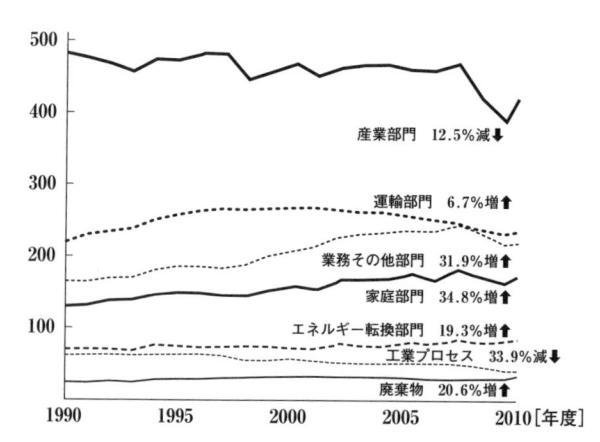

図3.3 日本の二酸化炭素の部門別排出量（100万 t）の推移
％の数値は京都議定書の基準年と2010年度を比較した増減を表す．二酸化炭素換算．「業務その他部門」とは産業・運輸部門に属さない企業・法人部門であり，具体的には，小売・卸売業，サービス業（学校・病院などの個人向けサービス業，飲食業，国・地方公共団体など），製造業などの本社・研究所などの間接部門である．「エネルギー転換部門」は発電所からの排出である．
温室効果ガスインベントリオフィス資料より．

た業界団体もあるが，達成していない団体もある．

業務その他部門は様々な形態があるため，業種によってその増加の原因が異なるが，冷暖房だけでなく IT の導入による電力消費の伸びが高いと考えられる．

運輸部門の増加は荷物のトラック輸送の増加，とりわけ個別配送の増加が原因である．自家用車の普及も原因の1つである．

家庭部門は家電製品と冷暖房需要が主な原因である．1893 年に電気扇風機が輸入されて以来，家庭には様々な家電が普及してきた．特にテレビは1人1台，エアコンは1部屋1台の時代を経て，現在はパソコンが1人1台の時代となっている．また，住宅の気密性が増すとともに，部屋全体を暖めたり冷やしたりする冷暖房需要が伸びてきた．

図 3.4 に世界の国別温室効果ガス排出量を示す．2008 年に中国が初めて世界最大の温室効果ガス排出国となったが，2009 年には2位のアメリカとの差がさらに広がっている．また，インドは将来人口で中国を抜かすと考えられており，温室効果ガス排出量でも世界最大となるであろう．日本は世界第5位の排出国であり，その責任は重い．

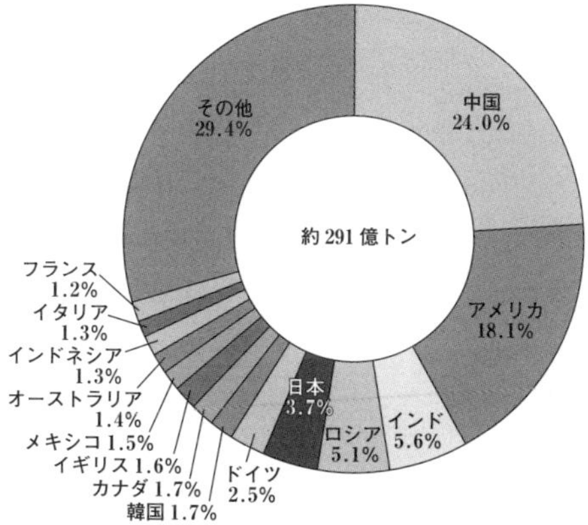

図 3.4 国別二酸化炭素排出量割合（2009 年）
EDMC/エネルギー・経済統計要覧 2012 年版より．

3.5 地球温暖化対策

3.5.1 対策の概要

これまでの環境問題の対策には，大きく分けて法整備などの政策的対策，ライフスタイルの変更などの社会的対策と技術的対策があるが，これは気候変動防止対策にも当てはまる．別の角度からみると，排出抑制，吸収拡大，適応・緩和対策に分類できる．ただし，これらは互いに密接な関係にあり，これらを組み合わせた対策もある．いずれの対策も大量の温室効果ガスを対象とすることから，経済性が問題となろう．すべての技術を俯瞰して，どの技術が低コストで実現するかを評価する必要がある．

（1） 政策的対策

市場原理で対策が進まない以上，政府などの公的機関が地球温暖化対策を促進

させる必要がある．まずは，地球温暖化は国境のない問題であることから，各国が集まり協議をする場として国連の気候変動枠組条約があり，そこでの方針が各国の政策に大いに反映するであろう．国内では，法律を整備し化石燃料消費に税金をかける，補助金を導入し化石燃料消費削減に誘導するなどが考えられる．

(2) 社会的対策

社会の構造も温室効果ガス排出に影響を与えている．地方都市は公共交通機関が発達していないため自家用車の所有率が高く，当然，運輸部門からの二酸化炭素排出が大きい．こうした地域にバスなどの公共交通機関を導入することは有効である．さらに，生活の機能（買い物，病院，学校など）を1カ所に集めてしまうこと（コンパクトシティ）も効果があろう．

一方，個人の心がけも大切である．社会の構成員である個人の行動が温室効果ガス排出につながることから，個人がそれぞれのライフスタイルに注意を払い，地球温暖化防止を心がけたい．ライフスタイルの変更には様々な方法があろう．

(3) 技術的対策

現代の生活レベルを落とさないという前提であれば，同じ効用であってもエネルギー消費量の低いエネルギー高効率技術（省エネ技術）への転換が必要である．例えば「照らす」という効用を維持して消費エネルギーを抑えるには，白熱灯や蛍光灯からLEDへの転換がある．「移動する」という効用においてはガソリン自動車からハイブリッド車や電気自動車への転換がある．

また，再生可能エネルギーの導入も有効な気候変動防止対策である（詳細は第7章を参照）．水力，地熱，太陽光，バイオマスなどの新エネルギーだけでなく，廃棄物焼却発電，下水排熱などの未利用エネルギーの利用も有効である．さらに，どうしても排出せざるをえない二酸化炭素は回収して処理することが考えられる．

大事なのはこれらの技術を導入する場合に，それらが本当に有効かどうかを評価する必要があることである．例えばLEDやハイブリッド車はこれまでにない新しい素材を用いている．こうした素材が新たな環境負荷を産まないかを十分に評価する必要があろう．また新しい技術の使用方法も重要である．ハイブリッド車とガソリン車を比較した場合，製造時点ではハイブリッド車のほうが環境負荷が大きいが，走行距離が長くなると，ある時点で逆転する．このことからもハイブリッド車は長く使用することが環境負荷を削減する正しい使用方法となろう．

3.5.2 政策的対策
a. 京都議定書

気候変動問題に限らず地球環境問題は一地域，一国家の問題ではなく，全世界の問題である．そのためには国際的な協力が欠かせないが，その最も大事な場が国連気候変動枠組条約である．ただし，技術的な対策が取りづらい分野であることから，この会議の場は極めて政治的な場となっている．

1997年12月に京都で開催された「気候変動枠組条約第三回締約国会議：COP 3」では，先進国から排出される温室効果ガスの具体的な削減数値目標や，その達成方法などを定めた「京都議定書」が合意された．その概要を以下に示す．

① 先進国の温室効果ガス排出量について，法的拘束力のある数値目標を各国ごとに設定する．

② 国際的に協調して，目標を達成するための仕組みを導入する（京都メカニズム：排出量取引，クリーン開発メカニズム，共同実施など）．

③ 途上国に対しては，数値目標などの新たな義務は導入しない．

これによって，地球温暖化をめぐる全世界的な取組みがスタートした．京都議定書の発効は2008年であった．国際条約は締結されたからといってその場で効力を発揮するものではなく，各国が持ち帰って国内の承認手続きを経なくてはならない（批准）．その批准国が一定の割合に達して初めて国際的に有効となる．

京都議定書では大きな枠組みを定めたが，詳細なルールまでは定めなかった．京都議定書以降の締約国会議では，京都議定書で決まったことのルール作りに費やされた．

このような議定書を策定したなかで科学的な知見は大変重要である．この役割は，各国の研究者が集まって気候変動に関する知見を集め提言する組織であるIPCC (Intergovernmental Panel on Climate Change) が果たした．このような政治的な場に世界の科学者・技術者が関わったことは極めて重要である．それまでは科学者・技術者が重大な政治的決定に関わることは多くなかった．1980年代ごろか

表3.3 気候変動枠組条約第三回締約国会議：COP 3で決められた削減目標など

削減基準年	1990年（HFC, PFC, SF_6 については1995年）
目標達成期間	2008～2012年
削減目標	先進国全体（附属書Ⅰ国）で5.2%削減 日本6%，アメリカ7%（後に離脱），EU 8%

附属書Ⅰ国：気候変動枠組条約で温室効果ガスの削減や様々な報告の義務を負う国．大部分のOECD諸国と東欧・旧ソ連．
COP : Conference of the Parties.

ら政治だけでは解決できない問題が多くなっており，科学者・技術者が助言を与えることが多くなってきたが，気候変動問題については，積極的に科学者・技術者が政治をリードしてきたといえよう．

b. ポスト京都議定書

2009年12月，デンマークのコペンハーゲンにおいて2013年以降の気候変動枠組み条約における世界の温室効果ガス削減の枠組みとしての議定書，いわゆるポスト京都議定書について会合がもたれた（COP 15）．議論の軸となったのは「コペンハーゲン合意」という文書であったが，一部の国の反対により同合意が採択されることはなく，同合意に留意するという決定がなされ，交渉決裂は回避された．その後の交渉の中で，途上国に削減目標を義務化するかどうかに関して，先進国と途上国の間で大きな議論が続いている．

コペンハーゲン合意の概要は以下のとおりである．

① 気候変動に対する危機意識の共有化： IPCCの第4次報告書に基づき「気温の上昇を2℃以内とすべき」との考え方を認識して，気候変動に対する危機感を国際社会で共有した．各国の足並みがそろわないなか，最低限の認識を共有化することができた．

② 先進国の削減目標，途上国の削減行動の提出： 先進国は2020年までに削減すべき目標を，途上国は削減のための行動をそれぞれ，2010年1月末までに提出することとした．途上国の削減義務について先進国と途上国が激しく対立したが，先進国，途上国それぞれによる目標，行動が記された計画ができ，完全な決裂は回避された．

③ 測定・報告・検証： 各国の温室効果削減に関する行動の測定・報告・検証について明記した．特に途上国が先進国の支援を受けて行った削減行動は測定・報告・検証の対象とされ，先進国の支援の有効性を確実にしようとした．

c. 日本の政策

2009年9月に鳩山首相（当時）が，2030年に1990年比20％削減を，2050年には70％削減することを宣言した．これらを受けて，2010年には「国内排出量取引制度の創設」，「地球温暖化対策税の検討」，「再生可能エネルギーに係る全量固定価格買取制度」を3つの柱とする地球温暖化対策基本法を閣議決定した．

しかしながら，2011年3月11日の震災による福島第一原子力発電所の爆発によって，温暖化対策の根幹となるエネルギー基本計画の見直しを迫られている．2010年のエネルギー基本計画は，2030年に電源に占める原子力発電所の割合を

50％と定め，14 基を新設し，稼働率の引上げ（90％へ）を目指してきたが，このような計画の見直しは必至となった．

これまで日本では政府が様々な温暖化対策を計画・実施している．以下にこれまでの政策の流れを示す．

（1） 地球温暖化防止行動計画

地球温暖化問題が国際的にクローズアップされ，気候変動枠組み条約に基づく国際交渉がスタートするなか，1990 年 10 月の地球環境保全に関する関係閣僚会議において策定された．温室効果ガス排出抑制目標値，発電部門の二酸化炭素抑制対策，温室効果ガス排出抑制のための技術開発についての計画が主である．

（2） 地球温暖化対策推進法

「京都議定書」の成立を受けて，1998 年 10 月に公布された地球温暖化対策の推進に関する法律．まず第一歩として，国，地方公共団体，事業者，国民が一体となって地球温暖化対策に取り組むための枠組みを定めた．温暖化防止を目的とし，議定書で日本に課せられた目標（温室効果ガスの 1990 年比 6％削減）を達成するために，国，地方公共団体，事業者，国民の責務，役割を明らかにした．

（3） 地球温暖化対策推進大綱

同じく京都議定書の結果を受け，2010 年に向けて温室効果ガス排出量削減目標を達成するために，緊急に推進すべき対策を総合的に取りまとめたもの（2002 年）．日本において，京都議定書の約束を履行するための具体的な裏づけのある対策の全体像を明らかにしている基本方針．100 種類を超える個々の対策・施策のパッケージをとりまとめた．

「環境と経済の両立」： 温暖化対策への取組みが，経済活性化や雇用創出などにもつながるような仕組みの整備・構築を図る．

「ステップバイステップのアプローチ」： 2004 年，2007 年に対策の進捗状況について評価・見直しを行い，段階的に必要な対策を講じていく．

「各界各層が一体となった取組みの推進」： 国，地方公共団体，事業者，国民といった主体すべてがそれぞれの役割に応じ総力を挙げて取り組む．事業者の自主的取組みの推進を図るとともに，特に民生・運輸部門の対策を強力に進める．

（4） 地球温暖化対策基本法

2010 年 3 月に閣議決定されたが，継続審議となっている．「国内排出量取引制度の創設」，「地球温暖化対策のための税の検討その他の税制全体の見直し」，「再生可能エネルギーに係る全量固定価格買取制度の創設」という主要な 3 つの制度

の構築に加え，原子力に係る施策，エネルギーの使用の合理化の促進，交通に係る施策，革新的な技術開発の促進，教育および学習の振興，自発的な活動の促進，地域社会の形成に当たっての施策，吸収作用の保全・強化，地球温暖化への適応，国際的協調のための施策などについて定める大変意欲的な法案である．

なお，固定価格買取制度は2012年7月に，地球温暖化税は2012年10月に導入された．固定価格買取制度では太陽光発電が42円/kWhなどと高額に設定されてスタートした．地球温暖化税は全化石燃料に対して二酸化炭素排出量に応じた税率（二酸化炭素1t当たり289円）を上乗せしている．

d. 京都メカニズム

京都議定書は，国内の対策だけではなく，他の国で削減したものを自国で削減したものと換算できたり，他の国から排出削減量を買ったりする制度を使って，議定書の削減目標を達成することを認めている．これを「京都メカニズム」といい，排出量取引，共同実施，クリーン開発メカニズム（clean development mechanism, CDM）がある．この制度により，各国は自国で温暖化対策を行うより安い費用で排出を削減できる場所で対策を行ったり，安い排出枠を購入したりすることで，より経済的に削減目標を達成することができる．

（1） 排出量取引

京都議定書に定められた各国の排出削減目標を達成するため，温室効果ガス排出量の上限（総排出枠）が設定されている附属書Ⅰ国間で，排出枠・排出削減量の取得・移転を行う制度（図3.5）．この排出量取引を企業間で実施しようとする試みが各地でなされ，排出権取引市場ができている．日本では東京都が先行して実施している．排出量取引を実施するためには，各取引参加主体に排出枠をあらかじめ決める作業が必要となる．その排出枠を超えて排出している主体は市場から排出権を購入し，排出枠を下回っている主体市場に排出権を売ることができる．この排出枠を「キャップ」といい，この排出枠を定めた排出量取引を「キャップアンドトレード」ともいう．現状では排出権の供給が需要をはるかに上回っており，排出権の価格は二酸化炭素1t当たり数百円と低迷している．日本は2009年にウクライナから3000万t分の排出権を購入しており，その額は200億円といわれている．

（2） 共同実施，CDM

共同実施は，先進締約国どうしが，自国の数値目標達成のために共同して温室効果ガス排出削減や吸収の事業を実施し，投資国が排出削減単位をクレジットと

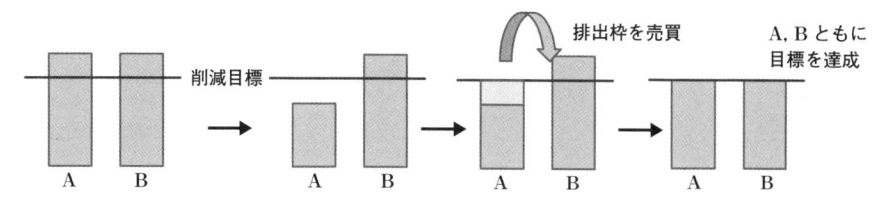

図 3.5 排出権取引概略図（キャップアンドトレード）

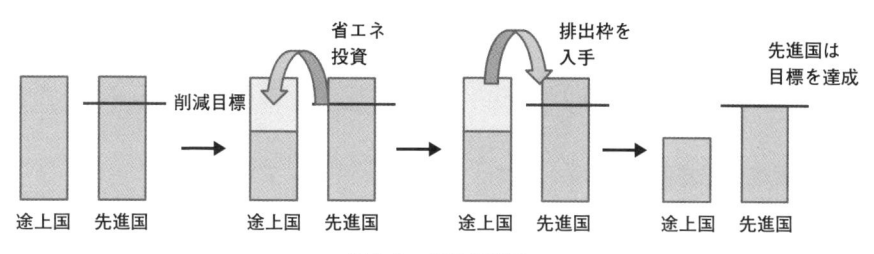

図 3.6 CDM 概略図

して獲得する仕組みである．一方，CDM は先進国が途上国において共同で温室効果ガス削減プロジェクトを実施し，得られた削減分の一部を先進国がクレジットとして獲得し，自国の温室効果ガス削減量に充当できる仕組みである（図 3.6）．日本は 2009 年時点で 2300 万 t 分の排出枠を，CDM により獲得している．

> コラム： なぜ京都議定書の基準年は 1990 年だったのか？
>
> 　1989 年にベルリンの壁が崩壊して，東西冷戦が終結した．東西ヨーロッパの交流が始まり，西側の省エネルギー技術が，古くてエネルギー効率の悪い設備を持つ東側に移転された．そのために 1990 年以降，ヨーロッパでは大幅に二酸化炭素排出量を削減することができた．このように 1990 年はヨーロッパの気候変動防止政策にとって極めて重要な年である．一方，日本にとって最も重要な出来事は 1973 年のオイルショックである．この年を契機に産業・民生部門の省エネルギーが大きく促進された．日本にとって 1990 年はバブル崩壊の直前であり，エネルギー政策が大きく変わった年ではない．結果的に 1990 年という基準年はヨーロッパにとって有利に働いたといえよう．京都議定書後の気候変動防止の国際的枠組みはこれからも続くであろう．日本政府には，国益と国際貢献を両立させるための極めて難しい舵取りが要求されている．

CDM の仕組みを国内でも導入し，大企業と中小企業の技術移転を促す国内 CDM も考えられている．同様の仕組みは個人の行動についても提案されている．それがカーボンオフセット制度である．旅客機にもカーボンオフセット付きのものがある．これは旅客機の飛行時に発生する二酸化炭素分を，植林事業に寄付することによって相殺するものである．地球温暖化に関心の高い消費者はこうしたカーボンオフセット制度を利用している．

3.5.3 社会的対策
a. 住宅の断熱化
家庭部門からの温室効果ガス排出量は多く，中でも冷暖房の需要による排出量が多い．冷暖房の需要を抑える必要があるが，住居も欧米化し気密性が増したため，部屋を部分的に暖めるのではなく部屋全体を暖めたり，冷やしたりするようになってきた．日本の住宅の場合，冬の暖房需要が大きいため，冬の暖房効率を上げる必要があり，断熱化が選択される場合が多い．断熱とは熱を通しにくい素材を壁や窓に用いることにより，暖気（冷気）が外へ逃げるのを防ぐことである．窓を二重窓にする，サッシを樹脂素材にするなどが有効である．

一方で，伝統的な日本家屋の気密性は低いが，冬は炬燵など部分的に暖房する方法が採用され，夏は自然風を取り入れることによって涼をとっていた．このような伝統的な住宅に回帰することも 1 つの対策であろう．

b. コンパクトシティ
日本は本格的な人口減少時代に入り，これまでのインフラ網の維持が困難になりつつある．そこで，人々の住居を集約し，そこでのインフラを整え生活機能を集約するコンパクトシティが注目されている．山村部での過疎化がますます進行していることも，コンパクトシティ待望論に拍車をかけている．

ただし，住み慣れた場所を離れることは抵抗が大きいかもしれない．山村部独特の伝統的な暮らしや文化も潰えてしまうであろう．一方で，地方都市の中心街にはシャッターをおろした商店が多い．郊外型店舗に客が集まるためである．中心街の地価が下がることにより，かえって中心部の住居が増え，住民が回帰している場合が多い．商店の数は減り，活気がなくなったとはいえ，中心街にはある程度のインフラが整っている．このように期せずしてコンパクトシティ化してしまっている例もある．

コンパクトシティの発展形としてスマートシティ，スマートコミュニティ

(7.5.1項参照)がある．スマートという言葉は賢いという意味を持つ．スマートシティ，スマートコミュニティの目玉の1つは，電力需給を常に監視できるメータを設置し，需給バランスを考慮しながら消費電力，ピーク電力をカットするものである．電力消費がリアルタイムでわかれば，消費電力が多いときには節電行動をとることができ，結果的に省エネにつながっていく．

c. モーダルシフト

日本の自動車保有台数は約7500万台であり，非常に大きな数字を示している．特に，地方都市において公共交通機関が脆弱なことから，自動車が普及している．こうした地域においては，より二酸化炭素排出量の少ない交通手段を投入することや，公共交通手段利用への誘導が求められている．

ハイブリッド車，電気自動車，電気二輪車，自転車は，自動車に比べて走行時の二酸化炭素排出源単位が少ないことから，こうした交通手段への移行が求められている（7.5.4項参照）．また，公共交通手段の利用を促進する場合には利便性の向上が欠かせない．そのために専用線を用いたLRT（light rail transit）やBRT（bus rapid transit）が有力である．前者は路面電車を主とした電車，後者はバスを中心に便利な交通システムを整備することである．地方の公共交通機関が廃れていく理由の1つに不便さがある．LRT，BRTは専用線を用いるため渋滞に巻き込まれることはなく，また他の交通手段との乗換えもスムーズにできるように設計されている．国内では富山市のLRT，名古屋市のBRTが有名である．

3.5.4 技術的対策

上述のように技術的対策には様々なものがあるが，ここでは回収技術と隔離技術に注目して述べたい（省エネ技術や再生エネルギーについては他章に譲る）．

a. 回収技術

（1） 物理吸収法

二酸化炭素を大量に溶解できる液体と処理ガスを接触させて，液体中に二酸化炭素を取り込む方法．メタノールなどの有機溶媒が使用される．二酸化炭素の溶解は，気相中の二酸化炭素の圧力に比例するので，溶解した二酸化炭素を取り出すには減圧すればよい．このように圧力を変えることによって，溶解，脱離を繰り返す．

（2） 化学吸収法

物理吸収と同様に，大量に二酸化炭素を取り込む方法．炭酸カリ水溶液や有機

アミン類が使用される．溶解反応平衡が温度により移動することを利用して，低温で吸収操作，高温で再生操作が行われる．使用する液が大量なので，化学吸収法では吸収液の加熱・冷却操作に多量のエネルギーが必要である．

(3) 吸着法

吸着材を用いて二酸化炭素を吸収する方法．吸着材として合成ゼオライトや活性炭が用いられる．吸着と脱着を温度変化・圧力変化によって行う．

(4) 膜分離法

高分子などの膜に対するガスの透過速度の違いを利用して二酸化炭素を分離する方法．圧力のみを利用する連続プロセスなので省エネルギー的分離操作である．膜には高分子膜と無機膜，液体膜がある．

b. 隔離技術

上記方法で二酸化炭素を回収したあとは，その処理方法が問題となる．現在は隔離技術が有力であり，回収法と合わせてCCS（carbon capture and storage）と呼んでいる．CCSは発電所など1ヵ所で大量の二酸化炭素を排出する場合は有効であるが，他の方法に比べてコストが高いので導入が進んでいない．

(1) 海洋隔離（図3.7）

水深2500m程度まで二酸化炭素放出パイプを伸ばし，船を走らせながらパイプ先端から液体二酸化炭素を放出する．放出された二酸化炭素は直径数mm程度の液滴となって海水中を上昇しながら溶解する．また，深海に直接二酸化炭素を放出する方法もある．深海に二酸化炭素を直接放出すると，二酸化炭素分子を水分子が取り囲むクラスター構造を持つ物質「ハイドレート（図3.8）」となり，深海に二酸化炭素を隔離することができる．

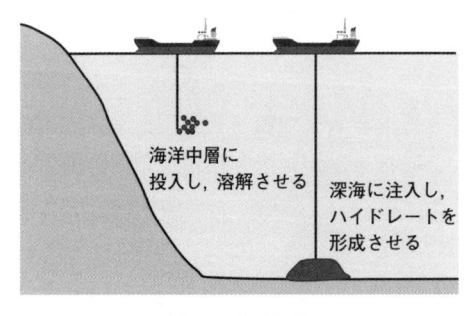

図3.7 海洋隔離

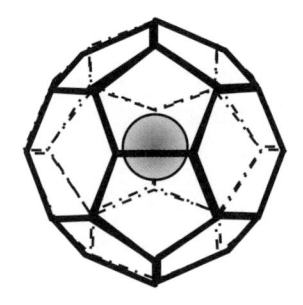

図3.8 ハイドレート模式図
真ん中にある二酸化炭素分子○を水分子が覆っている．

（2）地中隔離（図3.9）

　地下深くの帯水層と呼ばれる地層に二酸化炭素を長期的に貯留する方法である．帯水層とは，隙間が多く水などの流体を透しやすい地層のことで，通常は水に満たされている．他に廃ガス井，天然ガス井が利用可能である．　　　［後藤尚弘］

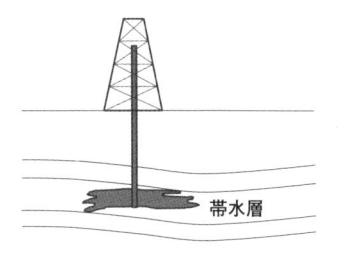

図3.9　地中隔離

コラム： 地球は本当に温暖化しているのか？

　今日の気候変動問題は科学的に実証されたものではない．わかっている事実は以下のとおりである．
　①大気中の温室効果ガスが増大しており，その増加率は近年急激である．
　②温室効果ガスには温室効果がある．
　③近年，平均気温が増加し，異常気象が頻発している．
①，②，③の因果関係が直接証明されたことはない．よって，③は太陽活動や地球の大きな気候変動の枠内など他の影響によるものなのではないかといわれている．こうした論争に決着をつけるためには科学データが不足しているといえる．いや，我々はまさに気候が変動しつつある時代に生きており，現在の変化を知ることがそもそも難しいのかもしれない．しかしながら，我々が環境問題を語るうえで忘れてはいけないのは「予防原則」という原則である．これは，我々の健康や生活に重大な結果をもたらすであろう事象に対して，その因果関係がはっきりしていなくても対策をとるという原則である．こうした原則に立てば，気候変動防止の行動をとることはごく自然な行動であろう．

文　献

西岡秀三　編（2008）：日本低炭素社会のシナリオ，日刊工業新聞社．
文部科学省，経済産業省，気象庁，環境省（2009）：IPCC 地球温暖化第四次レポート―気候変動，中央法規出版．

4. 企業と環境

4.1 企業と環境問題

　日本における公害問題は，19世紀後半の足尾銅山の鉱毒事件が発端である（第2章参照）．古河鉱業社は，日本の銅生産量の1/4，東アジアで最大の銅生産を行ってきた．この中で古河財閥を作り上げ，古河電工社，富士電機社，富士通社といった系列会社をつくってきた．古河鉱業社は，現在の古河機械金属社である．古河鉱業社の銅採掘・精錬工程における公害は，その後の日本社会に様々な問題を提起した．住民による反対運動と，行政による法的な対策と土木・工業技術を駆使した公害対策である．初期の公害問題においては住民への被害賠償というよりも公害対策の責任が重視された．これは，明治政府が「脱亜入欧」というスローガンのもと産業育成，殖産興業政策を打ち出し国家の近代化を推進したという背景がある．つまり，政府は産業を急速に育成したいが，公害問題が同時に起こるというジレンマが起きていた．「企業の社会的責任」という言葉が登場し，被害者への賠償が意識されるようになるのは第二次世界大戦後のこととなる．

　企業は公害問題とともに，環境問題の原因主体でもある．一般的に環境問題とは，一般生活者を含む複数の社会主体が引き起こすものである．その範囲は国境を越えグローバルな影響を与えているといえる．気候変動，オゾン層破壊，酸性雨，熱帯林の減少，生物多様性の減少，海洋汚染などがグローバルな課題として挙げられる．特に重要なのが気候変動と生物多様性に関わる地球環境問題である．

　2004年の東京大学，国立環境研究所，海洋研究開発機構合同研究チームによる研究において，20世紀における地球の平均地上気温の変動要因を推定した結果，近年の昇温傾向は人間活動によると示唆

表 4.1　主要な公害と原因企業

年	公害	原因企業
1910年頃	イタイイタイ病	三井金属鉱業
1937年頃	安中公害訴訟	東邦亜鉛
1956年	水俣病	新日本窒素肥料
1965年	新潟水俣病	昭和電工
1960年	四日市ぜんそく	石原産業，中部電力，昭和四日市石油，三菱油化，三菱化成工業，三菱モンサント化成

できるという結論が出た．それ以前にも IPCC 第3次評価報告書（2001 年）において，20世紀後半の昇温傾向は人間活動によることが指摘されていたが，この研究で20世紀最後の30年程度の昇温傾向は，人間活動に伴う気候変動を考慮しなければ再現できないことがわかった．この因果関係がわかった以上，人間活動の方向を修正する時期に来ているといえよう．京都議定書はその先鞭となるグローバルな，産業と文明の方向を修正する作業だといえる．また，地球環境問題の加害者も被害者も，当事者は人間であるということを理解しなくてはいけない．公害問題のように加害者（企業）-被害者（住民）というはっきりとした二項対立はみえない．例えば地球温暖化の原因主体については，日本において誰がどれだけその温暖化物質を出しているのかをみなくては，どこをどう修正するべきかが具体的にはみえてこない．2010年における温暖化物質に占める炭酸ガスの割合は94.8%，亜酸化窒素1.8%，メタン1.6%である（環境省，2012）．ゆえに温暖化を考える場合には特に二酸化炭素に注目する．

図4.1から，電力，熱消費量を加味した間接二酸化炭素排出は，産業部門，エネルギー転換部門，運輸部門，工業プロセス，廃棄物といった産業関連原因のものが3/4を占めることがわかる．家庭部門は14%の間接排出と運輸部門の自家用車利用による9.5%を加えた23.5%程度である．

構造的な原因は，近代的産業化を成立させた企業という組織およびその活動であり，化石燃料を使った動力機械革命（産業革命）である．企業による大規模な産業活動の結果，豊かで便利，公平で合理的な世の中が出来上がってゆく半面，地球環境問題が起こったのである．このような反省は，国連の提唱するサステナブルデベロップメント（持続可能な開発）の概念（1.3節参照）へと収斂されてゆく．

環境問題を引き起こさない企業経

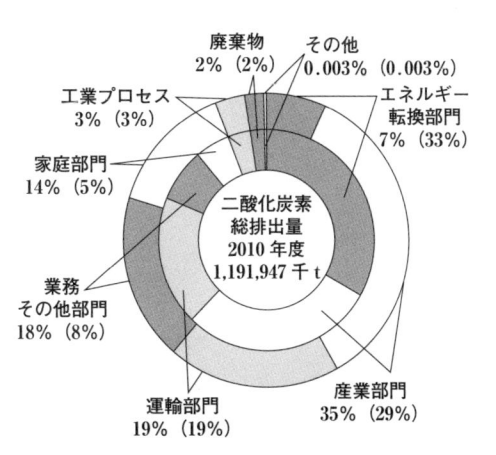

図4.1 二酸化炭素排出量の部門別内訳
内側の円は各部門の直接の排出量の割合（カッコ内の数値）を，外側の円は電気事業者の発電に伴う排出量および熱供給事業者の熱発生に伴う排出量を電力消費量および熱消費量に応じて最終需要部門に配分した後の割合を，それぞれ示している．

統計誤差，四捨五入などのため，排出量割合の合計は必ずしも100%にならないことがある．環境省（2012）より．

営が求められる時代，つまり環境による近代化（エコロジカルモダナイゼーション）が行われるべき時代では，企業が産業革命以降，経済システムの社会変革（農業から工業へ）を行ったのと同様に，企業が地球環境を再生・保全するうえで責任を果たす主体者でなくてはいけない．京都議定書（3.5.2項参照）は現状を正確に把握し，既存の社会経済慣行を継続，促進しつつ社会のエコロジー化，持続可能な社会の創造に産業，企業が貢献するというものである．このような企業活動は，1990年代初頭には環境主義経営，1990年代終わりに環境経営，そして21世紀に入り持続可能性経営（サステナビリティマネジメント）と変遷してきた．

また，企業による公害問題は未だ終焉しておらず，特に企業における化学物質管理が重要である．イタリアの「セベソ事件」（1976年，ダイオキシン），アメリカの「ラブカナル事件」（1978年，各種有害化学物質），インドの「ボパール事件」（1984年，イソシアン酸メチル），スイスのサンドス事故（1986年，農薬），アメリカのエクソン・バルディーズ号事件（1989年，原油）は世界的に有名な企業公害事件である．

4.2　企業の社会的責任（CSR）

　CSR（corporate social responsibility）は企業の社会的責任と訳されるが，日本で「CSR」という言葉が広く使われ出したのは2003年と新しい．海外では，2002年のエンロン社，ワールドコム社の粉飾決裁による破綻とアーサー・アンダーセン社の解散，国内では2000年の雪印乳業社の集団食中毒問題，三菱自動車工業社のリコール隠しなどの問題が社会問題化し，CSRが改めて問われるようになった．

　企業と環境に関する研究は，社会責任論として1960年代の公害の時代に遡る（海外では1920年代）．新聞紙上にも公害問題の原因者として「企業の社会的責任」が問われている．法規制がなされ，企業と行政が物理的な公害対策を行い，1987年には中曽根康弘内閣が「大気汚染公害は終わった」と宣言した．しかし実際は地域特有の公害問題はいまでも終わっておらず，さらに国際規模での地球環境問題が進展していき，環境汚染は「公害」から「環境問題」という言葉へと変わっていった．企業の環境問題対応という時間軸では，1980年代は環境に無関心な無風の時代といえる．

　1996年にISO 14001環境マネジメントシステムが発行され，日本企業において国際基準による環境マネジメントが導入され始めた．1990年代の半ばから後半にかけて，環境問題をパッシブ（受け身型）に管理する姿勢が，プロアクティブ

(先読み，予防的)なマネジメントへと発展する．環境問題を企業の経営戦略へ組み込むということであり，環境経営に関わるコストを経費と考えるのではなく，将来への投資，競争優位の獲得，市場の占有といった戦略要因に加えることを意味している．

4.2.1 企業の責任と CSR

谷本（2006）による CSR の定義は，「企業活動のプロセスに社会的公正性や倫理性，環境や人権の配慮を組み込み，ステークホルダーに対してアカウンタビリティ（説明責任）を果たしてゆくこと」である．

現代的な CSR では，企業は社会的存在として，最低限の法令遵守や利益貢献といった法的，経済的責任を果たすだけではなく，ステークホルダー（利害関係者）たる市民，地域，取引先，NPO といった社会の要請に対応し，企業経営においてそれらの意見を汲み取り，情報公開や対話を通じて，社会の求める社会貢献や環境配慮などを自主的に行う姿勢に変化していった．ここでいう責任は responsibility であり，法的責任（liability）を超えた倫理的責任や業界の自主規制も含む．

昨今では，公害対応だけにとどまらず，企業統治，人権，労働安全衛生，環境配慮，公正な事業慣行，消費者課題，地域社会への貢献（ISO 26000 の項目）や，情報セキュリティ，個人情報保護，障害者・高齢者支援，メセナ活動（文化活動支援），フィランソロフィー活動（ボランティア活動，寄付事業），地域活性化貢献へと企業の社会責任は広がり出している．

4.2.2 ステークホルダーとの関係

CSR の重要な概念として，ステークホルダー（利害関係者）が挙げられる．経済的ステークホルダーである株主，投資家だけでなく，消費者，供給者，従業員，地域共同体，NGO，政府・自治体などが挙げられる．地球環境（生物多様性）などは法的にはステークホルダーに含まれないが，NPO，NGO，行政機関な

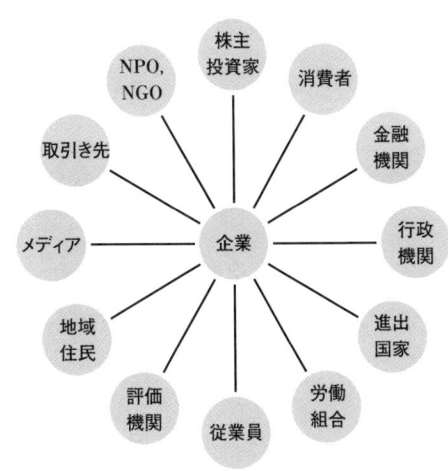

図 4.2 企業とステークホルダー

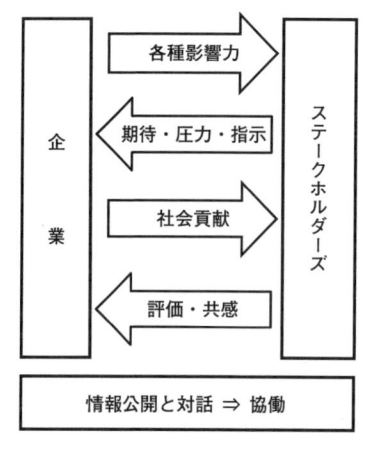

図4.3 ステークホルダーと企業の関係

(図中の要素: 企業 ⇄ ステークホルダーズ、各種影響力、期待・圧力・指示、社会貢献、評価・共感、情報公開と対話 ⇒ 協働)

どを通じて重要な「声なきステークホルダー」として利害関係が成立しているといえる．

ステークホルダーと企業の関係は，コミュニケーション関係にある．企業が社会的，環境的な様々な影響力を行使すると，ステークホルダーは期待とともに様々な圧力をかけたり，指示を出したりする．企業はそのような社会の反応を鑑みてステークホルダーや将来の社会が求めるであろう社会貢献活動を行う．その善し悪しは評価と共感（レゾナンス）という形で，市場および非市場的な価値としてステークホルダーと共有することができる．

つまり，ステークホルダーと企業の関係を成立させるにはコミュニケーション関係，すなわち情報公開とそれに伴う対話（ダイアローグ）が必要となる．その対話により引き出された要求事項を経営に入れ込み本業または社会貢献として実行可能となる．企業がステークホルダーとともに協働作業，事業を行う可能性もある．ステークホルダーと企業というこれまで対立していた2つの組織が，環境問題や社会問題をともに手を取り合い意見を交換しながら解決するという，次なる時代へのステップといえる．

4.3 環境マネジメントシステム（EMS）と環境経営

企業における環境管理という言葉は1970年代後半に新聞紙上に登場するが，これは生産設備から出る化学汚染物質の管理という意味であった．1980年代の世界的な会議などを通じて「環境」という言葉が一般的になり，これらの会議において産業関係者は積極的にこの問題に関与すべきと明示され，一部の大企業は1980年代末から環境管理を発展させ環境マネジメントへと展開し始めている．1990年代に入ると「環境問題」は世界的な注目事項となる．1992年の地球サミット（1.3.5項参照）において採択された「リオ宣言」，「アジェンダ21」を受けて，BCSD（Business Council for Sustainable Development，持続可能な開発のための経済人会議）からISO（国際標準化機構）へ環境マネジメントの標準化が要請され，TC 207という専門委員会で環境マネジメント規格作りが行われた．この規格の親となるのが1992年にイギリスが策定した環境マネジメント規格BS 7750で

ある．EU では ISO 14001 よりもさらに踏み込んで環境パフォーマンスの報告・公表と audit（監査）が求められている．

市場がグローバル化した現在，巨大なサプライチェーンのなかで日本も EU と直接，間接に取引きをする状況にあり，企業の環境配慮は当り前のことになっている．日本での ISO 14001 の認証は，一部上場企業では 74.6％が，非上場企業では 56.1％が取得（2008 年度）している．国別の ISO 14001 認証取得率（2010 年末）は，中国 28％，日本 14％，スペイン 7％，イタリア 7％，イギリス 6％，韓国 4％，ルーマニア 3％となっていて，全世界では 25 万 872 組織が認証取得している（日本工業標準調査会ウェブサイト）．

環境マネジメントシステム（environmental management system, EMS）は，ISO では「全体的なマネジメントシステムの一部で，環境方針を作成し，実施し，達成し，見直しかつ維持するための，組織の体制，計画活動，責任，慣行，手順，プロセス及び資源を含むもの」と定義されている．

環境経営とは，環境保全への取組みを経営方針に織り込み，製品やサービスを含めて，地球環境，地域環境への対応を経営戦略の重要な要素と位置づけ具体化し，会社が環境に与える影響に配慮しながら企業の持続的な発展を目指す経営のことである．また，組織が地球環境への負荷を削減するための環境保全活動に投じた費用を，環境関連活動費として計上した会計情報を環境コストとして把握し，広く一般に公表していくアカウンタビリティも重要である．

4.3.1 環境経営の見取り図

環境経営，環境マネジメントとは何かを言葉から企業活動へとひも解いてみよう．これは，企業における環境方針や目的を設定する方法であると考えてもよい．

まずわかりやすく，環境とマネジメントを切り離して考えてみよう．

a. 環境とマネジメント

人間を中心に，組織の集合体としての社会がその外側にあり，そして，人間と社会を包み込むように環境が存在する．これは，西洋的史観，近代西洋合理主義の人間中心主義であり，稲作文化を持つ日本では少々異なるかもしれない．いずれにせよ人（その組織体の集まりである社会）と環境の相関関係における不具合が環境問題であることは変わりない．

これをより物理的な地球という自然環境に当てはめた場合，人間の誕生以前にも地球には生き物が住む生態系があり，その自然状態を生産，循環と遷移によっ

て継続させてきた．人間が20万年前に誕生し，いまから1万2000年前にヨーロッパとアジアにおいて農耕・牧畜という新しい生活が始まり人間が集団で計画的に活動する社会が形成される（社会システム）．この社会システムから出る様々な廃棄物（水，大気，土壌への影響物）を，生態系（エコシステム）は分離，分解，貯蔵している．産業革命により人口爆発が起き，地球人口は70億（2011年）となり，人間の社会システムからは生態系が処理できない量の廃棄物が出されている．これは環境容量（キャリングキャパシティ）を超えた社会の活動であるといえる．我々人間社会が地球環境に負荷をかけ，それが処理されずに環境問題として現れているといえる．

この環境問題とは，「環境の問題（環境そのものの損出）」ではなく，我々人間が被る「社会問題」であるといえる．これが人類生態学（ヒューマンエコロジー）の視点である．このような持続不可能な状態は，人間の社会システムの文化・文明が大きな原因であり，それを修正するには環境・社会・経済の調和に主眼を置いた持続可能な社会を目指さなくてはならず，21世紀が環境の世紀といわれるゆえんである．以上が「環境」というキーワードの解釈である．

マネジメントとは通常，管理，経営のことで，①方針を決め組織を整え目的を達成するように持続的に行う，②効率よく調整するという意味であり，ビジネスコンティニュイティ（事業継続性），企業の持続性そのものに関わる問題である．

ここで，やっと環境マネジメントの像がみえてくる．

b. 環境マネジメントとは

環境マネジメントは「環境方針を決め，環境対応する組織を整え，環境目的を達成するように持続的に行う」活動である．決して難しい概念ではない．これを実行に移すにはどうしたらよいだろうか．既存のISO 14001環境マネジメントシステム（環境側面の把握と管理）を事例に考えてみる．まずはトップマネジメントが全社的な環境方針を策定し，計画を作る．環境側面（環境影響の把握）を調査し，法的およびその他の要求事項をリスト化する．さらに目的，目標および実施計画を立て，実施および運用を行うものである．そこで重要なのが，資源，役割，責任および権限（役割分掌と経営）と力量，教育訓練および自覚（企業内環境教育）である．これらの社内準備の後に，PDCA（plan-do-check-action）サイクルを定期的に実行してゆくことになる．このPDCAをインプット，生産，アウトプットの全ライフサイクルでまわし定期的に改善し，全ライフサイクルでの環境影響を削減するのである．

このように環境マネジメントシステムを導入すると，環境影響削減効果は必ずあるものだ．では，企業はなぜ環境マネジメントを行うのか？ 4つの大きな要素がある．①市場からの要請・圧力，②リスクマネジメント，③社会責任，④企業価値向上である．

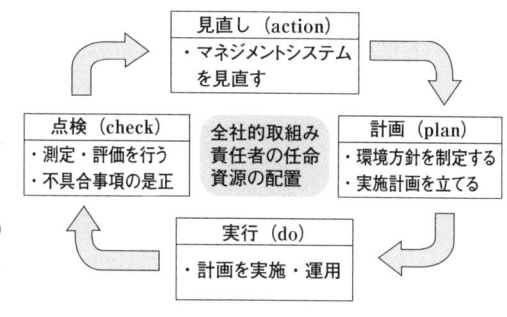

図 4.4　ISO 14001 の PDCA サイクル

PDCA においては，自らが行ってきた活動の自己評価，第三者評価が重要である．すべての側面において「見える化」を行い，迅速な意思決定とアカウンタビリティ行為としての環境情報の公表が必須事項となる．

このように環境経営という企業活動は，決して企業の重荷となる活動ではなく，企業における経営そのもの，つまり本業として行うものであるといえる．

積水化学工業社社長（当時）の大久保尚武は「環境で際立つ，エコロジーとエコノミーを両立させ環境トップランナーを目指す」と宣言している．環境問題への対応は企業一社でできるものではなく，協働，共助，コラボレーション，アライアンスといった他組織と協働し，社会活動としての経営要素を多く企業内に取り入れ，最終的には持続可能な社会を支える企業組織体への変革を意味する．

4.4　トリプルボトムライン経営とステークホルダー経営

4.4.1　トリプルボトムライン経営

トリプルボトムライン経営とは，イギリスの環境コンサルタントであるジョン・エルキントンが 1997 年に提示した概念である．企業が経済性報告（財務決算）を毎年するのと同じように，環境側面，社会側面も決算も行いましょう，というものだ．企業において，私的な営利追求と公的な社会的貢献と責任を両立させる際，経済・社会・環境のトリプルボトムラインを基軸とし，資源の有効利用や再利用，

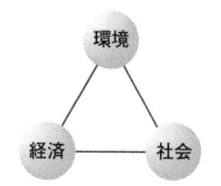

図 4.5　トリプルボトムラインの要素

さらにはその効率性を高め，かつ公平公正な取引き・職場環境を作ることなどによって社会全体の豊かさを確保しようというものだ．現在では 3 つの分野に国際ガイドラインまたはそれに準ずるものがある．

コラム： ボトムライン

ボトムラインとは損益計算書の最終行のことである．経済勘定の赤字黒字だけでなく，環境，社会側面も勘定をするという経営で，これまでブラックボックスであった環境，社会側面を定量的・定性的に「見える化」すること．必ずしも金銭で表す必要はない．

・環境側面：環境マネジメントシステム（EMS）ISO 14001
・社会側面：社会責任規格（SR）ISO 26000
・経済側面（コーポレートガバナンス）：J-SOX，ISO 26000

経済側面は，経済性そのものの報告ではなく企業の健全経営を問うものである．

例えばリコー社では，次のような年次報告を出している．

・経済性報告：アニュアルレポート，有価証券報告書
・環境報告：環境経営報告書
・社会性報告：社会的責任報告書

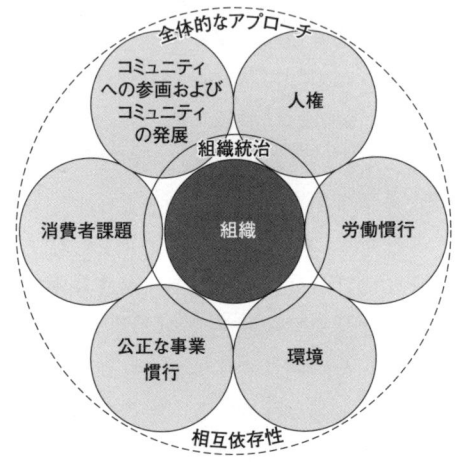

図 4.6 ISO 26000 の 7 つの構成要素 ISO/SR ISO 26000 本文より．

これらの報告は，アカウンタビリティの概念から行われている．企業が経済，社会，環境に対し影響を与える場合には，その影響をすべからく報告するという考え方で，報告したものに関しては社会とのコミュニケーションを通した契約（エンゲージメント）であると考えられる，とても重要なものだ．アカウンタビリティを行使するには各分野の執行状況の把握，つまりマネジメントシステムの確立とその監査が必要である．またグローバルなアカウンタビリティガイドラインとして GRI ガイドラインがあり，国内には環境報告ガイドライン（環境省）がある．多くの報告書が，この 2 つのガイドラインを参考にしている．

2010 年 11 月に発行された ISO 26000 の構成要素は，①組織統治，②人権，③労働慣行，④環境，⑤公正な事業慣行，⑥消費者課題，⑦コミュニティ参画及び開発である．

これは今後，大企業のみならず，サプライチェーンにおける中小企業にも関わる課題であり，環境経営の次はSR（社会責任）経営が全世界的に行われる時代へと変遷しつつある．

4.4.2 ステークホルダー経営

市民，行政，国際社会が最近の企業に寄せる社会的要請は強まってきている．日本でも21世紀に入ってCSR熱が高まり，ステークホルダー重視経営へと移行しているという見方もできる．「ステークホルダー要求と企業の社会的責任履行」の時代であるといわれるゆえんである．

「現代企業はステークホルダー支配企業である」ともいわれ，実態として「ステークホルダーズとの契約を前提とした経営者支配」というモデルが提示されている．これは，ステークホルダーズ全体の利益が守られてこそ企業が存続できる，つまり企業が社会的責任を認識し実行する経営を行うという状況に変化しているといえる．企業は外部環境に適応しているといえる．

企業が環境に取り組むのには，こうした社会責任や外部環境への対応というだけではなく，市場からの信頼を勝ち得るという点において企業にメリットがあるということもある．

ステークホルダーマネジメントのプロセスには以下の3段階がある．
① ステークホルダーランドスケープ（法制度の整理，自主行動基準の整理，行政・環境・地域社会からの要請の整理，ステークホルダーの特定）
② ステークホルダーダイアログ（特定のステークホルダーと定期的に意見交換を行い，企業がその意見を経営に反映してゆく円卓会議．ステークホルダーエンゲージメントともいう）
③ アライアンス，コラボレーション，事業化（ステークホルダーとともに協働を行う活動）

企業におけるステークホルダーマネジメントはまだ始まったばかりである．

4.5 環境問題におけるフリーライダー問題と外部不経済

市場を媒介とした資本主義市場経済で自由に振る舞っているマーケットメカニズムでは，その資源分配は決して効率的であるとはいえない．リーマンショック（2008年）がその典型である．このような状態を市場の失敗というが，ミクロ経済学における完全な競争状態を達成することは極めて難しく，資本主義市場経済

は必ずしも社会に最適な結果を生み出さない．その原因はコモンズ（環境や社会資産）のフリーライダー問題，地球環境問題解決のための修復費用の先延ばし，他者への責任と補償の転嫁といった外部不経済，情報の非対称性が考えられる．

市場原理社会では短期的に利益が出ない場合，企業はその事業や取組みを行うことが非常に困難となる構造となっている．企業が環境配慮活動に取り組むかどうかは市場経済的な判断となる．しかし，それを乗り越える方法はある．最良の方法は，業界で自主基準を作り企業の自由裁量で環境配慮を行うというものだ．

しかし環境配慮に消極的な業界（または国家）がフリーライダー問題を引き起こす．公害被害の修復を国家が税金で負担するといった明らかに殖産興業的な発想ではなく，自らの組織が引き起こした環境，社会被害は自らの組織で修復しなさいという「人間の顔をした企業経営」が求められる背景でもある．

企業は無限責任のある人間個人とは違い，資本という限られた有限責任の中での活動であるため，人間が求めるほどは倫理的になりにくい．ただし長期的な視点でみれば，企業が引き起こす環境問題は，事後的な取組みよりも事前に予防措置をとったほうが企業においても社会においてもともに経済的負担は軽くなる．つまり，外部不経済の内部化という企業行動が必要となる．企業における財務会計においては，法律によりその報告義務があり，かつ株式を上場している企業においてはその財務報告いかんで資金の調達に大きな差が発生する．企業が財務報告を積極的に行うのも経済的な理由のためである．

では，環境や社会の側面ではどうだろうか．環境に配慮しない，社会に傍若無人に振る舞い迷惑をかける企業の存続性および企業価値は当然ながら低い．市場が，企業の環境側面と社会側面を評価することが重要である．この評価が，市場での企業の占有率を変化させる．また，金融機関が経済面だけではなく，環境，社会面を評価し，さらに融資の優遇措置を行えば，効果があるだろう．

企業がこのような後ろ向きな状態で進んでいるなかで，世界の経済体制は，環境容量を前提に，炭素本位資本主義とステークホルダー資本主義へと転じる可能性がある．

近代資本主義経済は，goldからcredit（信用）に転じ，そして炭素を中心とする自然資本へと変遷している．化石燃料の裏側に常に存在する二酸化炭素という温暖化物質をマネジメントできない企業は市場で生き残れないのである．世界的には2050年には世界の二酸化炭素排出量を半減させるという目標が掲げられている．日本では70～80%減を暫定的な目標としており（10.8 t/年人 → 2 t/年人），

物質利用20 t/年人を6 t/年人にしなくてはならない．ローカーボンエコノミー，ローマテリアルエコノミーへの転換であり，低炭素社会競争，低物質循環競争が始まっている．

自然資本の制約条件がある市場社会（非無限社会）を支えるものは，ICTなどの情報技術の発達，双方向化である．社会の透明性（トランスパーレンシー）が高まり，今度は企業組織におけるステークホルダーとのコミュニケーションが重要となってくる．つまり，企業がステークホルダーをマネジメントする必要性が高まる．

これは持続可能な社会への転換に対する文明的な圧力である．日本において持続可能な社会とは「低炭素社会」，「循環型社会」，「自然共生社会」であるが，この社会を達成するには，すべての関係者の参加と協働が必要である．低炭素社会が実現されれば，生活の豊かさ，二酸化炭素排出削減が同時に達成できる．革新的技術の開発，自然と共生した生活，公共モビリティ変革，コンパクトシティ，ライフスタイル変革などといった大きな社会変革が実現されて，やっと持続可能な社会システムが出来上がる．企業は，このような環境変化に敏感に反応し，ステークホルダーと協働しながら，低炭素・低物質循環型，生態系と共生した企業行動およびそのマネジメントへと変わっていかなければならない．

4.6 企業における環境経営の実践とその評価

4.6.1 環境経営の実践

現代企業では，いわゆるエンドオブパイプ（排煙や排水など，生産過程で発生する汚染物質を工程の終末に処理する方法）の観点ではなく，環境問題を未然に防ぐ予防原則に立ち，インプットの削減（ソースリダクション），生産プロセス効率性の向上（資源生産性の向上）が目指されている．生産過程においてはGOODS（正の生産品）とBADS（負の生産品）が生産されるが，GOODSのみの付加価値を考えるのではなく，GOODS－BADS＝真の付加価値だと考えるべきである．BADSにもコストがかかっており，そのコストはGOODSの付加価値から提供されるものだからである．

これまで企業内では自分の仕事だけをこなす分業が重要視されてきたが，企業における環境との関わり合いにおいては，このような一連の流れ（フロー）と，関連性，因果関係を認識しておかないとまったく見当違いな結果に結びついてしまうことがある．

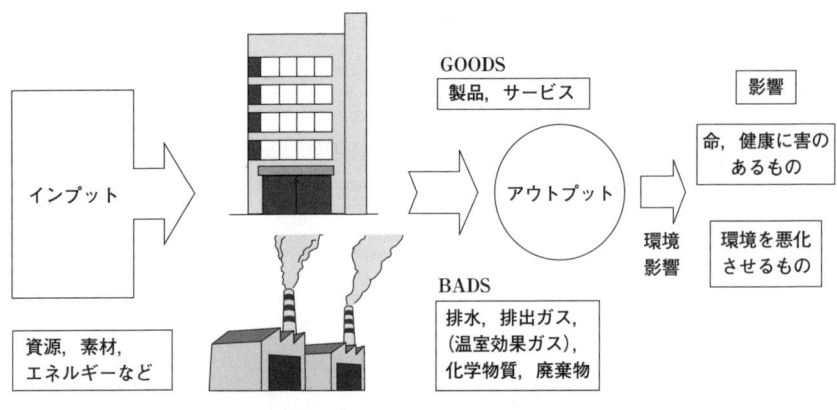

図 4.7 企業と物質フロー

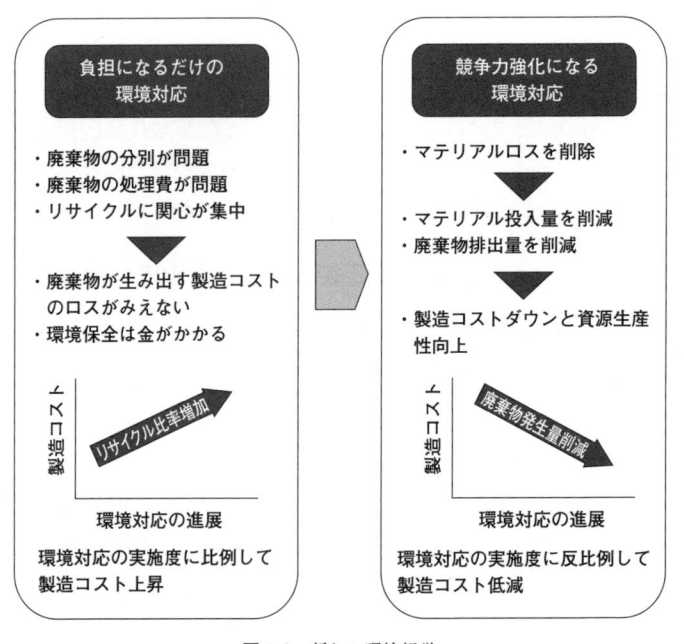

図 4.8 新しい環境経営
経済産業省「マテリアルフローコスト会計」パンフレットより．

　ここで重要となる考え方が物質・生産・ビジネス・フローの「見える化」である．生産から廃棄・リサイクルまでの各物質フローと各企業の事業をコスト計算で考える方法は，MFCA（マテリアルフローコスト会計）といい，2011 年に

ISO 14051として発行された（13.2.2項b参照）．MFCAはBADSに注目しBADSを削減する手法である．つまり資源生産性を上げることでコストダウンを図り，かつ環境負荷を低減する．

これまでの，経営に負担になる環境経営（廃棄物の分別，費用，リサイクルに関心が高い）では，環境保全はコストがかかる構造だったが，新しい環境経営はマテリアルロスと加工費のロスに着目し，物質投入量の削減，廃棄物の削減を同時に行う．生産コストダウンと資源生産性の向上が期待され，環境対応をすればするほど製造コストが下がるという構造を持つ．

このような社会構築を支える企業像が求められておりトリプルボトムライン経営（経済・環境・社会に配慮した企業経営）や3E経営（経済，環境，倫理を配慮した企業経営）の時代であるといわれる．

さて，企業の目的は経済的なことだけだろうか．企業価値とは，企業の財務・非財務両方にある．例えば，帳簿にのらない信頼やブランド，人材をどう扱うのか．現代企業は，企業そのものの価値向上のために，環境配慮，社会配慮，そして経済的収益向上を行う組織であるといえる．それが，新しい企業像だ．

企業を取り巻く環境変化に対応して，企業は環境配慮経営を行うのだが，それをビジネスチャンスとして捉えないと，いつまでもコストでしかない．いまこそ，戦略的な企業の環境対応が求められる．

企業の環境配慮活動を企業価値向上へと結びつかせ，企業価値向上へとつなぐには3つのプロセスが必要だ．まず目的（志）を表明し，定量・定性的目標を掲げる．最後に戦略的実行である．

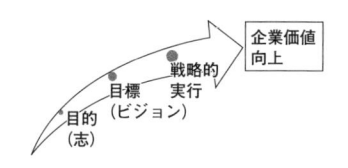

図4.9　企業価値向上のための3つのプロセス

環境経営は「環境マネジメント」だけではない．各種法令を守り，EMS（ISO 14001など）のPDCAをまわしていればよいというものではない．企業経営のすべての側面に環境を入れ込む必要がある．企業価値向上の目的を持続可能社会の構築に置き，企業自らが強い自覚〈目的〉を持って目標〈ビジョン〉を作り，そして環境配慮を本業に組み込み，戦略的に実行し，グリーンでクリーンな企業価値向上を目指さなくてはならない．企業価値向上こそが持続可能な社会を構築する支えとなるのだ．

4.6.2 環境経営の評価

トリプルボトムライン経営において企業活動を測定するには経済側面，環境側面，社会側面の3つを評価することが大事である．経済側面では，IR（投資家情報）において，有価証券報告書における財務諸表，財務指標（ROA＝総資産事業利益率，ROE＝自己資本利益率，売上高利益率など），株式情報などがあり，財務評価をチャートなどでみることもできる．また，ガバナスの定性的評価も可能である．

環境側面では，①環境管理体制，②汚染対策，③資源循環，④製品対策，⑤温暖化対策を指標とする日本経済新聞社の「環境経営度調査」が有名である．

社会側面の指標は世の中には少ないが，朝日新聞文化財団の行っていた社会貢献度調査では，①フェアな職場，②男女平等，③障害者雇用，④国際化，⑤消費者志向，⑥社会との共生，⑦環境保護，⑧企業倫理，⑨情報開示を指標として測定されている．

これらを統合した指標として，ニューズウィーク社のCSRランキングが一般的には著名である．企業統治，従業員，社会，環境の4分野で測定される．

投資家向けの環境・社会指標はDJSI（ダウジョーンズサステナビリティインデ

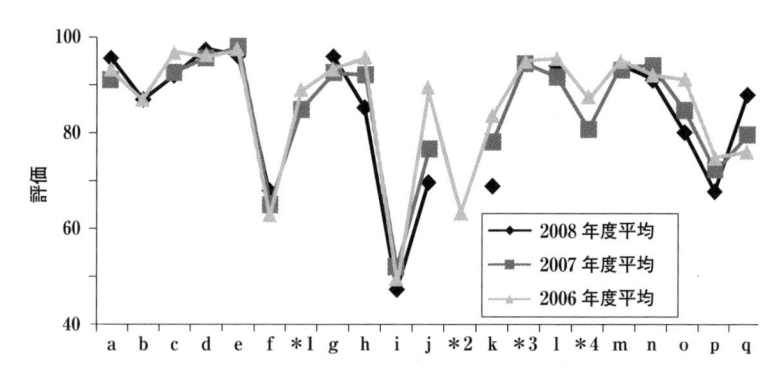

図4.10 サステナブル経営の格付け
環境経営学会ウェブサイトより．

【1. 経営分野】a. 経営理念と企業文化，b. 企業統治，c. 法令遵守・企業倫理，d. リスク戦略，e. 情報戦略・コミュニケーション．
【2. 環境分野】f. 物質・エネルギー管理・環境負荷低減，g. 資源循環および廃棄物削減，h. 化学物質の把握・管理，i. 生物多様性の保全，j. 地球温暖化の防止，k. 土壌等汚染の防止・解消．
【3. 社会分野】l. 消費者への責任履行，m. 就業の継続性確保，n. 機会均等の徹底，o. 仕事と私的生活の調和（ワークライフバランス），p. CSR調達の推進，q. 地域社会の共通財産の構築．
＊1：製品・サービスの環境負荷削減，＊2：輸送に伴う環境負荷の低減，＊3：持続可能な社会を目指す企業文化，＊4：安全で健康的な環境の確保．

ックス），FTSE 4 GOOD，インベスト社の格付け調査などがあり，企業について，SRI（社会的責任投資）としての評価もなされている．

　環境経営学会では，これまで延べ国内200社以上の企業の環境・CSR経営（サステナブル経営）評価を行ってきた．サステナブル経営格付の狙いと枠組みを，以下に示す．

（1）地球環境の維持・保全・回復と，持続可能な文明社会の構築に貢献する方向に，大きな力を持つ組織，当面，企業の活動を向ける
（2）組織，取分け企業経営の持続的発展を可能とする基盤の整備に貢献する
（3）組織・企業のマルチステークホルダーコミュニケーションに資する

　環境経営学会によればサステナブル経営とは，「企業は社会の公器であるとの認識の下に，持続可能な社会の構築に企業として貢献することを経営理念の一つの柱と定めて経営を進め，社会からの信頼の獲得と経済的な成果を継続的に挙げることによって真の企業価値を高め，企業の持続的発展を図る経営」である．

　格付の評価項目は，「評価側面」は経営，環境，社会の各分野合計19側面，「設問」は162問，5段階評価を行う「必須要件」は368項目ある．評価基準の検討に当たっては，企業不祥事への対応，地球温暖化防止への対応，育児・介護へ支援など，進展する社会の動きを踏まえた基準を設定するなど，評価の公平性・公正性を徹底させた．その指標と評価結果は図4.10となる．全体的な傾向として，対象企業では物質・エネルギー管理・環境負荷低減，生物多様性の保全，土壌汚染防止，CSR調達についての対応が遅れていることがわかる． 　　[九里徳泰]

文　献

環境経営学会ウェブサイト（http://www.smf.gr.jp/smri/framepage.htm），2013年7月27日アクセス．
谷本寛治（2006）：CSR企業と社会を考える，NTT出版．
東京大学，国立環境研究所，海洋研究開発機構合同研究チーム（2004）：数値気候モデルによる20世紀の気候再現実験について．
日本工業標準調査会ウェブサイト（http://www.jisc.go.jp/mss/ems-figure.html），2013年7月27日アクセス．
IPCC第3次評価報告書（2001）．

5. 社会と環境

5.1 環境倫理

　倫理とは，その地域・社会の歴史および地理・社会環境により作り上げられる社会・生活「規範」である．ゆえに地域特性や地域で育まれた宗教により，その倫理感には差があるといわれる．倫理が社会により育まれるものであれば，グローバルな時代においては「グローバル倫理」，すなわち地域倫理だけでなく人類共通の倫理が必要とされ，それが出来上がりつつある．特に地球規模での環境問題を抱える現代社会では，環境倫理が求められる．環境倫理は，ディープエコロジーに代表されるような環境必定主義のイデオロギーではなく，物質・エネルギーの限界，生態系の分解力の限界，人口プレッシャーという現状を背景に，自然の生存権，アメニティ（環境質）問題，公平性といった観点の検討が必要となる．このようなグローバルな人類共通の倫理を集約した概念が「サステナビリティ＝持続可能性」である．サステナビリティは地域の文化や倫理感を否定するものではない．現在は，グローバルな倫理としての環境倫理と地域倫理とに折り合いをつけ，グローカルな倫理へと昇華する過程であるといえる．

5.1.1 地球有限論

　地球の生態系は大気により宇宙空間から分かたれた（守られた）有限な環境にあり，閉鎖的開放系であるといえる．太陽からのエネルギーが地球に届き，熱などに変換・蓄積され，また宇宙空間へと放出される．地球資源やエネルギーは無尽蔵にはなく枯渇するもの，絶えてしまうものもある．このような自然科学的な概念から検討されているのが，地球有限論である．その有限性は，資源，エネルギー，人口，食料，水（8.8節参照）の動態的な有限性をいう．

a. 食料生産の限界

　地球上にある食料すべてを，すべての人々に公平に分配すると仮定して計算すると，すべての人に不足なく分配することができる．しかし現実には8億人が食料不足に苦しみ，毎年1200万人の子どもが死亡している．それは社会的配分がう

まくいっていないからだ．食料は商品として国際貿易で流通し，市場で価格が決定される．つまり，貧困層には食料が手に入りにくい状況となっている．

一方，地球上の食料生産には限界があり，その限界により許容人口が決定される．計算してみると，日本人の標準食料摂取量 2480 kcal で世界中すべての人が同じ生活をするとすれば，穀物ベースでは約 70 億人の食料が確保できることになる．ただし 2011 年現在の地球人口が 70 億であるので，ほぼ限界に近いことがわかる．最近は食肉文化が普及し，飼料として穀物の大量消費が行われている．肉を穀物換算した場合の食料摂取量は，穀物を直接摂取した場合の約 7 倍の 3000 kcal にもなると推定されている．食料生産と人口許容量の関係については研究者でも見解が分かれ，63 億（フィッシャー），77 億（ペンク），133 億（ホルシュタイン）などがある．いずれにしろ，持続可能な未来を考えた場合，食料生産に限界があるということを理解しなくてはならない．

b. エネルギー・化石燃料の限界

18 世紀後半の産業革命以来，人類は石炭を使い，19 世紀後半からは石油を使い出した．20 世紀半ばに中東で石油が発見されると，世界的に石油を大量消費するようになった．化石燃料は有限で再生不可能な資源である．2030 年には枯渇するともいわれ，多くの国ではピークオイルを念頭に政策を立案している（図 5.1）．また，化石燃料の消費が温暖化を加速しているとされるため低炭素社会が叫ばれており，脱化石燃料社会へと向かうほかなく，石油の使える残り数十年のうちに

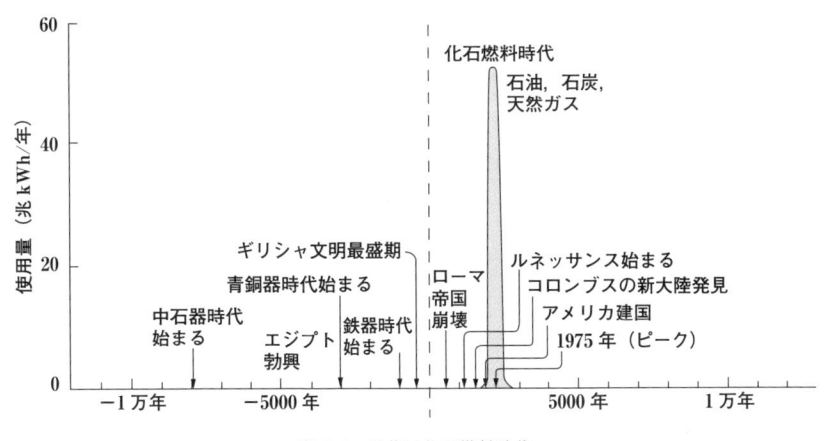

図 5.1　現代は化石燃料時代
石井（2001）より．

新しいエネルギー社会へと転換しなければならない．そのためには，多様な再生可能エネルギーの利用，生活・産業での省エネルギー化が求められる．

c. 資源の枯渇

現在，1ヵ月に世界で採掘される鉱物資源の量は，産業革命までに人類が使用した総量をはるかに超えるといわれており，主要な鉱物資源の残余年数は30～40年程度にすぎない（表5.1）．また，エネルギー資源についても石油が40年，天然ガスが60年程度で枯渇すると予測されている．

ここで，人類という生物と，その資源利用を時間軸で考えてみたい．地球の歴史46億年を1年に換算すると，人類の誕生は12月31日16時，石油の使用開始は23時59分30秒となる．短期間に我々が文明を開花し，科学を発展させ，資源を消費してきたことがよくわかる．ここで理解しておきたいのは，宇宙における絶対時間でサステナビリティに関わる問題を考えてはいけないということだ．資源利用に関していうと，人類が1年間に動かすモノやエネルギーの移動速度は，地球の持つエネルギー移動スピードのなんと10万倍となる．つまり，我々は時間を10万倍早めていることになる．化石燃料の利用開始から200年と考えると，200年の10万倍，つまり物質循環に直すと2000万年が実質的な時間であるといえる．2000万年とは人類誕生以前の話であり，地球システムにおける人間の時間はその誕生・発展の歴史を乗り越える2000万年をすでに費やしたといってもよい．このような超ハイスピードで消費されている資源の埋蔵量は，技術の発達や

表 5.1 世界の主な地下資源の確認可採埋蔵量・年間生産量および可採年数

項目	鉄鉱石	銅鉱石	亜鉛鉱	鉛	スズ	銀	金	天然ガス	石油	石炭
可採年数*	70	35	18	20	18	19	20	63	46	119
可採掘資源量	160000	540	200	79000	5600	400000	47000	187490	1333	826000
生産量	2300	15.8	11	3900	307	21400	2350	2990	29	6940
単位	100万t	100万t	100万t	1000t	1000t	t	t	10億m^3	10億バレル	100万t

項目	チタン	マンガン	クロム	ニッケル	コバルト	ニオブ	タングステン	モリブデン	タンタル	インジウム
可採年数*	128	56	15	50	106	47	48	44	95	18
可採掘資源量	730000	540000	350	71000	6600	2900	2800	8700	110000	11000
生産量	5720	9600	23	1430	62	62	58	200	1160	600
単位	1000t	1000t	100万t	1000t	1000t	1000t	1000t	1000t	t	t

＊可採年数は，確認可採埋蔵量を2009年の生産量で割った値．確認可採埋蔵量や生産量の変動により可採年数は変動する．インジウムの確認可採埋蔵量のみ2007年の数値．

資料：U.S. Geological Survey「MINERAL COMMODITY SUMMARIES 2010」より環境省が作成（環境省，2012）．

新たな鉱山や油田の発見によって増大する可能性もあるが，今後の消費スピードを考えると，地球上の資源の絶対量は確実に減少していき，いずれ資源の枯渇に直面することとなる．

d. 世界人口の急激な増加

産業革命以前に約6億だった地球人口は，産業革命以後，急激に増え始め，2011年現在の推計では約70億である．エネルギー革命により手に入れた動力機関は生活を便利にし，人口の急激な増加をもたらした．今後，2050年には約92億（国連）にも達すると予想（途上国では大きく増加，先進国は横ばい）されている（図5.2）．この急激な人口増加が地球にもたらすものは，食料不足，水不足であり，エネルギーの大量消費とその結果としての温暖化である．人口の調整が21世紀の課題であるともいえる．

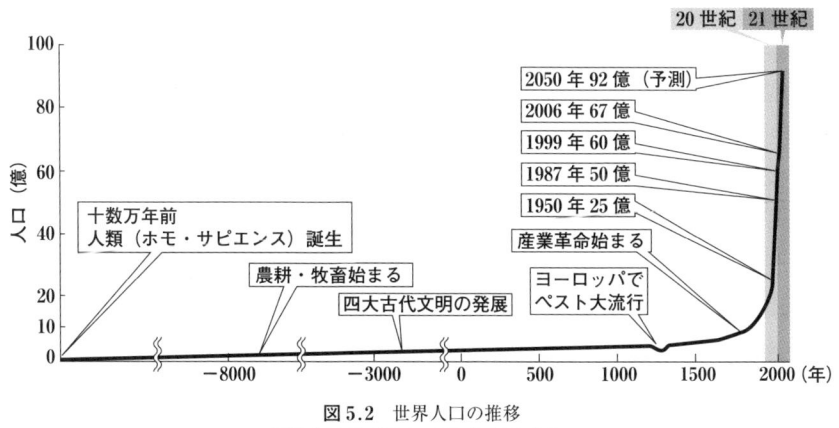

図5.2 世界人口の推移
国連人口部（1999；2005）ほかより．

e. 環境トリレンマ

現代は人口，資源・エネルギー，環境というトリレンマが存在し，人類への大きな危機が迫っている（図5.3）．人口−環境，環境−資源・エネルギー，資源・エネルギー−人口の3つの要素の間それぞれに問題が起こっている．これを乗り越えるために，各要素においては環境容量（キャリングキャパシティ）内での環境保全を全世界で実施すること，人口の抑制，資源・エネルギー利用の抑制と効率的な利用の促進が必要である．包括的には，公正な分配，貧困からの脱出，自立した経済体制，教育と衛生の向上が必要となる．

5.1.2 世代間公平性

世代間公平性とは，持続可能性概念のうち地域間公平性と対になるもので，将来世代が発揮できる能力を現世代が損なわないようにするという概念である．これは，1987年のブルントラント委員会における「持続可能な開発」という概念の中で説明されている（1.3.4項参照）．開発による世代間公平性（将来起こる問題への配慮），地域間公平性（南北国際格差の解消）を考慮しながら環境保全（管理）を行うという概念である．つまり，将来世代に対して資源やエネルギー，遺伝子資産や生態系を最低でも現状維持で提供しなくてはならないという考え方であり，国際的な最低限の合意事項となっている．

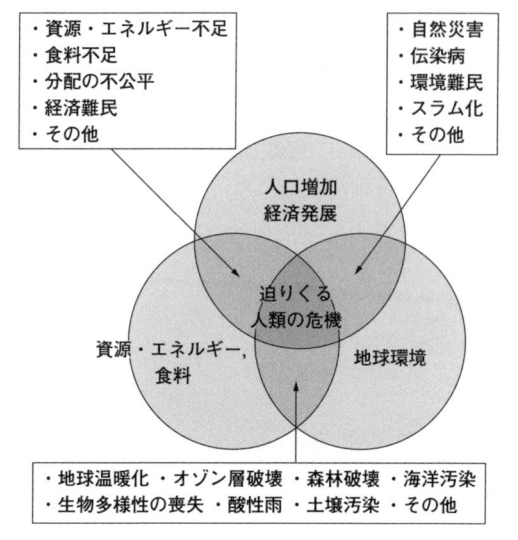

図5.3 環境トリレンマ問題の構造
電力中央研究所資料より．

5.1.3 自然の生存権

自然の生存権とは，「人間だけでなく，生物の種，生態系，景観などにも生存の権利がある」（加藤，2005）というものである．法的な生存権（日本国憲法25条の「すべて国民は，健康で文化的な最低限度の生活を営む権利を有する」）を超えて，同憲法第13条「幸福追求権」の解釈による「環境権」（人間は良好な環境の中で生活を営む権利がある．6.3.1項a参照）を検討することにより，野生生物や山，川といった自然そのものにも生存権があるとする倫理的な概念である．最近では，法的な概念にも拡張されてきており，2001年の裁判「奄美・自然の権利訴訟」で絶滅危惧種のアマミノクロウサギが原告になり訴えた話は有名だ．法的には却下されたが，希少野生動物を法的にどのように守ってゆくのかという議論の発端となった．

5.1.4 アメニティ問題

アメニティとは文化的で適切な環境を意味する．公害問題が起こると，その被

害はまず健康被害という形で表れる．症状を訴えていない大多数の他の住民には対処的な公害防止策がとられ被害が拡大しないようにするが，それは同時にアメニティの悪化をもたらす．その直接・間接的な被害は応答が遅く，また地域社会システムそのものを急激に，またはゆっくりと壊してゆく危険性がある．つまり直接の被害者ではなくとも，生活環境の侵害から始まる地域社会・文化の破壊と停滞，景観・歴史的街並みなどの喪失，総合的な自然環境の破壊，大きな生態系の変化といったアメニティが損なわれることになる．これが，環境問題におけるアメニティ問題である．環境の質の悪化と捉えてもよい．

5.2 サステナビリティ

5.2.1 サステナビリティの類型

第1章で検証したサステナビリティに関わる歴史的な解釈は，現在の国家主権体制および資本主義経済を前提にしているが，その「失敗」も多く指摘されている．前者（政府の失敗）は，政府主導の政策が意図した成果を上げられず非効率化すること，後者（市場の失敗）は市場メカニズムが経済的な非効率をもたらし，経済停滞，環境破壊を引き起こすことをいう．この2つの失敗からの脱却も含め，サステナビリティの解釈は様々ある．サステナビリティの概念は未来社会を対象にしており，また様々な文化，地域により多様であることは当然である．

表5.2にサステナビリティを5つに類型し（付録2に，各類型の例を詳しく紹介している），すべての論に基づく最終的な目標である，持続可能な社会をつくるうえでの制約条件を表5.3に示す．

5.2.2 日本におけるサステナビリティ

日本社会におけるサステナビリティは，市場と消費において，企業と生活者が持続可能な経済と社会の実現を目指すものである．このサステナビリティ概念を表5.2の類型にあてはめると，国家主権に関しては変えないが地方自治にやや重きを置くもので，主権国家一部改変論ではなく，主権国家維持論である．資本主義に関しては，計画経済や定常経済型，準自給自足型ではなく，これまでの資本主義の枠組みの中で市場と企業，消費者，商品・サービスを転換していく体制内改良論である．

大枠では，市場変革手段によるサステナビリティ実現（持続可能な消費＝サステナブルコンサンプション）という国連の意向に近いものである．しかし市民社

表5.2 サステナビリティの5つの類型

分類	概要	例
体制内改革論〜資本主義維持,主権国家維持	国連などの見解にも近いもので,国際的な合意として使われている.サステナビリティは環境問題,開発問題解決のうえに存在するものと考え,国際的合意により持続可能な社会を目指す	成長の限界論(メドウズ,1997),エコ効率論(WBCSD,1997),エコエコノミー論(ブラウン,2001),持続可能な発展戦略(EU,2001)
中間論	資本主義や国家システムの完全な変革ではなく,各々の一部変革を行う.主権国家維持・資本主義一部変革と,資本主義一部変革・主権国家体制一部変革の2つに分類できる	[反グローバル経済] 地域資本主義再生論(グレイ,1998),自然資本主義論(ホーケン,ルービンス,ルービンス,1999) [資本主義一部変革・主権国家体制一部変革] 脱企業世界論(コーテン,1998)
資本主義維持,主権国家体制変革	資本主義は維持しつつ,主権国家体制を変革する.定常型経済モデルによって主権国家体制を変革し,地域分散の自立経済単位による定常経済確立を構想している	定常コミュニティ経済論(デイリー,1977),定常経済論(ミル,1995),定常型社会論(広井,2001)
資本主義体制変革,主権国家体制維持	主権国家を維持しながら,資本主義を変革する.一部は社会主義的計画経済も目指す	エコ権威主義体制論(ハーディン,1972;1974),エコ社会主義論,自給自足型経済(フランケル,1987),エコ社会主義革命(フォスター,2002),権威主義政府と分散自立型経済(オルファス,1973),緑の国家論(エッケルスレイ,2004),発展途上国の立場からの分散自立型経済論(シバ,1999;コール,1996)
主権国家変革,資本主義変革論	ディープエコロジーなどのラジカルなエコアナーキニズムを含み,世界国家,地域主義,生態系中心主義など,現在の国家,資本主義から大きく変革する	エコ世界政府論(オフォルズ,ボーヤン,1992),地球市民社会論(フォーク,ストラウス,2001),エコ無政府主義理論(生命地域主義:サレ,2000,ディープエコロジー:ネス,1972),エコ無政府主義(コミューン主義.バロ,1986),社会生態学(ブクチン,1980)

深井(2005)をもとに作成.

会の台頭などから,市民社会の行動や考え方もその根底には流れており,国家主権に関しては地域主義の萌芽も感じられる.資本主義においては,現システムを非難することはなく,逆に社会変革のために上手に使っていこうという態度をとっている.

表 5.3 持続可能な社会への制約条件

① 人口の定常化, 削減	環境のキャリングキャパシティ以内に地球人口を抑える. 手法としては, 女性の地位向上, 補助金などのインセンティブ手法とともに, 強制的方法もあるが議論は分かれている	⑦ 気候変動をどう扱うか	個々のサステナビリティの論に関して, 昨今の温暖化に対する具体的な対応策を提示している例は少ない. 基本的にはIPCCの報告およびシナリオを前提に, 世界的な会議での温暖化物質削減へと向かうことに多くは同意している
② 循環型社会	リサイクルによる物質循環を行い, 資源・エネルギー枯渇のない物質社会を目指す. 各論もほぼ合意ができているが, 個人の権益を制限するかしないか (欲望の制度抑制) の議論はある	⑧ 持続可能な生産と消費	結局のところ, 環境面で持続不可能な社会となった大きな原因は, 物質的充足を中心原理とする画一的消費文化を世界に浸透させ, 伝統文化を破壊し, 物欲を刺激し, 地球の収容力を超える生産活動をしてきた産業構造, およびそれに加担した消費者である
③ コミュニティの再構築	生態系適合的共同体の再生, つまり, 準自給自足体制と個人主義的人間観 (エゴ) から共同体的人間観への転換が, 人間と自然の関係, 人間間の関係を修復し, 社会的・精神的効果があることをいう見解		
		⑨ 地域間格差の見直し	南北間, 域内で富や財, 資源の分配が公平に行われ, 搾取の構造をなくそうという現代開発の命題. 貿易にもその功罪がある
④ 分権化	政治の分権化, 適正規模の企業サイズを指摘し, 情報と知識を持った市民の直接参加を唱える. 民主主義の限界により「世界政府の権力集中を」という意見も一部あるが, 超国家レベルの政策決定システムと, 地方レベルでの政策決定システムの二重構造を想定する論が多い	⑩ 国際金融・投資ルールの見直し	経済のグローバル化により, 市場がグローバルマネーゲームと化し, 環境問題や南北格差を加速させているという背景から, トービン税 (国際金融取引税) 構想には多くが賛同している
		⑪ 将来世代のために現世代がすべきこと	現世代が過去の世代の文化・資源を正当に継承しつつ, 将来世代にそれを受け渡していく
⑤ 自由貿易体制の見直し	一次産品は, 地域固有の土地, 水, 生態系により無償で育まれ, 自由な貿易は環境破壊を加速させる. 一次産品に関わる貿易に非市場原理を導入させる論もある (地産地消)	⑫ 活発なコミュニケーションと情報開示	持続可能な社会を築こうとする個人個人のコミュニケーションの活発化, 政治・経済への参画, および社会の各セクターの情報開示
⑥ 生物, 社会の多様性	生命の個や種, 系, 社会や文化の多様性を価値として尊重し, それを絶やすことなく継承する		

深井 (2005) をもとに加筆.

5.2.3 サステナビリティの問題点

　サステナビリティの概念にも問題点はある. まずは, 5類型すべてを俯瞰してみえるような「サステナビリティの任意性」である. 何を対象とするサステナビリティか, そしてその範囲はどこまでかという議論である. かつては「企業サス

テナビリティ」を企業そのものの事業継続性と考えていた企業もあるくらいだ．それは現在のサステナビリティとは程遠いものである．

　サステナビリティには，社会要素をどこまで入れ込むかという大きな命題もある．社会要素とは，国際的には南北の従属構造を背景とした圧倒的な資本格差と消費格差の解消，つまりは国際的貧困問題の解決であり，域内でも同様な経済・社会格差を解消する必要がある．

　もう1つ，文化をどう扱うか，扱わないかという大きな問題がある．効率のよい特定の文化を押し売りすることは決してできない．多様性の重要性が唱えられている．

　そして，サステナビリティの認識にあたって最も難しいのは，「幸福，豊かさをどう評価するか」という問題である．豊かさは国連が開発したHDI（人間開発指数）などにより評価が始まっているが，ブータンのようにGDPだけでは測れない豊かさや幸福があるという指摘も多くある．我々が目指す社会は，サステナビリティという大きな社会変革のうねりを受けて，これからの時代を牽引してゆく安全・安心・健康な社会を基礎とした環境恒常性の高い，多様性のある永続可能な社会であり，その連続性は，社会構造，経済構造，政治構造，国際構造すべてに通じるものである．

5.2.4　持続可能な経済と社会

　サステナビリティという考え方は，「経済成長には物理的，生態学的な限界があるという認識」のもとで「人間の能力，生活の質を発展させる」ものであり，そのような前提のもとに「我々の社会の永続性」を希求すること，つまり「持続社会」を支える大きな概念であるといえよう．

　シュネイバーグはサステナビリティを「開発や，経済的社会的発展におけるエコロジー的永続可能性」と説明している．短くも網羅的な概念であるが，この「エコロジー的」という言葉に，さらに非搾取社会構造を付加する必要がある．「世界のすべての地域における，経済的社会的発展におけるエコロジー的，非搾取社会構造の永続可能性」といえよう．とはいえ，万人の関心である経済はどうなるのか，貧困や環境ばかりでなく，いまの自分の利益に関しても説明せよと求められるはずだ．

　デイリーは経済成長と環境負荷について，次のように述べている．「GDPでサステナビリティを定義する試みには問題がある．なぜなら，GDPは質的な向上

（発展）と，量的な増加（成長）とを混乱させているからだ．持続可能な経済は，ある時点では成長が止まらなければならないが，発展は終わる必要はない．資源消費を増大させることなくGDPを増やせる商品をつくるための製品設計の質的な改善に何ら制限をかける必要はない」．言い換えれば，製品の環境適合設計など技術，経営，社会制度の変革を進めれば経済を質的に無限に発展させ続けることのできる持続可能経済は可能である．しかし，ここでは国際的貧困問題への視点が欠けている．それを解消するというのであれば，この持続可能経済論は万能であるが，はたしてそうだろうか（1.3.2項参照）．

鈴木（2005）は，「経済における利潤原則そのものを見直さないといけないのでは」と指摘する．現在の利益に3R費用を付加した，持続可能性利益原則にしなければならないというものだ．3Rを入れることにより，環境影響の高い製品・サービスは市場では高価なものとなり，売れなくなる．逆に影響の低いものは価格も低くなり，かつ環境影響も低いものとなる．

持続可能な開発利潤へ変革するには，搾取是正費用を入れなくてはいけない．現実的には，フェアトレードによる輸入を強く推し進め，サプライチェーンを上流に遡り輸入先の地域の水・土壌・森林サービスを含んだ費用を負担することだ．つまり，第三国からは不当に安い値段で輸入をしないという選択ができる．

環境配慮費用，搾取是正費用の利潤への導入は，産業全体で制度的に行われなくては意味のないものとなってしまう．そうしない限り，問題に配慮しない企業が同品質で低価格な商品を市場に提供できてしまうからだ（フリーライダー問題：4.5節参照）．

持続可能な社会においては，環境に対する配慮と，搾取是正に関する配慮がすべてのセクターで求められている．道は遠いかもしれないが，実現しないと環境悪化，格差のある社会が継続してしまう．それを回避するために必要なのが「教育」の効用である．

5.3 環境教育

5.3.1 日本の環境教育の歴史

日本の環境教育は，1960年代の公害教育と自然保護教育から始まった．現在までの動きを表5.4にまとめる．

まず1950～1960年代に日本の各地で起こった公害に対応する形で，「公害教育」が行われてきた．同時に，自然環境破壊が各地に広がるとともに「自然保護教育」

が行われてきた．1970年代中頃になると公害対策が進み，産業型公害の鎮静化とともに公害教育と自然保護教育が「環境教育」へと統合されてゆく．各種企業による公害対策が行われた事実はあるものの，1988年の「公害は終わった」という国の喧伝により，公害教育が衰退し，公害については「知識としての教育」化がなされてしまう．

1980年代に入ると，環境教育の必要性についての認識が高まり，1985年に東京で世界環境教育会議が行われた．国内の様々な環境教育実践を一同に会して世界に発信する試みで，この会議により日本型の「環境教育」へと統合が行われた．

環境庁は1986年，「環境教育懇談会」を設置し，情報，教材などの充実，環境教育活動のための拠点の整備，民間活動の支援体制の整備・充実，指導者の育成，ネットワークの形成・整備を行った．1993年には，公害対策基本法と自然環境保全法を統合し，環境教育の規定も含まれた環境基本法が公布された．これは1992年の地球サミットにおいて環境教育の重要性が議論され，宣言に盛り込まれたことを受けている．環境基本法では，「今日の環境問題を解決するためには，経済社会システムやライフスタイルを環境への負荷の少ないものとへと変革していく必要がある」という考え方のもと，第25条で環境教育を規定しており，日本で初めて環境教育・環境学習が法制度上に位置づけられた．

1994年の環境基本計画では，「持続可能な生活様式や経済システムの実現のために環境保全に関する教育及び学習を推進すること」を定めた．また，学校における環境教育の重要性，社会教育その他，多様な場における環境教育・環境学習，広報の充実について述べられている．

1998年の中央環境審議会の「持続可能な経済社会構築を目指した環境教育・環境学習の推進方策について」で，環境教育は以下のように指摘された．環境教育・環境学習に関するこれまでの施策は，ライフスタイルの変革という観点からの政策的な方向づけが，ほとんど行われていなかった．これまでの環境教育・環境学習は，総合性や体系性が不十分で，継続的な実践体験が十分には位置づけられていない．

2003年には，環境基本法の第25条に基づいた，「環境の保全のための意欲の増進及び環境教育の推進に関する法律」が具体的な施策，措置を定めることになった．国民1人1人の環境保全に対する意識・意欲を高め，持続可能な社会づくりにつなげていくことを目的とし，環境教育を「環境の保全についての理解を深めるために行われる環境の保全に関する教育及び学習」と定義している．この法律

5.3 環境教育

表 5.4 環境教育の動向

年	環境教育	学校環境教育	社会環境教育	日本・世界の動き
1950	1950〜1960年代：公害問題自然保護教育が行われる		1950年代：地域での自然保護活動，保護運動	1950〜1960年代：四大公害病，公害反対運動
1960			1950〜1960年代：公害問題，公害反対運動	
1967		全国小中学校公害対策研究会発足（公害教育開始）		公害対策基本法制定
1968		社会科学習指導要領第五学年（公害学習提示）		
1971	文部省「公害教育」を制度化	社会科学習指導要領（公害学習）		環境庁設置
1975		全国小中学校環境教育研究会発足	国際環境教育ワークショップ	
1976		環境教育研究会（大学，教育者）開始		
1977	環境教育政府間会議（トビリシ）開催	社会科指導要領（環境・資源学習）		
1980			1980年代：アウトドアブーム，自然教室一般化	
1984			キープ協会によるエコロジーキャンプ開始	
1985	世界環境教育会議（東京）			
1986	環境教育懇談会設置「みんなで築くよりよい環境を求めて」発行			
1987			清里環境教育フォーラム開始	
1988		環境庁「環境教育懇談会報告書」発行		国会「公害は終わった」第1種地域の指定を解除
1989		学習指導要領（各教科に地球環境問題）		
1990	日本環境教育学会設立			
1991		「環境教育指導資料（中・高等学校編）」出版		
1992		「環境教育指導資料（小学校編）」出版	「日本型環境教育の提案」，「生涯学習のための環境教育実践ハンドブック」出版	地球サミット（リオデジャネイロ）

表 5.4 （つづき）

年	環境教育	学校環境教育	社会環境教育	日本・世界の動き
1993	環境基本法成立			
1994	環境基本計画成立「環境教育は国民の環境活動へ」の指針		「自然解説指導者養成用テキスト」出版	
1996	中央教育審議会第一次答申「21世紀を展望した我が国の教育の在り方について」			
1997	日本環境教育フォーラム環境庁認可			
1998	中央環境審議会「持続可能な経済社会構築を目指した環境教育・環境学習の推進方策について」．教育課程審議会「総合的な学習の時間」			
2002				ヨハネスブルグサミット
2003	環境の保全のための意欲の増進及び環境教育の推進に関する法律成立			
2005	2005〜2014年：国連持続可能な開発のための教育の10年			
2007		「環境教育指導資料（小学校編）改訂版」出版		

では，国・地方自治体・国民・民間団体などの責務が定められており，国による基本方針の策定，学校や地域，職場における環境教育の推進，環境教育にたずさわる人材の育成などが具体的施策として挙げられているが，強制力のない推進法である．

2005〜2014年にかけて「国連持続可能な開発のための教育（ESD）の10年」が制定された．これは，2002年のヨハネスブルグサミットで，日本の市民と政府が共同提案し，第57回国連総会で実施が決議されたものである．その根底となる考えは「持続可能な開発」で，現在直面する諸問題を解決し，よりよい「持続可能な社会」をつくるため，社会的公正の実現や自然環境との共生を重視した「サステナビリティ＝持続可能性」という新しい「開発」概念である．それは民主的で誰もが参加できる社会制度と，社会や環境への影響を考慮した経済制度を保障し，個々の文化の独自性を尊重しながら，人権の擁護，平和の構築，異文化理解の推進，健康の増進，自然資源の維持，災害の防止，貧困の軽減，企業責任の促

進などを通じて,公正で豊かな未来を創る営みとしての「開発」のための教育である.その教育の範囲は環境教育だけでなく様々な教育を統合しており,サステナビリティという概念のもと,現在でもその統合は続いている(図5.4).

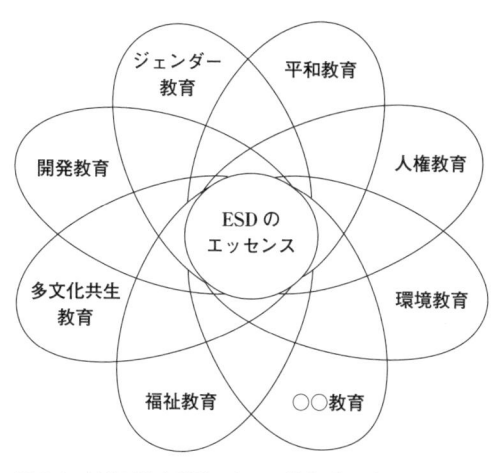

5.3.2 日本の学校における環境教育

学校における環境教育は小学校,中学校,高等学校では各教科に組み込まれており,幼稚園などでも環境教育要素が取り入れられ

図5.4 持続可能な開発のための教育(ESD)の教育要素
「〇〇教育」は様々な教育を表す.
持続可能な開発のための教育10年推進会議(2005)より.

ている.2000年に幼稚園教育要領が施行され,「環境」という項目で,「周囲の様々な環境に好奇心や探究心をもってかかわり,それらを生活に取り入れていこうとする力を養う」ことが目標とされている.幼稚園では,ビオトープなどを使ったセンスオブワンダー(自然に対する好奇心)を醸成する教育も行われている.

大学,大学院では,学部一般教育において基礎教育が行われ,教育学系の環境教育専攻の学科や,環境工学部,人間環境学部や大学院環境諸学専攻などでは専

表5.5 日本の学校における環境教育

教育主体	教育内容,科目	教育指針
就学前(幼稚園など)	自然教育など	幼稚園教育要領(環境の項目)
小学校	社会,理科,家庭,体育,道徳,特別活動,総合的な学習,音楽,国語,図画工作	学習指導要領により各教科に組み込まれている
中学校	社会,理科,家庭,体育,道徳,特別活動,総合的な学習,音楽,外国語,国語	学習指導要領により各教科に組み込まれている
高等学校	地理歴史,公民,理科,家庭,体育,道徳,特別活動,総合的な学習,音楽,外国語,芸術,国語	学習指導要領により各教科に組み込まれている
大学・大学院	学部:一般教養教育,教育学系環境教育専攻,環境工学部・人間環境学部 大学院:環境工学専攻,大学院環境諸学専攻など	特にない

門教育が行われている（表 5.5）.

a. 学校における環境教育の歴史

日本では，公害学習の延長上に環境教育が生まれた．1977 年には大学において環境教育研究会が発足し，公害教育，自然教育，環境教育が連携を取り始め，公害から環境へと，その概念が広がった．国際環境教育ワークショップ（1975 年）やトリビシ環境教育政府間会議（1977 年）などが開催され国際的な取組みが活発化したが，日本は一連の国際会議の動向にほとんど関与せず，日本の初期の環境教育には，これら一連の環境教育のねらいや目標は反映されていない．

1980 年代後半〜1990 年代前半には地球環境問題がクローズアップされ，1988 年には環境庁が「環境教育懇談会報告書」を発行し，環境行政においても環境教育の重要性を唱え，水質汚染，大気汚染などの問題に対する地域での環境教育への取組みが活発化してくる．1990 年には「日本環境教育学会」が発足し，教員，NGO，研究者らの連携の基盤ができた．また，地球サミット（1992 年）の数年前から，地球環境問題や温暖化問題の進展とともに環境教育の重要性が再認識され始めた．文部省も力を入れ始め，1989 年に学習指導要領が改訂され，各教科に「環境」に関わる内容が取り入れられるという流れがあった．しかし各教科が連携して学習を展開するものではなく，教師には科目横断的な発想に立つ環境教育を実践する能力が求められた．この観点から文部省は環境教育指導資料（中学校・高等学校編）を発行し，環境教育の目標と環境教育で身につけたい能力と態度を具体的に示し，環境教育の概念が示された．1992 年には「環境教育指導資料（小学校編）」も発行された．この指導資料にはともにサステナビリティの概念を基とした教育の萌芽的な要素が取り入れられた．

b. カリキュラムからみる環境教育

学習指導要領はおおよそ 10 年ごとに改訂される．環境教育に関して注目すべきは，1971 年の改訂である．1960 年代の高度経済成長の影響から公害問題が表面化したため，社会科において公害問題が取り扱われることとなった．その後も環境教育の充実が図られることとなり，小学校 1 年生と 2 年生に生活科が創設された．生活科は，自己と自己を取り巻く自然環境や社会環境との関わりを学ぶ教科として設定され，環境教育の基礎となる自然体験や生活文化体験の学習が進められてきた．2000 年には探求的な課題を教育の場で展開するための時間として「総合的な学習」が新設され，問題解決の方法を学習する機会が提供されている．

小学校，中学校，高等学校で行われている環境教育を以下に示す．

（1）小学校における環境教育の目標

（文部省『環境教育指導資料』小学校編 1992 年）

環境や環境問題に関心・知識を持ち，人間活動と環境との関わりについての総合的な理解と認識のうえに立って，環境の保全に配慮した望ましい働きかけのできる技能や思考力，判断力を身につけ，よりよい環境の創造活動に主体的に参加し，環境への責任ある行動がとれる態度を育成する．

（2）中学校，高等学校において環境教育で身につけたい能力と態度

（文部省『環境教育指導資料』中学校・高等学校編　1991 年）

能力：①問題解決能力，②数理的能力，③情報処理能力，④コミュニケーション能力，⑤環境を評価する能力

態度：①自然や社会事象に対する関心・意欲・態度，②主体的思考，③社会的態度，④他人の信念，意見に対する寛容

c. 総合的学習と環境教育

1990 年代後半以降は，環境教育に関して教育行政，環境行政における様々な変革をみることができる．

第 15 期中央教育審議会（1996 年）および教育課程審議会（1998 年）の答申を受け 2000 年に「総合的な学習」の時間が創設された．新しい教育課題として環境教育，情報教育，国際理解教育，健康・福祉教育などを各教科で展開するだけでなく「総合的な学習」で取り上げることが答申され，2002 年から実施された．

また 1999 年の中央環境審議会の答申「これからの環境教育・環境学習——持続可能な社会をめざして」では，環境教育・環境学習の範囲をいわゆる「環境のための教育・学習」という枠から「持続可能な社会の実現のための教育・学習」にまで広げることを求めている．環境教育・環境学習が取り扱う内容も，環境のみならず社会，経済などをはじめとする極めて幅広い分野に広がっていくことが求められている．

5.3.3　社会における環境教育

社会における環境教育は，戦後の任意団体による自然観察会などの自然保護教育や，行政や研究者，教員による公害教育，環境教育が発端である．1980 年代には，自然体験教室やアウトドアスクールが屋外でのエコロジー教育（自然環境，自然生態系理解教育）を導入し，日本最大の野外教育団体である日本ボーイスカウト連盟も環境教育を行っている．博物館や水族館などの施設においても積極的

に行われており，行政や自治体による環境アセスメントや環境知識普及のための各種講座も全国で多数行われている．環境 NPO による各種セミナーも昨今盛んである．これらは学校教育（フォーマル教育）と比してノンフォーマル教育と呼ばれる．マスメディアによる環境特集や番組も，社会教育としての環境教育であるといえる．最近ではアウトドアスクールなどが学校や企業の環境教育を担うなど，教育主体自体も横断的に関わり合うようになってきている（表 5.4 参照）．

社会における環境教育は，1950～1960 年代の各種運動に萌芽がみられるが，1970 年代の国際的な環境教育の動きには同調しなかった．その始まりは，1984 年に始まったキープ協会によるエコロジーキャンプの実践が挙げられる．1987 年から始められた清里環境教育フォーラムは，日本環境教育フォーラムとして発展し，『日本型環境教育の提案』(2000 年)，『インタープリテーション入門』(1994 年) が刊行されている．

一方，環境庁は環境教育のあり方を「みんなで築くよりよい環境を求めて」(1986 年) に示している．この報告を契機に，全国の自治体は「環境教育基本方針」の策定や環境基金の設置を進め，各地で環境教育の指導書や読本が作られている．

1980 年代後半～1990 年代にかけて，社会における環境教育にも，担う団体の増加，新しい教育手法の導入，アウトドア活動人口の増加など様々な動きが輻輳的に出てくると同時に，国際的な環境教育のサステナビリティに関する概念が少しずつ反映されてくる．

1994 年に策定された環境基本計画において「循環」，「共生」，「参加」，「国際的取組み」の 4 つが環境政策の長期目標として掲げられた．その中で環境教育・環境学習は，国民に環境活動への「参加」を促すための重要な施策として位置づけられた．日本各地での取組みは，ごく一部の先進地域や団体を除くと，1980 年代終りに始められたものが多く，環境庁ではこれらの活動に資するため，『生涯学習のための環境教育実践ハンドブック』(1992 年) を刊行している．また，自然体験活動推進方策の検討が進められるなか，『自然解説指導者養成用テキスト』(1994 年) も刊行されている．

5.3.4 企業における環境教育

年間教育訓練費に 7368 億円を費やす企業は学校法人と並ぶ教育機関であるということを鑑みて，企業で行われる環境教育については社会における教育分野から

あえて分けて検討することが重要である．企業内においてはISO 14001（環境マネジメントシステム）が，すべての組織所属者（派遣社員も含む）に対する環境教育の実施を求めており，これを「企業環境教育」という．また，環境コミュニケーションの手段として企業が地域やステークホルダー向けに行っている環境教育もある．企業の環境担当者が学校で出前講義をすることもあるし，経済団体による会員向けのセミナーや新聞などのメディアが開催するシンポジウム・セミナーなどが盛んに行われている．また一部の大企業では，教育機会の効率化を図るために環境教育のeラーニング化が進められている．

a. サステナビリティマインド

企業での環境教育で重要なのは，「サステナビリティマインド（持続可能な社会を作るという行動が伴う意識・感性）」を，社会人としての社員がどのように持ち合わせるかである．サステナビリティマインドとは，企業活動においては各種ガイドラインを守るが，会社を一歩出たら環境に無関心になるというような表層的なものでなく，行動を伴う，人が根元的に持つことのできる地球自然環境への理解である．企業における環境教育は学校教育，社会教育，家庭教育と連携して実施されるべきである．

b. ISO 14001 要求事項の環境教育

ISO 14001における必須の「環境教育」には次の3段階がある（図5.5）．

（1）自　覚

各部門におけるすべての構成員に対して，以下を自覚させることが要求されている．

- 環境方針・定められた手順・環境マネジメントシステムに適合することの重要性
- 作業活動に関係する著しい環境影響
- 環境マネジメントシステムにおける各自の役割・責任
- 定められた運用手順通りに作業しなかった場合に予想される結果

一般には，これら4項目に加え，環境方針の周知・環境問題に関する基礎知識を教育内容とすることが多い．軽視されがちであるが，実際には自覚教育こそが環境マネジメントシステムの成否を左右する非常に重要な要素である．

（2）訓　練

「環境に著しい影響を生じる可能性がある作業を行うすべての要員」に対して適切な訓練を行うことが要求されている．対象となるのは，定められた手順を遵守

しなかった場合には環境に影響を与えてしまうような作業のことで，例えば有害物質を扱う作業や排水処理などが挙げられる．

(3) 能　力

「著しい環境影響の原因となりうる作業を行う要員は，教育・訓練又は経験に基づく能力を持つ」ことが要求されている．例えばボイラーの運転，焼却炉の運転などが該当する．能力を認定する手段としては，経験年数，公害防止管理者といった公的資格や社内資格認定などが一般的である．

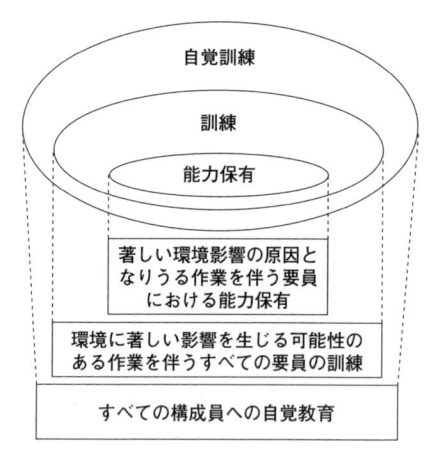

図5.5　ISO14001が求める環境教育の内容と対象者

5.4　新しい公共における環境NPO/NGOの働き

環境NPO/NGO（以下，NPO）が企業や自治体と協働事業を行う，持続可能な社会実現へのコラボレーションが現在進行中である．単なるボランティア段階の行動ではなく，企業や自治体の活動が手薄な社会において重要な機能を持ち，市民中心の社会変革（ソーシャルチェンジ）が行われてきている．NPOは，硬直化した閉鎖的な官僚型組織ではできなかった社会変革を行うことができる公的な組織・機関であり，社会変革の媒介役であるともいえる．

社会変革型のNPOは，行政では行き届かない社会福祉サービスを提供するとか，低家賃住宅を建てるとか，単にそういう公共サービスを肩代わりするだけではなく，積極的に社会の根本的な問題に立ち向かって解決することができる．ときには，監視機能として行政や企業の行動を批判することもあるが，社会の中で埋もれがちな小さな環境問題にも，社会変革型のNPOによってスポットライトが当てられることがある．

分権型公共の時代においてNPOの果たす役割は大きい．それは，そこに暮らす住民が自分たちの住む「環境」をどのようにしたいかというビジョンを持ち，地域で共有し，そして達成してゆくプロセスでもある．また，ビジネスは社会変革の大きな手段の1つで，ビジネスで社会変革（買う，投資，不買など）を行うことも可能である．

コラム： 新しい公共、地域協働とソーシャルキャピタル

　2010年6月に閣議決定された新成長戦略の〈国民参加と「新しい公共」の支援〉では，地域コミュニティの重要性が注目されており，個人や家庭でできるものは自ら解決し（自助），個人や家庭で解決できない問題は地域社会や各種市民団体，NPOや教育組織，企業組織などの助け合いで解決し（共助），それでもできない場合は行政が解決する（公助）という，地域社会全体で公共・公益を担う（地域協働）ことが求められており，「補完性の原則」といわれる．

　日本の共同体はそもそも共助および地域協働の仕組みを備えていたが，高度経済成長期に都市への人口集中，地域からの人口流出が起こり，その協働システムが脆弱になっていった．そこで注目されている言葉がソーシャルキャピタル（社会的資本）である．物的資本や人的資本などと並ぶ新しい概念で，「人々の協調行動を活発にすることによって，社会の効率性を高めることのできる，「信頼」，「規範」，「ネットワーク」といった社会組織の特徴」といえる（Putnam, 1994）．地域社会のつながり，関わり合いの高さは地域の経済，健康，幸福感などに大きく関係するものであり，社会的レジリアンス（耐性，回復能力）を高める効用があるといわれている．

　平成19年版国民生活白書では，以下の指標で地域のソーシャルキャピタルを測定している．

　このような社会調査から，ソーシャルキャピタル指数と合計特殊出生率には有意な関係があり，新しい公共としてのNPOの役割が大きいという結果も出ている．これは1つの例ではあるが，ソーシャルキャピタルが豊かならば，市民活動への参加が促進される可能性が高まり，また市民活動の活性化を通じてソーシャルキャピタルが培養される可能性が高まるという正のポジティブフィー

つきあい，交流	隣近所とのつきあいの程度 隣近所とつきあっている人の数 友人・知人とのつきあいの頻度 親戚とのつきあいの頻度 スポーツ・趣味・娯楽活動への参加状況
信頼	一般的な人への信頼 近所の人々への信頼度 友人・知人への信頼度 親戚への信頼度
社会参加	地縁的な活動への参加状況 ボランティア活動者率 人口1人当たり共同募金額

ドバックが出来上がり，自律的な社会的レジリアンスの高まりに結びつくと考えられる．自立した地域社会という文脈の中では地域における環境配慮や地域の持続可能性との関係性も考えられ，今後の環境政策に地域協働の仕組みを備えたソーシャルキャピタル醸成策が組み込まれる可能性がある．

20世紀の熱病のような企業時代の果てに NPO が台頭してきた．生きる権利とアメニティの権利を取り戻そうという動きであり，それは，古典的公共が，競争的市場の果てに，自発的市民を生み出したというリバイバル（再起）であるとも考えられる．

[九里徳泰]

文　献

石井吉徳（2001）：21世紀，人類は持続可能か—エネルギーからの視点．エネルギー総合工学，**24**（3）．
稲田充男（1997）：人口予測の数学モデル．豊橋創造大学紀要，**1**：27-32．
岡部一明（2000）：サンフランシスコ発；社会変革 NPO，御茶の水書房．
加藤尚武（2005）：新 環境倫理学のすすめ，丸善．
環境教育推進研究会（1992）：生涯学習としての環境教育実践ハンドブック，第一法規出版．
環境省（2012）：平成23年度環境・循環型社会・生物多様性白書．
環境庁（1994）：自然解説指導者養成用テキスト，国立公園協会．
九里徳泰（2010）：サステナビリティ（持続可能性）とはなにか？——持続可能な開発（サステイナブルデベロップメント）から持続可能性（サステナビリティ）へ．富山県立大学紀要，**20**：72-82．
持続可能な開発のための教育10年推進会議 編（2005）：国連持続可能な開発のための教育10年キックオフ！
鈴木幸毅（2005）：環境問題の経営学（高橋由明，鈴木幸毅 編著），ミネルヴァ書房．
内閣府（2007）：平成19年版国民生活白書．
日本環境教育フォーラム（2000）：日本型環境教育の提案 改訂新版，小学館．
広井良典（2001）：定常型社会論——新しい「豊かさ」の構想，岩波書店．
深井慈子（2005）：持続可能な世界論，ナカニシヤ出版．
文部省（1991〜1992）：環境教育指導資料：小学校，中学校・高等学校．
山内直人（1999）：NPO入門，日本経済新聞社．
Eckersley, R.（2004）：The Green State：Rethinking Democracy and Sovereignty, MIT Press ［エッケルスレイ，R.（松野 弘 訳）（2010）：緑の国家——民主主義と主権の再考，岩波書店］．
Korten, D. C.（1999）：The Post-Corporate World：Life After Capitalism, Kumarian Press ［コーテン，D.（西川 潤，松岡由紀子 訳）（2000）：ポスト大企業の世界—貨幣中心の市場経済から人間中心の社会へ，シュプリンガー・フェアラーク東京］．
Putnam., R. D., et al.（1994）：Making Democracy Work：Civic Traditions in Modern Italy, Princeton University Press.
Regnier, K., et al.（1994）：The Interpreter's Guidebook：Techniques for Programs and Presentations, UW-SP Foundation Press ［レニエ，K. ほか（日本環境教育フォーラム 監訳）（1994）：インタープリテーション入門，小学館］．
Schnaiberg, A. and Gould, K. A.（1994）：Environment and Society：The Enduring Conflict, St. Martin's Press ［シュネイバーグ，A.，グールド，K. A.（満田久義 訳）（1999）：環境と社会——果てしなき対立の構図，ミネルヴァ書房］．

6. 環境政策

6.1 環境政策とは何か？

　環境政策とは，公共的な環境問題解決において，社会の合法的な代表者（つまり行政官など）が行う，方針を持つ行動である．法律や条例，政令といった社会を規定する諸制度を新たにつくる，または改訂してゆくということだけではなく，環境政策を立案・実行するということは幅広い意味ではその国の持つ習慣・文化そのものの改変を伴うものであるといえる．

　企業においては，経営者が環境方針を定め，環境問題解決に向けて計画を立てて実行する．国家・地方自治社会のみならず，特定の組織にも環境政策はあてはまるといえる．本章では，行政が行う環境政策を扱う．

　環境問題には，自然現象による環境問題（大陸移動に起因するタクラマカン砂漠の形成など）と，人為的な理由による環境問題（公害など）がある．公害は原因主体と原因物質が特定できるものであり，社会システムすべてに関わるものでない限り，そのプロセスの根絶や特定原因物質の使用禁止などの政策により収束させることが可能である．地球温暖化などの地球環境問題はグローバルな課題であり，また原因者である人間が被害者でもあり，かつ原因から結果が出現するまでに数年から数十年がかかり，ステークホルダー（利害関係者）が多様で，政策的な解決は容易でない．国家間の利害調整のために行われる環境政策には外交的手法が必要で，国家エネルギー政策にも大きく関係するために経済的な検討も必要である．また，問題解決に時間がかかるため国民の関心も持続しづらい傾向があり，教育的な手法も求められる．環境省だけでなく，外務省，経済産業省，国土交通省，文部科学省，農林水産省と横断的な対応が必要とされる所以である．

　これまで日本における環境政策は，公害や衛生問題といった地域で起こる人為的な人的被害と動植物の被害を避ける，または回復することを中心に考えられてきた．近年では地球環境問題，特に気候変動，生物多様性といった全地球的に起こる複雑なメカニズムを持った環境問題への対応も環境政策の大きな役割となっている．

6.2 日本の環境政策の歴史

6.2.1 江戸時代以前

古来，人類は自然資産および生態系サービスに頼ってきたが，産業革命以後，人口増加に伴いそれらを大量に活用するに至った．有名な東海道五十三次の絵（1830年代．歌川広重）に描かれているように，江戸時代の街道筋にはまばらにしか木が生えていない．このような森林環境破壊は各地に現れていて，煮炊きや暖をとるため，塩田での塩の製造，新田開墾，鉱山の操業などが原因と考

図6.1 二川宿（現 愛知県豊橋市）
歌川広重の東海道五十三次（http://upload.wikimedia.org/wikipedia/commons/0/05/Tokaido33_Futagawa.jpg）より．

えられる．江戸時代においては，森林保護のために，特定の山を水持山，砂留山，留山として利用を制限し特別に保護した．また，集落ごとに入会地を決め，地域の自然資源を地域住民が管理する制度があった．寺社の管理する森（社寺林）は「鎮守の森」として原生状態で保全されており，森林保護において宗教は大きく影響を与えていた．

これは現代的に解釈すると「コモンズ」といわれるもので，自然資産や生態系サービスは共同体の共有財産であった．コモンズにおいて統制がとれない管理が行われると，乱獲，乱伐現象が起きて共有地の資源が枯渇してしまう（コモンズの悲劇）．1968年にギャレット・ハーディンが *Science* 誌上で指摘した．

また，仏教の殺生の考え方を反映した鳥獣保護が幕府により行われてきた．江戸時代は現代でいうリサイクル社会でもあり，布繊維，金属，糞尿，また紙まで再利用されていたといわれるが，制度化されたリサイクルというより資源の希少性から循環利用が促されたと考えられる．

6.2.2 明治時代

明治時代には脱亜入欧のスローガンのもと殖産興業の振興が図られ，日本全土で工業化が進んだ．その結果として工場からの煤煙や悪臭が発生し，鉱山でも排水や排ガス被害が拡大した．公による公害対策は府県のレベルで始まり，国レベ

ルでは1911年に「工場法」が制定された．工場の立地と操業の停止を行える制度であったが，効果が上がらなかった．足尾銅山に代表される鉱山からの鉱毒問題は1860年代終盤から顕在化し，1890年の鉱業条例により規制されたが，こちらも効果が上がらなかった．鳥獣の保護や狩猟に関する制度は江戸時代からあり，1895年には「狩猟法」が制定され動物の狩猟対象が規制された．1897年には「森林法」が制定され環境保全の観点から保安林制度ができた．ただしリサイクルなど資源循環に関しては意識が希薄で制度化はなされていない．このように明治期の環境政策は事後的な公害対策にとどまり，またその制度的効果も低いもので，全国に公害問題が起こることとなった．

6.2.3 第二次世界大戦以前

重工業化に伴い，都市部では工場が住宅地に隣接しながら操業するようになり，煤煙問題，水質汚濁問題が起きた．煤煙に対しては昭和初期に規制が強化されたが，水質汚濁に関しては戦中下の体制で見過ごされた．

1931年に国立公園法が成立したが，アメリカ型の自然保護地のように土地の所有を区分するものではなく，環境的要素よりも風致風景の保全という観光資源としての要素が強い法律であった．

6.2.4 第二次世界大戦後，高度経済成長下

戦前の公害問題の教訓が生かされず，工業を優先し経済の復興が優先された．結果として，世界の歴史の中でも稀にみる高度経済成長を成し遂げたが，国家政策における環境保全への法体系がなされておらず，有効な環境政策がとられずに環境汚染も比例して増大していった．国家予算配分においても，多くが産業関連事業に向けられ，公衆衛生に関わる予算はごく少なかった．戦後の公害の拡大はこのような消極的な環境政策が大きな引き金となった．都市部で始まった工業化は，政策により地方へと展開することになり，地方においても公害問題が発生するに至る．

このような背景から，世界的に有名な水俣病が1956年に熊本県で報告される．工場排水に含まれる有機水銀による中毒症状である．水俣病は1965年頃に新潟県阿賀野川流域でも発生した．富山県の神通川ではカドミウム，鉛，亜鉛などの金属類による公害が1955年にイタイイタイ病として報告された．大気汚染状況も深刻化し，工業の石油利用から硫黄酸化物による大気汚染を引き起こした．三重県

四日市市が有名であるが，日本全国の工業地帯で同様の問題が起こった．

激甚な被害をもたらした四大公害への対応のために，通商産業省は，「産業の実施に伴う公害の防止等に関する法律案（仮称）要綱」を1955年に提示したが見送られた．1958年に「公共用水域の水質の保全に関する法律（水質保全法）」，「工場排水等の規制に関する法律（工場排水規制法）」，1962年に「ばい煙の排出の規制等に関する法律（ばい煙等規制法）」といった公害の源流の規制に関する法律が成立したが，公害は収まることがない．

厚生省は公害対策基本法を立案し1967年に成立させたが，通商産業省案の「経済との発展との調和を図る」という文言が大きな議論となった．経済発展のためであれば環境問題には少々目をつぶろうという調和条項であるが，留意事項として修正された．1968年にはばい煙等規制法を改め大気汚染防止法が成立した．これには自動車の排ガス規制も含まれた．このような法律制定と裏腹に，1970年頃から毎年夏になると光化学スモッグが発生するようになり，目や喉の痛み，頭痛，しびれ，吐き気などを届け出る被害者が多数出て，1970年には被害届が約1万8000件にのぼった．2013年現在の中国の大気汚染に酷似している．1970年11月の第64回臨時国会は「公害国会」と呼ばれ，環境に関する14法案が可決され（表6.1），事業者責任の明確化と地方公共団体の権限の強化がなされた．公害に対する法律はおおよそ整ったが公害行政は各省に分散されており，それをまとめるために1971年度予算編成において当時の佐藤栄作内閣総理大臣により「環境庁」の設置が決まった．1972年に行われた四日市公害の裁判の判決では裁判長が「人間の生命・身体に危険のあることを知りうる汚染物質の排出については，企業は経済性を度外視して，世界最高の技術・知識を動員して防止措置を講ずべきである」とし，経済を優先する社会的風潮から大きく変化した．これは無過失損害賠償責任といわれ，事業者に過失がない場合であっても，事業者はその損害を賠償するという責任概念であり，その後大気，水質に関する法律が無過失損害賠償責任の規定を入れ改正された．大気汚染分野では，工場などから出る硫黄酸化物（SO_x），自動車などから出る窒素酸化物（NO_x）の発生源に対する規制強化が行われ，水分野では水銀とPCBの対策が行われた．

1957年に制定された自然公園制度により国立公園ができたが，この制

表6.1 公害国会で可決された14法案

改定	公害対策基本法，大気汚染防止法，騒音規制法，下水道法，自然公園法，道路交通法，毒物及び劇物取締法，農薬取締法
新設	水質汚濁防止法，廃棄物処理法，海洋汚染防止法，公害犯罪処罰法，公害防止事業費事業者負担法，農用地土壌汚染防止法

度では公園内での観光開発が可能であり過剰利用などの問題が生じていた．1972年に「自然環境保全法」が成立したが，同様に不完全なものであった．

環境教育の前身である自然保護教育として，1950年代後半から自然研究路などの施設を活用した「自然観察会」などの野外活動が行われてきた．1973年には自然環境保全基本方針において「学校や地域社会において環境教育を積極的に推進し，自然のメカニズムや人間と自然との正しい関係について国民の理解を深め，自然に対する愛情とモラルの育成に努める」とされ，1977年の学習指導要領改訂に際して環境教育の重要性が指摘され，公害教育から環境教育へと大きくシフトした．

戦後の日本の環境政策は公害問題対策という事後的な施策であり，エンドオブパイプでの環境対策である．1972年に「各種公共事業に係る環境保全対策について」が閣議了解され，工業事業を行う際の事前の環境影響評価が国から指導されることになった．

a. オイルショックからブルントラント委員会

アメリカでは，1970年に大気清浄法改正法（マスキー法）が成立した．1975年を目標に，自動車からの排出ガスを1970年型自動車の1/10に削減するという極めて厳しい政策である．1972年には，国境を越えて降り注ぐ酸性雨の問題を発端として国連人間環境会議が開催された．同年の国連人間環境会議（ストックホルム）では，環境に関する権利と義務，有害物質の制限，海洋汚染の防止，野生生物の保護，途上国への開発援助，環境教育など26項目になる宣言が採択され，ロンドン・ダンピング条約（海洋投棄防止），ワシントン条約（野生生物の国際間取引の制限）などの重要な条約が検討された．

このような国際的な動きを受けて日本の環境政策も少しずつ変化してゆく．1973年に第一次オイルショックが起きると，資源を輸入に頼る日本ではエネルギーを節約するために「世界で最も厳しい」といわれたガソリン乗用車の排出ガス規制（昭和53年度規制）が導入された．1970年代前半は，増え続ける自動車と未熟な排出ガス対策技術から排気ガス

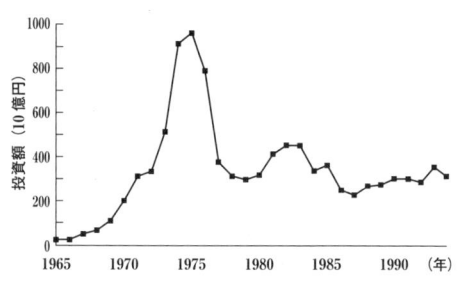

図6.2　日本の公害防止設備投資額の推移（名目値）環境庁（1997）より．

による大気汚染が深刻化した．2013年現在，ネパールのカトマンズやモンゴルのウランバートルでも排気ガスによる大気汚染が問題となっているが，それ以上に深刻な状況であった．また，都市化およびと大型車による輸送の増加から振動，騒音の問題も顕在化した．これは自動車に限らず航空機，鉄道にも通じる問題であった．アメリカのマスキー法の実施は数度延期されたが，日本ではメーカー各社は極めて厳しい環境基準をクリアする自動車を苦労して開発し，世界最高レベルの環境性能を持った自動車を市場にいち早く導入することができた．この技術イノベーションが日本の自動車産業の進展およびグローバル化への礎となる．高度経済成長の終わりの時期には，これまでの対症療法的な環境政策から未然防止の政策へ転換する萌芽がみられた．1977年に環境保全長期計画が決められ，1985年までの中期の環境政策の定量的な目標が提示されたが法的な根拠がなく未達に終わった．環境政策を取り巻く背景の大きな変化は，「快適環境の創出」いわゆる「アメニティ」政策である．これはOECDの環境委員会が1976～1977年に日本で実施した環境政策調査において，「日本は数多くの公害防除の戦闘を勝ち取ったが，環境の質を高める戦闘では，まだ勝利をおさめていない」と指摘されたことを契機に，環境の快適さ（アメニティ）を高めてゆく政策的に大きな舵切りである．1980年代は高度経済成長後の成熟した経済生活の中で，生活の質の向上や精神的な豊かさを求める国民意識も高まっていった．しかし1970年代後半から1980年代前半は，環境問題対策において停滞の年代といわれている．高度経済成長により人々の暮らしは豊かになり，公害問題もある程度の解決を迎えたが，度重なる不況に対して社会は経済優先の政策を求め，環境政策は停滞する．つまり産業界の意向が重視された時代である．その中で，2回（1973年，1978年）の石油危機を受けて通商産業省発案により1979年にエネルギーの使用の合理化に関する法律（省エネ法）が成立し，後の世界トップクラスの資源効率性（対GDP比）を得る源泉となった．

　国連人間環境会議から10年後の1982年にはUNEP管理理事会特別会合（ナイロビ会議）が開催された．オイルショック後の世界的な経済危機からは脱却したが地球環境が着実に悪化していったことを勘案され，「ナイロビ宣言」では，持続可能な開発の原点となる，環境と開発の相互的関係の理解，大量消費社会からの脱却と貧困を克服した持続的な社全経済の発展を実現させることが表明された．この席上，環境と開発に関する世界委員会（ブルントラント委員会．1.3.4項参照）が日本からの提案により設立された．1987年の同委員会の報告書「Our

Common Future」では「持続可能な開発」の概念が打ち出され，地球環境保全と社会経済開発の両立をうたう国際的な概念へと定着してゆく．こうした動きが1992年の地球サミットへとつながってゆく．

b. 1993年の環境基本法の制定と地球環境問題の対応

1985年以降には，地球環境問題，環境アメニティの問題，廃棄物の増加など対症療法的な取組みでは対応できない構造的な問題が露呈され，1990年代初頭に環境行政の大きな変革が起きる．その1つが1993年の環境基本法の制定である．

それに先立ち，国内では希少な野生生物の取引き対策，オゾン層破壊物質への対策など（12.1.1項参照）が国内で整備されてきた．1987年にはワシントン条約の国内法として「絶滅のおそれのある野生動植物の譲渡の規制等に関する法律」を制定した．また，ラムサール条約を1980年に締結し，釧路湿原をはじめとして数多くの湿地（2012年現在46カ所）を登録するとともに，アメリカ，オーストラリア，中国との間に渡り鳥の保護条約・協定を締結した．海洋汚染防止のためのロンドン・ダンピング条約，マルポール73/78条約を締結した．このように日本における環境問題の国際的な政策が少しずつ進み出した．

1992年の地球サミット（1.3.5項参照）には，世界中のほとんどの国が参加し，当時，環境に関する会議としては世界最大であった．また，環境に関係するNGO（非政府組織）が国を超えた市民の力として認められた会議でもあった．この地球サミットの結果を受けて，地球環境問題と国際的な連帯および原因者を特定できない都市型の公害問題，社会システムに起因する廃棄物問題など，これまでの環境政策，公害対策基本法と自然環境保護法による規制的手法では対応できない問題が顕在化してきた．それらに対しては，これまでの規制的手法だけでなく，経済的，情報的，自主的などの多様な手法を適切に活用するポリシーミックスにより，経済社会システムそのものや事業者，市民の行動様式の変革を促さなくてはならなかった．このような経緯から，1993年に成立した環境基本法では，第1に環境の保全についての基本理念を表し，第2に環境の保全に関する施策の策定および実施に係る指針を示し，第3に環境庁および都道府県に環境審議会を設置することなどと規定した．

環境基本法第15条に基づき，環境基本計画が策定された．50年規模の環境政策の長期的な目標を定めバックキャスティングし，21世紀初頭までの国の施策を検討するものである．この検討は環境基本法により設置された中央環境審議会で行われ，その審議会答申がこのあと続くことになり日本の環境政策の大きな羅針

盤となる．

また環境基本法第20条の環境影響評価推進の条文により，環境影響評価法（環境アセスメント法）が施行された．これには住民，地方公共団体の意見を取り入れるスコーピング手続きや環境影響の評価などが盛り込まれた．NGO の台頭や参加型政策分析（PPA）が世界的にいわれてきた背景もある．

地球温暖化に関しては，まず1989年の大気汚染および気候変動に関する閣僚会議で，地球サミットまでに温暖化防止の枠組みとなる条約を採択すべきであるとされた．さらに IPCC 第1次評価報告書（1990年）などに基づいて1992年に，先進国が2000年までに温室効果ガスの排出量を1990年と同じレベルに戻すことを目的に「気候変動枠組条約」が採択された．同条約の第1回締約国会議では，国際的取組みについて定める議定書を第3回会議で採択するというベルリン・マンデートが決まった．そして1997年，国際的な温暖化物質の定量的な削減を目指す京都会議が行われ，京都議定書が採択された（3.5.2項 a 参照）．これを受けて国内では地球温暖化対策推進大綱を策定し，「地球温暖化対策の推進に関する法律」を制定した．しかしこの法律は京都議定書を担保したものではなかった．

このような国際的な環境情勢を受けて，環境庁は厚生省の管轄を取り込み2001年に環境省として昇格した．さらに国内では，1995年，1996年に大気汚染防止法が改正され（ベンゼン，自動車排ガス，アスベスト飛散），1997年に廃棄物処理法が改正され（処理施設，不法投棄関連），1999年には PRTR 法が制定され MSDS 制度が始まった（12.2.3項参照）．また，同年に焼却炉のダイオキシン問題からダイオキシン類対策特別措置法が制定された．

c. 2000年代以降

2000年に，世界に先駆けて循環型社会形成推進基本法が制定された．これは，資源循環社会への大きな社会転換を支える廃棄物・リサイクル政策の根幹をなすもので，それを実施する各個別法が制定された．ここでは，廃棄物処理の優先順位が，3R に基づくもの（①排出抑制，②再使用，③再資源化，④熱回収，⑤適正処理）であることが示された．また同法では事業者への拡大生産者責任を課している．同法のもとに様々な個別法があるが，2013年4月には小型家電リサイクル法（使用済小型電子機器等の再資源化の促進に関する法律）が施行されている（図6.3）．

低炭素社会の構築に関しては，2002年に京都議定書を批准し，1990年比で6%の削減目標を受け入れた．これを受けて政府は2005年に京都議定書目標達成計画

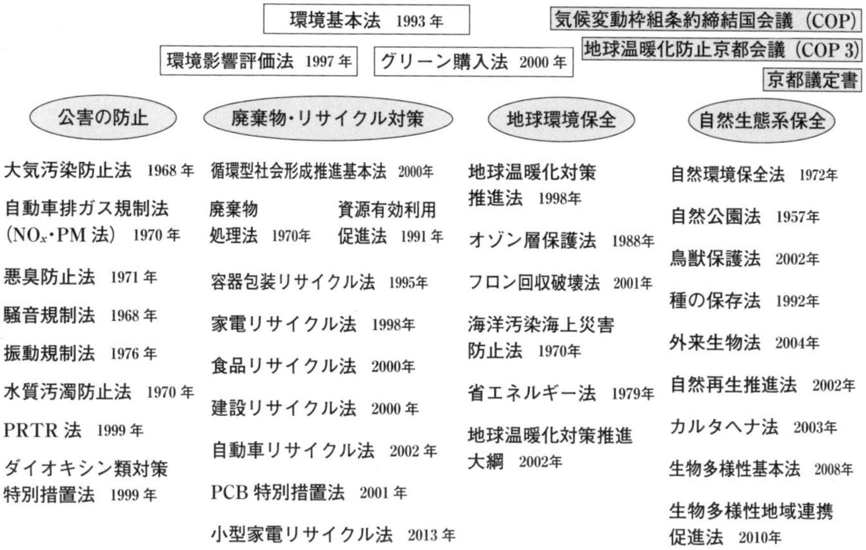

図6.3 日本の環境法規体系

環境基本法 1993年
環境影響評価法 1997年　**グリーン購入法** 2000年
気候変動枠組条約締結国会議（COP）
地球温暖化防止京都会議（COP 3）
京都議定書

公害の防止
大気汚染防止法 1968年
自動車排ガス規制法（NO$_x$・PM法）1970年
悪臭防止法 1971年
騒音規制法 1968年
振動規制法 1976年
水質汚濁防止法 1970年
PRTR 1999年
ダイオキシン類対策特別措置法 1999年

廃棄物・リサイクル対策
循環型社会形成推進基本法 2000年
廃棄物処理法 1970年　資源有効利用促進法 1991年
容器包装リサイクル法 1995年
家電リサイクル法 1998年
食品リサイクル法 2000年
建設リサイクル法 2000年
自動車リサイクル法 2002年
PCB特別措置法 2001年
小型家電リサイクル法 2013年

地球環境保全
地球温暖化対策推進法 1998年
オゾン層保護法 1988年
フロン回収破壊法 2001年
海洋汚染海上災害防止法 1970年
省エネルギー法 1979年
地球温暖化対策推進大綱 2002年

自然生態系保全
自然環境保全法 1972年
自然公園法 1957年
鳥獣保護法 2002年
種の保存法 1992年
外来生物法 2004年
自然再生推進法 2002年
カルタヘナ法 2003年
生物多様性基本法 2008年
生物多様性地域連携促進法 2010年

を閣議決定した．2002年にはエネルギー政策基本法が制定され，環境に適応するエネルギー政策がうたわれ，また同年に電気事業者による新エネルギーなどの利用に関する特別措置法（新エネ特措法，RPS制度）が制定され，電気事業者が風力，太陽光，地熱，水力，バイオマスなどの再生可能エネルギーを一定割合以上利用することが義務づけられた．このような規制的手法だけでなく，地球温暖化に関する対応法を改正し一定規模以上の事業者に対してGHGs（温室効果ガス）の報告義務化やチームマイナス6％による情報的手法，ISO 14001環境マネジメントシステムの普及などの自主的取組みの推進など環境政策にも多様化が進む．自然共生社会の構築については，地球サミットで提案された，生物多様性に関する条約に基づき生物多様性国家戦略が定められ1995年に最初に策定されてから，2002年に新・生物多様性国家戦略，2007年に第三次生物多様性国家戦略が策定された．法律では，2002年に自然再生推進法，2004年には特定外来生物による生態系等に係る被害の防止に関する法律が定められたが，その成果はまだ現れていない．

他の政策として，2002年の土壌汚染対策法や，不法投棄された産業廃棄物対策への措置法（2003年），2006年にはアスベストの飛散を防止した大気汚染防止法の改正，2003年の環境教育推進法などがある．

2000年以降の日本の環境政策は，2007年に閣議決定された「21世紀環境立国戦略」に集約された．持続可能な社会を目指すためには「循環型社会」，「低炭素社会」，「自然共生社会」を統合的に進めていく必要があるとしている．

6.3 環境政策の原理と原則

原理とはものごとの根幹的な考え方であり，原則とは原理に基づいた決まり事と位置づけることができる．環境政策における原理として「環境権」，「持続可能性」，原則として「未然防止原則」，「予防原則」，「源流対策の原則」，「汚染者負担原則」，「拡大生産者責任」を以下に紹介する

6.3.1 環境政策の原理
a. 環境権
環境権という言葉は日本国憲法に明示されていないが，以下の憲法の条項から環境権が導かれる．

(25条1項)：すべて国民は，健康で文化的な最低限度の生活を営む権利を有する．
(13条)：すべて国民は，個人として尊重される．生命，自由及び幸福追求に対する国民の権利については，公共の福祉に反しない限り，立法その他の国政の上で，最大の尊重を必要とする．

このように環境権とは，環境を享受する権利および自由を，基本的人権の一種として持つということであり，環境政策立案の根本の原理となる．また裁判所に訴えることができる実定法上の権利として，環境権を自然の権利と捉える見方もある．これにより，開発計画がある各地で環境権に基づく差止め訴訟が提起されるようになった．1984年にはOECDが環境権は基本的権利であることに合意し，以後90カ国以上の憲法に明記されている．人間以外の生き物や無生物も環境権を持つとの主張もあるが，法律上の権利は存在せず，裁判所が環境権を認めたことはない．これは環境権が万人のためのものであり，一部の人のためにあるものではないからである．しかし前述の自然の権利を訴えた裁判として，アマミノクロウサギ訴訟 (2001年) などがあり，自然破壊行為に対する差止め訴訟は可能である．一方，過度な自然環境至上主義は，一部の自然保護団体による捕鯨の実力行使による妨害行為などのようにエスカレートしてしまう可能性もある．

b. 持続可能性原理
持続可能性という考え方は将来世代を考慮している点が，それまでの環境政策

とは異なる原理である．

『持続不可能性』の著者サイモン・A・レヴィンは，「生態学的な持続可能性」原則を合理的な数理モデルで展開した．持続可能性を達成するための8つの戒めを提示し，我々の住処である地球の土台となる生態系における生物多様性の重要性から，持続可能性原則を説いている．ハーマン・デイリーによる持続可能な社会を成立させる原則では，社会における効率性・公正性・持続可能性という3つの政策目標を捉えた場合，第1に持続可能性と公正性を優先し，効率性はその制約の範囲内で考慮され，生態系サービスにおける生産と分解の許容範囲で規定される．経済成長を前提とはせずに steady-state economy（成長せずとも安定した経済）を指向し，効率性を中心とした経済優先原則でなく，指標化しにくいアメニティ（環境快適性）も重視する．環境，経済の側面から環境政策の政策決定における拠り所となる持続可能性原則であるが，経済学を中心とした新自由主義（ネオリベラリズム）と比較した場合，社会における思考的な価値または思想とも捉えられる．持続可能性原理を政策に持ち込む場合には，生態学的，経済的といった科学的な合理性を持った原則としなければならない．また長期的視野が必要となる環境政策立案において，この原則は有効である．

6.3.2 環境政策の原則

a. 未然防止原則

環境基本法第4条は「科学的知見の充実の下に環境の保全上の支障が未然に防がれること」を旨とする未然防止の原則を定めている．科学的な因果関係がわかる限りにおいては環境への悪影響が発生してから対応するのではなく，未然に防止すべきであるという原則である．実際に，社会経済的な側面では，広範囲な公害問題を引き起こす場合には未然防止策をとったほうが費用が低い．日本においては原因企業と原因物質およびその被害が裁判で認定され，1960年代後半の深刻な公害，社会情勢を受けて1970年代前半に各種公害対策法が成立した．

b. 予防原則

予防原則（1.3.3項参照）とは，科学的不確実性を，環境悪化を防止する対策を延期する理由にしてはいけないということであり，1992年のリオ宣言原則15で示された（1.3.5項，付録1参照）．未然防止原則と違い予防原則は比較的新しい原則で，科学的不確実性のある環境被害が想定される問題において，深刻的でかつ不可逆的な環境影響の恐れのある問題について予防原則を用い環境政策を適

用するというものである．主なものでは気候変動，生物多様性の損失などが対象となる．日本では水俣病の原因を特定できないときにチッソ社の操業を止めることができず，被害を拡大させたという苦い経験がある．2006年策定の第三次環境基本計画では，リオ宣言と同様の予防原則が盛り込まれている．近年は化学物質の環境影響にも適用される場合が多く，REACH 規制（12.2.4項参照）はその典型である．

c. 源流対策の原則

源流対策とは，環境汚染物質をその排出段階（下流）で規制などを行うエンドオブパイプ的対策に対するものであり，製品の設計や製造方法を変更することによって，汚染物質や廃棄物を発生させないという原則である．特に設計段階での工夫は環境配慮設計（design for environment, DfE）という．源流対策の原則が適用された法令としては，循環型社会形成推進基本法（2000年）における3Rの原則がある．

d. 汚染者負担原則（polluter pay principle, PPP）

汚染者負担原則とは，汚染者が汚染防止費用もしくは汚染修復費用を負担する原則である（1.3.3項参照）．公害防止のための費用負担のあり方についての考え方で，1972年に OECD 環境指針原則勧告のなかで示された原則である．当時の社会的な背景としては，工場・事業場などからの公害の発生があり，環境（公害）対策全般を視野に入れた原則的な考え方が求められ，そうしたニーズに対応した原則として確立されてきた．1974年に OECD 加盟国に対してその実施が勧告されている．歴史的にはアーサー・セシル・ピグーによって主張されていたが，実際には採用されなかった．OECD が提案した PPP により，汚染防止・修復費用を企業が負担すること（内部化）によって，価格が補正されることになる．ただし，国によって汚染者負担原則への対応が異なると公平な国際競争が担保されない．

e. 拡大生産者責任（extended producer responsibility, EPR）

拡大生産者責任とは，生産者は製品の製造・使用だけでなく，廃棄・リサイクルの段階においても責任を負うとの原則であり，2001年に OECD によってガイダンスが公表された（表6.2）．

EPR には，廃棄物などの発生抑制や循環資源の循環的な利用および適正処分が行われるように，①製品の設計を工夫すること，②製品の材質または成分の表示を行うこと，③一定の製品について，廃棄などされた後に，生産者が引取りやリサイクルを実施することなどが挙げられる．循環型社会基本法では，製品などの

> **コラム： 政策と経済分析　ピグー税と環境クズネッツ曲線**
>
> 　環境政策の経済的手法を実施するうえで必要な経済分析のなかで代表的なものがピグー税と環境クズネッツ曲線である．
> 　環境に関する税を考える場合，環境保全にかかる費用を誰が負担するかという問題がある．排出者が負担するか，政府が負担するかである．政府が負担するということは社会全体が負担するということである．これを外部費用という．環境被害を社会が負担する（環境修復費用が外部化された）社会において，企業が私的利益を最大化しようとすると社会全体の最適生産量を上回る生産水準となり，環境被害が継続する，つまり継続的な公害問題が発生する．これを「市場の失敗」という．これを避けるために，汚染者負担の原則から，この外部費用を内部化する（汚染者が支払う）ことが環境政策，環境経済の1つの課題である．
> 　ピグー税は，外部費用を税により内部化することによって，価格は変動するが，環境影響が削減され，社会的厚生が最大となるような生産水準を達成する税制をいう．このピグー税を実施するには，すべての企業の参画（完全競争市場）が必要となり，この条件が整わないとピグー税の目的は実現されない．
> 　クズネッツ曲線とは経済発展と所得不平等性に関する経験則であり，経済が発展すると，所得不平等性が解消へ向かうとするものである．これを環境に応用したものが環境クズネッツ曲線であり，世界銀行が1992年に紹介した（13.1.3項参照）．しかし，これはすべての環境影響逓減であてはまるわけではない．

製造者などが果たすべき責務を規定するとともに，これに関する措置の実施を国に義務づけている．これは廃棄物の処理主体を自治体から生産者へと促すもの（廃棄物処理費用の外部性の内部化）で，製品の設計段階からの環境配慮を促す誘因となり，廃棄物の物理的引取り，処理費用の経済的負担がある．具体的な実施手法として，デポジット制度，引取り制度，処理費用の前払い方式，課税および補助金の制度，一定率の再生品使用の要請があるが，日本の法律においてはOECDのガイドラインに必ずしも沿っているものではなく，EPRが形骸的であるともいえる．

　実際，EPRに基づき，各種リサイクル法が制定，廃棄物処理法が改正されたが，EPRを実現するにはまだまだ課題がある．

6.4　環境政策の計画と評価

　環境政策は，一定の環境量，環境質を保つために実施されるものである．その

表6.2 OECD「拡大生産者責任ガイダンス・マニュアル」における拡大生産者責任

定義	「製品のライフサイクルにおける消費者より後の段階にまで生産者の物理的又は経済的責任を拡大する環境政策上の手法」より具体的には，①生産者が製品のライフサイクルにおける影響を最小化するために設計を行う責任を負うこと ②生産者が設計によって排除できなかった（製品による）環境影響に対して物理的又は経済的責任を負うこと
主な機能	廃棄物処理のための費用又は物理的な責任の全部又は一部を地方自治体及び一般の納税者から生産者に移転すること
4つの主要な目的	①発生源での削減（天然資源保全，使用物質の保存），②廃棄物の発生抑制，③より環境にやさしい製品設計，④持続可能な発展を促進するとぎれのない物質循環の輪
効果	製品の素材選択や設計に関して，上流側にプレッシャーを与える．生産者に対し，製品に起因する外部環境コストを内部化するように適切なシグナルを送ることができる
責任の分担	製品の製造から廃棄に至る流れにおいて，関係者によって責任を分担することは，拡大生産者責任の本来の要素である
具体的な政策手法の例	①製品の引取り，②デポジット／リファンド，③製品課徴金／税，④処理費先払い，⑤再生品の利用に関する基準，⑥製品のリース

OECD (2001) より環境省作成．

ためには国や地域における環境計画を立案する必要があるが，まずその政策目的が重要となる．公害を受けて実施された1960年代の日本の環境政策は対症療法的なものであったが，1992年の地球サミット，翌年の環境基本法の成立により，長期的視点の重要性が確認された．また環境問題は地域の問題から地球環境問題まで幅が広く，緊急性を有するものがあるため施策には優先順位をつけなくてはいけない．さらに，どのような主体がどのような責任と役割を果たすのかという計画も必要だ．

このように環境行政においては，政策に基づいた「計画」を立てることが重要となる．それが環境基本計画と呼ばれるものであり，国，県，市町村それぞれが作成する．

西尾（2001）によると，環境政策はその目的が重要であり，それを達成する手段および制限として，①実施期間・実施権限，②対象集団・対象事象，③権限行使・業務遂行の基準，④権限行使・業務遂行の手続，⑤充当財源・定員が挙げられている．

> **コラム： 協働原則と補完性原則**
>
> 「協働」という言葉は，アメリカの研究者ヴィンセント・オストロムの1977年の著書『Comparing Urban Service Delivery Systems』の中でcoproductionという造語で示された．公共サービスの提供は政府が主体となって行われるが，それには限界があり，自治体と住民が協力して行うことにより公共サービスの生産性が上がると考えられる．また地方分権と，それに伴う地域における民主化の向上も背景にある．この協働を支える概念として補完性の原則がある．これは，最近では，自助・共助・公助という概念で，個人が自ら解決する，企業を含む地域共同体組織で解決する，行政が解決する3段階がある．地域住民による自己決定・自己責任による地域づくりの原則で，それまでの行政による父権的後見的庇護，パターナリズムからの脱却を支えるものが「協働」による活動であり，それを成り立たせるものが補完性の確保である．1999年策定の，横浜市における市民活動との協働に関する基本方針（横浜コード）に協働の原則がある．①対等の原則，②自主性尊重の原則，③自立化の原則，④相互理解の原則，⑤目的共有の原則，⑥公開の原則となっているが，補完性の原則が明示されていない．
> 荒木（2012）では，協働を構成する要素として，①目標の共有化，②主体間の並立・対等性の確保，③補完性の確保，④責任の共有，⑤求同存異の原則確立を指摘し，協働による街づくりの原則がより明確化してきた．

環境計画を作成したら次は実行である．計画実行時には進行管理，いわゆるマネジメントが重要となる．進行管理のためには，定量的な目標や指標を設定することが重要である．

国の環境基本計画においては，環境基準の達成度が重要な指標となる．各測定局における大気汚染（8.1.2項参照）や水質汚濁（8.5.3項参照）に関する環境基準の達成度が該当する．また国の循環型社会推進基本計画においては，物質フロー（13.1.1項参照）が重要な指標となる．

計画を実施した後には，評価が重要なプロセスである．評価のためには目標と指標が重要な役割を果たす．これに見直しも含めた，いわゆるPDCAサイクルは環境政策の場においても重要なプロセスとなろう．

6.5 環境政策の手法

環境政策を実現するためには多様な政策手法があり，政策目的とその効果に応じて適切な手法が採用される．単なる規制により環境被害を起こさないだけでは

なく，効果的な政策手法を使い，環境被害の未然防止・予防が行われる．

規制的手法： 達成すべき目標などを示し，法令に基づく統制的手段や手続きの義務づけなどによって目標を達成しようとする手法．社会全体として一定の水準を確保する必要がある場合などに効果が期待される（対応例：環境基準，排出規制，PRTR制度，マニフェスト制度）．

経済的手法： 経済的インセンティブの付与を介して各主体の経済合理性に沿った行動を誘導することによって政策目的を達成しようとする手法．持続可能な社会を構築していくうえで効果が期待される（対応例：各種税，課徴金，デポジット制度，補助金，排出量取引）．

情報的手法： 環境保全活動に積極的な事業者や環境負荷の少ない製品などを，投資や購入の際に選択できるように，事業活動や製品・サービスに関して環境負荷の情報開示と提供を進める手法．各主体の環境配慮を促進するうえで効果が期待される（対応例：環境報告書，環境ラベル，環境会計，LCA，MFCA（温室効果ガス排出量 算定・報告・公表制度））．

自主的取組み手法： 事業者などが自らの行動に一定の努力目標を設けて対策を実施する手法．事業者の専門的知識や創意工夫を生かしながら複雑な環境問題に迅速かつ柔軟に対処するような場合などに効果が期待される（対応例：ISO14001，自主行動計画，環境・CSR報告書）．

手続き的手法： 各主体の意思決定過程に，環境配慮のための判断を行う手続きと判断基準を組み込んでいく手法．各主体の行動に環境配慮を織り込んでいくうえで効果が期待される（対応例：環境アセスメント）．

支援的手法： 環境保全の取組みが求められる主体が自発的に取り組めるように，教育・学習機会の提供，指導者や活動団体の育成，場所・施設・情報・資金の提供などにより支援する手法（対応例：環境教育推進法）．

事業的手法： 予算を用いて，環境の保全に関する一定の財やサービスを提供する事業を行ったり，一定の財やサービスを購入したりする手法．公共施設（ハード）の整備，公共サービス（ソフト）の提供，科学技術の振興などを行う．

調整的手法： 環境問題が発生した場合に講じられる事後的な対応策．これには紛争処理，被害救済，公的負担の各調整段階がある．

ポリシーミックス： 複雑化する環境問題への対応にあたり，各政策手法の特色を生かして政策効果を出すために複数の政策手法を組み合わせるポリシーミックスが採用される．環境被害を抑制する施策として規制的手法，経済的手法が

採用され，良好な環境の保全には情報的，自主的，事業的，支援的手法がポリシーミックスとして使われる．

[九里徳泰]

> **コラム： 時間・空間・社会を軸に政策を考える**
>
> 環境政策立案を行うときには，時間・空間・社会を軸で考えなければならない．時間軸は，短期・中期・長期で環境問題の原因，発生，広がりという段階を検討する．空間軸では，地域（生活圏），国内広域，地域国際間（アジア圏など），地球規模という段階を検討する．社会軸では，原因主体について，特定組織・個人，類似の行動を行う組織・個人，世界的に共通した文明という段階を検討する．以上の3要素から3次元のマトリクスを描くことができる．例えば1960年代の公害の時代は，中期・国内広域・特定組織によるものであるとわかる．また昨今の気候変動問題は，長期・地球規模・共通した文明が位置づけられる．

文 献

荒木昭次郎（2012）：協働型自治行政の理念と実際，敬文堂．
環境庁（1997）：エコ・アジア長期展望プロジェクト報告書．
環境庁・環境省（1988，1993，1996，1999，2001）：環境白書．
環境省（2001）：循環型社会白書．
環境省（2008）：環境循環型社会白書．
倉阪秀史（2008）：環境政策論 第2版，信山社．
富山県生活環境文化部環境政策課（2012）：富山県環境基本計画，富山県．
内藤正明（2004）：持続可能な地域社会のデザイン，植田和弘ほか編，有斐閣．
西尾 勝（2001）：行政学 新版，有斐閣．
Hardin, G.（1968）：The Tragedy of the Commons. *Science* **162**（3859）：1243-1248.
Japan for Sustainability（2005）：JFS持続可能性指標（http://www.japanfs.org/ja_/jfs/press050608.html），2013年7月27日アクセス．
OECD（2001）：拡大生産者責任ガイダンス・マニュアル．
Ostrom, V. and Bish, F. P. eds.（1977）：Comparing Urban Service Delivery Systems, Sage Publications.
RSBS（2006）：サスティナビリティの科学的基礎に関する調査（http://www.sos2006.jp/houkoku/pdf/1st.pdf），2013年7月27日アクセス．
Simon, A. L.（1999）Fragile Dominion——complexity and the commons, Perseus Publishing［サイモン，A. L.（重定南奈子，高須夫悟 訳）（2003）：持続不可能性——環境保全のための複雑系理論入門，文一総合出版］．

7. エネルギー

7.1 エネルギー資源と環境

　エネルギー資源とは，産業や家庭生活などに必要な動力源で，化石燃料，核燃料，再生可能エネルギーに分類される．産業革命以降，化石燃料を主体としたエネルギー資源の消費量は飛躍的に増加した．この急激な消費量の増加は，化石燃料の燃焼に伴う窒素酸化物，硫黄酸化物，煤塵，粉塵，光化学スモッグ，粒子状物質などの公害型環境問題や，地球温暖化，酸性雨などの地球環境問題を引き起こした．また1950年代以降，原子力発電が普及してからは，処理困難な放射性廃棄物や原子力発電所の事故などによる放射能汚染の問題が生じた．公害型の問題に対しては厳しい法規制などにより一定の効果を示しており，現在は地球環境問題や放射性廃棄物・放射能汚染への対応が急務とされている．

　地球温暖化抑制のためには低炭素社会の実現が不可欠である．低炭素社会とは，二酸化炭素排出の少ない社会のことである．日本では2050年までに二酸化炭素排出量を約80％削減する目標を掲げている．また，原子力依存の低減も同時に求められている．原子力に頼らず上記削減目標を達成するためには，再生可能エネルギー利用の拡大，石油・石炭依存の低減，スマートコミュニティの実現などを推進していくとともに機器の高効率化，クリーンエネルギー自動車の開発・普及，ヒートポンプやコジェネレーション技術の導入などを進めていく必要がある．

　以下に，各エネルギー資源の概要，環境との関わりについて述べる．

7.2 化石燃料

7.2.1 石油
a. 組成

　石油とは，原油や石油製品の総称である．原油とは，油田から採掘され精製されていない状態のものである．石油は無数の炭化水素（C_nH_m）の混合体である．例えばガソリンは100種類以上の化合物が混在しており，その組成の特定は困難であるが，大別するとパラフィン系（C_nH_{2n+2}），オレフィン系（C_nH_{2n}），ナフテ

ン系（C_nH_{2n}），芳香族系（C_nH_{2n-6}）の炭化水素に分けられる．

b. 生産

図7.1に，2009年のエネルギー資源の一次エネルギー供給の割合を示す．石油は，現在99.6%を輸入で賄っている．主に原油として輸入され，国内の石油コンビナートでガソリン，ナフサ，灯油などの石油製品に精製され，国内に流通する．

c. 消費

図7.1にあるように，40%が自動車用のガソリンに消費される．その他23%がプラスチックなどの石油化学製品の原料，17%が鉱工業や農林水産などの産業用燃料，15%が家庭用の灯油など，そして5%が火力発電に使用されている．

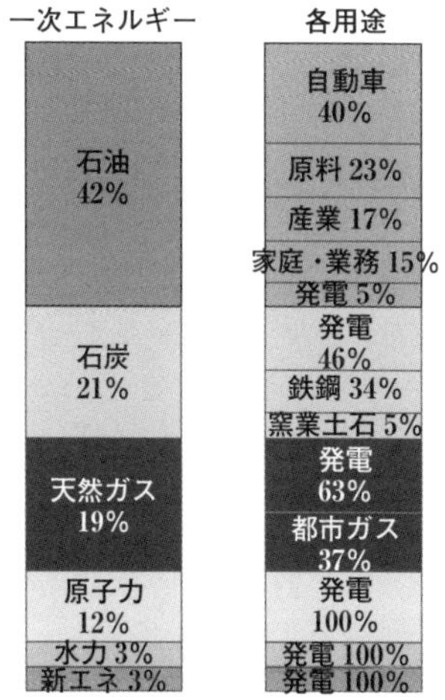

7.2.2 石炭

a. 組成

石炭は，炭素（C），水素（H），酸素（O）を主体とした複雑な化合物の混合体である．石炭化の進み具合によって無煙炭（炭素含有量90%～），瀝青炭（80～90），褐炭（60以上）などに分類される．

b. 生産

1960年代には国内産の石炭が大きな割合を占めていたが，現在は99%以上を海外から輸入している．

c. 消費

図7.1にあるように，火力発電での消費量が46%と最も多くなっている．次に鉄鋼業における製鉄工程における還元剤として34%，そして窯業土石に5%を使用している．

7.2.3 天然ガス

天然ガスの主成分はメタン（CH_4）であり，約97%が液化天然ガス（LNG）として輸入されている．図7.1にあるように6割が火力発電，4割が都市ガスに使用されている．

図7.1 一次エネルギー割合とその用途（2009年）
資源エネルギー庁「総合エネルギー統計」をもとに作成．

7.2.4 化石燃料と環境

図7.1をみてもわかるように，現在のエネルギーの主体は石油，石炭，天然ガスの化石燃料といえる．化石燃料とは生物由来の資源を意味し，炭化水素を主成分としており，燃焼によりエネルギーおよび二酸化炭素を発生する．例えばガソリンは炭素数4～10の炭化水素を主体とした混合物であり，その一種であるヘプタン（C_7H_{16}）の燃焼式は

$$C_7H_{16} + 11\,O_2 \rightarrow 7\,CO_2 + 8\,H_2O$$

となり，水と二酸化炭素が発生する．

また石炭，石油中には少量の硫黄が混ざっている．それが燃焼すると

$$S + O_2 \rightarrow SO_2$$

となり，硫黄酸化物が生成される．硫黄酸化物は，ぜんそくや酸性雨の原因ともなる．また燃焼時には，石油や空気中の窒素（N_2）と酸素が反応して，窒素酸化物が発生する．

$$N_2 + O_2 \rightarrow 2\,NO$$

一酸化窒素は空気中で二酸化窒素となり，呼吸器疾患の原因や，硫黄酸化物と同様に酸性雨の原因となる．また紫外線の影響を受けオゾンを発生させ，光化学オキシダントの原因ともなる．図7.2に石油，石炭，天然ガスを燃焼させたときの同じ発熱量当たりの二酸化炭素，硫黄酸化物，窒素酸化物の発生量を示す．石炭は硫黄，窒素の含有率が石油，天然ガスよりも多いため，すべてにおいて最も高い値となっている．天然ガスは燃料効率が高く，また硫黄や窒素の含有率が低いことから，すべてにおいて最も低い値となっている．

日本で多量のエネルギーを供給していくためには，原子力発電所増設の困難性，再生可能エネルギー技術の未成熟さなどを勘案すると，今後も化石燃料は重要なエネルギー資源となる．したがって，天然ガスの利用増，石油石炭火力の高効率化，CCS（carbon dioxide capture and storage），コジェネレーションなどの技術開発など，化石燃料の利用における環境負荷の低減化が低炭素社会構築において重要なファクターとなる．

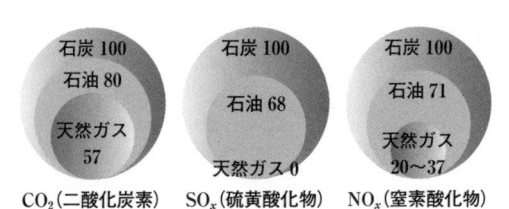

図7.2 化石燃料燃焼時の排出ガス
石炭を100とした場合．
資源エネルギー庁（2010）をもとに作成．

CO_2（二酸化炭素）: 石炭100, 石油80, 天然ガス57
SO_x（硫黄酸化物）: 石炭100, 石油68, 天然ガス0
NO_x（窒素酸化物）: 石炭100, 石油71, 天然ガス20～37

コラム： シェールガス

頁岩(けつがん)は粒子が細かいため，地中の頁岩層に多量の天然ガスが含まれていたとしても，天然ガスが動けず，これまで取り出すことができなかった．しかし近年アメリカを中心として人工的にガス採取用の割れ目を作る技術や水平坑井掘削技術が開発され，飛躍的に天然ガスの生産量が増加した．天然ガスの環境性能とその埋蔵量の多さからシェールガス革命と呼ばれ注目を集めている．

7.3 原子力

7.3.1 発電量

原子力は発電に用いられ，2010年までは発電量全体の約3割を占めていた．2011年は東日本大震災に伴う福島第一原子力発電所の事故の影響により，約1割に減少している（図7.3）．2012年には一時的にすべて停止とした．

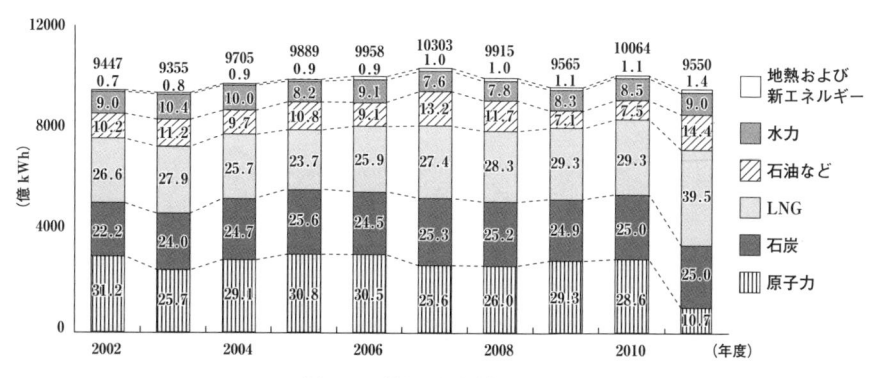

図7.3 電源別発電電力量構成比
10大電力会社の合計，他社受電分を含む．グラフ内の数値は構成比（％）．石油などにはLPG，その他ガスを含む．電気事業連合会（2012）より．

7.3.2 原子力発電の仕組み

a. 燃料

原子力発電の燃料はウラン235（$^{235}_{92}U$）である．ウランはウラン鉱石の形で採掘され，精錬工程によりウランのみ（通称イエローケーキ）となる．これを転換工程で六フッ化ウラン（UF_6）にする．このときウランは，ウラン238が99.3％，ウラン235が0.7％となっている．濃縮工程によりウラン235の割合を3~5％まで高め，それを再転換工程により二酸化ウラン（UO_2）としたものが原子力発電

の燃料となる．

b. 発電の工程

①原子炉内のウラン235に中性子が当たると原子核が2つに割れる核分裂が起こる．②この分裂のときに大きな熱を発生すると同時に，中性子が数個飛び出す．③飛び出した中性子を他のウラン235に当て核分裂反応を連続的に起こさせる（臨界）．④臨界状態で発生する膨大な熱を利用して蒸気を発生させ，タービンを回し発電する．

7.3.3 原子力と環境

上記のように発電時に二酸化炭素が発生しないことから，地球温暖化にとっては有効な発電方法といえるが，その一方で放射性廃棄物が発生する．日本では原子力発電所から出る使用済み核燃料を再処理して，未使用のウランや新たに生まれたプルトニウムなどの資源を再び燃料として利用する方針をとっている．図7.4にウラン鉱石採掘から再利用までの流れを示す．この過程で，再処理施設から高レベル放射性廃棄物が発生する．また再処理施設，MOX燃料加工施設，原子力発電所，ウラン濃縮・燃料加工施設からは低レベル放射性廃棄物が発生する．こ

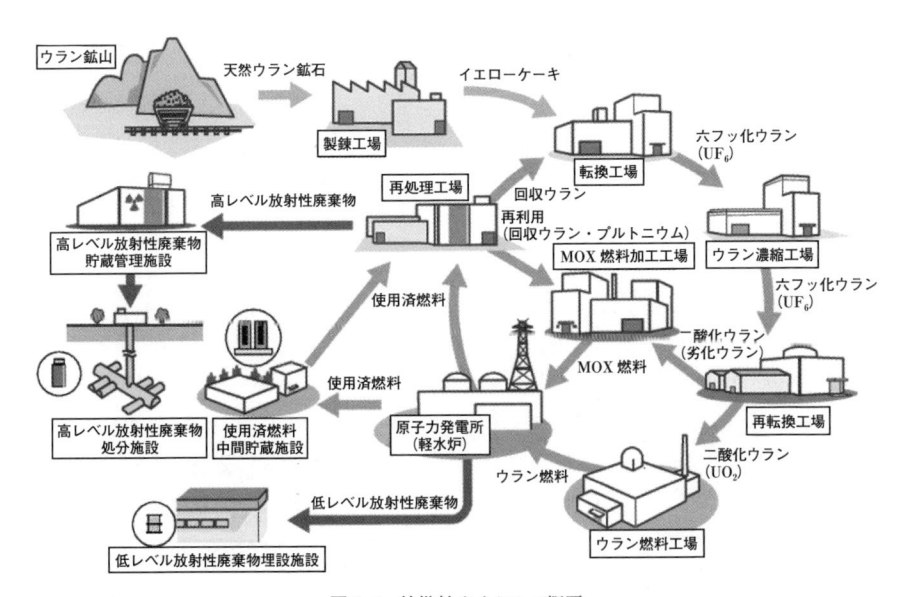

図7.4 核燃料サイクルの概要
資源エネルギー庁（2011）より．

れらの放射性廃棄物は，その放射能レベルに応じた深さ，方法によって埋設処分される．日本では，低レベル放射性廃棄物は，青森県六ヶ所村にある日本原燃社の低レベル放射性廃棄物貯蔵管理センターで埋設処理している．一方，高レベル放射性廃棄物は，ガラスと混ぜてガラス固化体として300mよりも深い地中に埋める地層処分が計画されている．しかし現在，高レベル放射性廃棄物の最終処分地は世界中のどこにもなく，ただ貯蔵され続けている．ガラス固化体（500g）は，数万年かかってようやく，その製造に要したウラン鉱石（600t）の放射能量にまで減少する．この未曾有の廃棄物を処理する際の安全性に関し，さらなる調査研究を進め，国民，特に処分地周辺の住民の理解を得ていく必要がある．

7.4　再生可能エネルギー

　再生可能エネルギーとは，太陽光，風力，水力，地熱，バイオマスなど永続的に利用することができるエネルギー資源を指す．その利点は，①枯渇することなく永続的に利用できること，②二酸化炭素など環境負荷物質を排出しないことの2つである．化石燃料および原子力の持つ問題点を解決するエネルギー資源として期待されている．

　しかし再生可能エネルギーは，エネルギー密度が低い，エネルギー採取条件が厳しい，出力が不安定であるなどの問題点があり，現在，一次エネルギーのわずか6％しか賄うことができていない（図7.1）．今後，社会の低炭素化，原子力からの脱却を実現していくためには，再生可能エネルギーの利用拡大は不可欠である．以下にそれぞれの仕組み，現状，そして普及拡大に向けた課題を述べる．

7.4.1　太陽光
a. 太陽光発電の仕組み

　太陽光パネルは，"電子が余っているn型半導体"と"電子が不足しているp型半導体"（ただし電位的にはどちらも0）を重ねたセルで構成されている．以下に発電の仕組みを示す（図7.5）．①n型半導体とp型半導体を重ね合わすと，n型半導体の自由電子がp型半導体のホールへ移動する．②ある程度移動するとn型半導体は電子が不足し，p型半導体は電子過多となるので接合面を挟んで電位差が生じる．③この電位差によって電子をp型からn型へ引き戻す力が働く．④このp型からn型への力とn型からp型へ移動する力が均衡した状態まで自由電子がホールを埋めていく．⑤均衡した状態になったp-n接合に光が当たると，自由

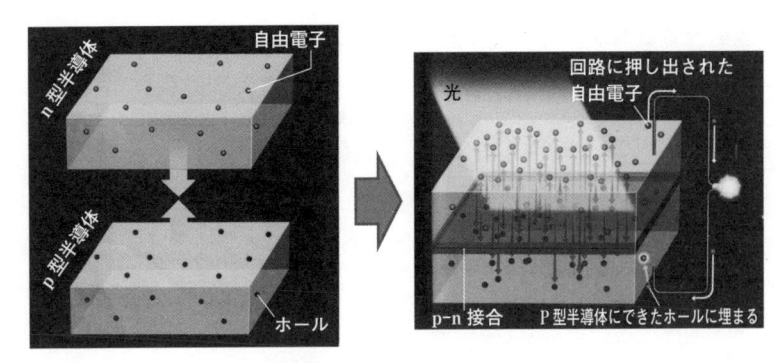

図7.5 太陽光発電の仕組み

電子が飛び出てn型半導体に移動する（同時にp型半導体にホールが発生する）. この現象はp-n接合に光が当たり続ける限り続き, p-n接合が壁となることで電子はn型半導体にどんどん溜まっていく. ⑥その状態でp型半導体とn型半導体を導線で結ぶと, 電気が流れるのである.

b. 太陽光発電の性質

太陽光発電は, 他の再生可能エネルギーと比較して設置場所が自由であり, 設置規模も条件に応じて変えることができる. また, 比較的簡単に設置できるため, 日本における再生可能エネルギーの基軸となりつつある.

問題点は, 発電量が不安定なことである. 電力は安定供給が必須であるため, その不安定性を取り除くために, 安定的供給が可能な補助発電施設（火力発電など）が必要になる. 火力発電は, 不安定な電力供給に合わせた運転をすると非常に効率が悪くなるため, 結局一定の稼働をせざるをえなくなる. この問題を解決するためスマートグリッドなどの開発が進んでいる. また太陽光発電は, 火力発電や原子力発電に比べ発電量が少ない. 例えば原子力発電所1基（100万 kW, 発電所の敷地として $1.6\,km^2$ 必要）の発電を行うためには, 約 $67\,km^2$ にソーラーパネルを敷き詰めなくてはならない（中部電力ウェブサイト）. また, 単位発電量当たりのコストも高い（IEA, 2009）.

7.4.2 水 力
a. 水力発電の仕組み

水力発電は発電形式により, 貯水池式, 調整池式, 流れ込み式, 揚水式の4つに分類される（図7.6）. 貯水池式は, 水量が豊富で電力の消費量が比較的少ない

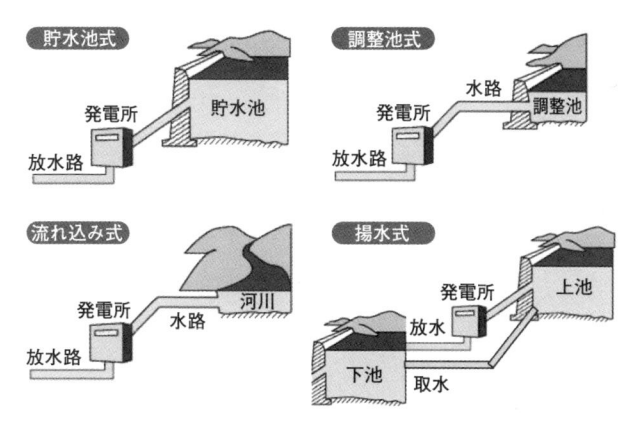

図7.6 水力発電の方式
資源エネルギー庁ウェブサイトより.

春先や秋口などに河川水を大きな池に貯め込み，電力が多く消費される夏季や冬季にこれを使用する，年間運用の発電方式である．夜間や週末の電力消費の少ないときには発電を控えて河川水を池に貯め込み，消費量の増加に合わせて水量を調整しながら発電する方式を調整池式という．ダムによる水力発電（ダム形式）は，この2つの形式を組み合わせているといえる．流れ込み式は河川を流れる水を貯めることなく，そのまま発電に使用する方式である．揚水式は，発電所とその上部，下部に位置する2つの池から構成される．昼間のピーク時には上池に貯められた水を下池に落として発電を行い，下池に貯まった水は電力消費の少ない夜間に上池に汲み揚げられ，再び昼間の発電に備える．このように揚水式は電力需給バランスを保つ働きがある．

b. 水力発電の性質

水力発電は，一定の流量・落差があれば安定的に電力を供給できる．しかし大規模水力発電は，新規ダム需要の減少や発電候補地が急峻かつ奥地であることにより事業採算性が取れなくなってきていることなどを理由に頭打ちの状態である．一方，最近では小水力発電に注目が集まっている．小水力発電の定義は様々あるが，概ね1万kWh以下の水力発電を指す．さらに100 kWh以下のものをマイクロ水力と呼ぶ．小水力発電は，河川，農業用水，上下水道，工場排水など，ある程度の流量・落差があれば導入可能であり，今後の分散型電源として期待されている．ただし河川，農業用水への導入においては，水利権の許可が必要となる．水利権とは河川などの水を排他的に取水し，利用できる権利のことである．許可

コラム： 回転と発電（発電機の原理）

発電方式の多くは，蒸気など流体によりタービンを回転させ発電する仕組みを持つ．回転力を電気に変換する原理を図に示す．コイルの間にある磁石が回転すると電磁誘導により電気が流れる．これが発電の基本原理である．

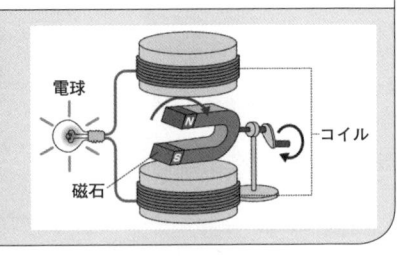

手続きに膨大な資料と時間が必要となり，小水力発電導入の大きな足かせになっている．また，河川などの自然環境保全の観点からも配慮が必要となる．

7.4.3 風　力

a. 風力発電の仕組み

風力発電では図 7.7 のような風車を回して，その回転力から発電している．風車のブレードは空気に押されて回るのではなく，揚力によって回る．揚力とは，飛行機が浮く原理と同じで，ブレード上部の空気圧が下部よりも低くなることから生じる力である．

b. 風力発電の性質

風力発電のエネルギー変換効率は 40%を超え，太陽光発電の 15～20%よりもはるかに高いが，風のエネルギー密度は風速 8 m/s で約 0.3 kW/m^2 と低く（太陽光は約 1 kW/m^2），近年，出力増大のために風車の大型化が進められてきた．また，風の強さや向きに左右されるため非常に不安定である．

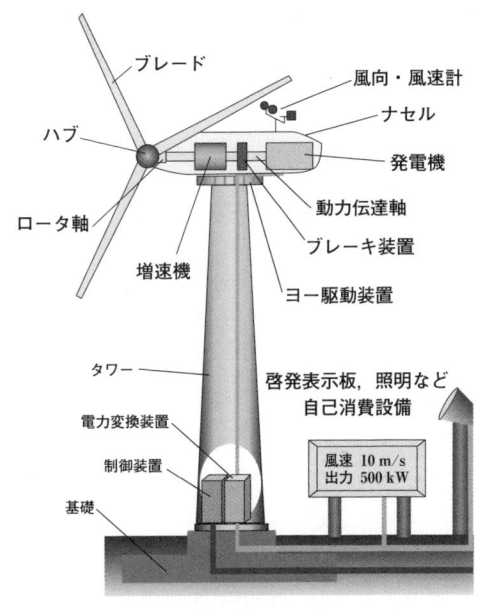

図 7.7 風力発電機の仕組み
新エネルギー・産業技術総合開発機構 (2010) より．

風力発電はヨーロッパやアメリカを中心に普及が進んでいる．日本であまり普及が進まない要因としては，風向きが年間を通じて変わりやすく，風の強い山岳部などにおける風況はさらに複雑であることが挙げられる．また，故障が多いこ

とや騒音，景観悪化，バードストライクなどへの懸念も要因として挙げられる．

7.4.4 バイオマス
a. バイオマスの種類
バイオマスとは，生物由来の有機性資源のうち，化石燃料を除いたものである．間伐材などの未利用系，食品廃棄物などの廃棄物系，稲わら，トウモロコシ，菜種などの資源作物に大別される（表7.1）．

b. バイオマスと環境
バイオマスを燃焼すれば，二酸化炭素が発生する．それでも再生可能エネルギーと呼ばれるのは，燃焼した分のバイオマスをまた育成すれば，発生した二酸化炭素を吸収できるからである．一方，化石燃料は長い期間で蓄えた炭素を短期間に排出するため，その回収が間に合わないのである．

c. 利用方法
バイオマスの利用には物理的，熱化学的，生物化学的変換がある．物理的変換

表7.1 バイオマスの種類

未利用系資源	木質系バイオマス	森林バイオマス	林地残材，間伐材，未利用樹
		その他木質バイオマス（剪定枝など）	
	農業残渣	稲作残渣	稲わら，もみ殻
		麦わら，バガス，その他農業残渣	
廃棄物系資源	木質系バイオマス	製材残材，建築廃材	
	製紙系バイオマス	古紙，製紙汚泥，黒液	
	家畜糞尿・汚泥	家畜糞尿	牛糞尿，豚糞尿，鶏糞尿，その他家畜糞尿
		下水汚泥，し尿・浄化槽汚泥	
	食品系バイオマス	食品加工廃棄物	
		食品販売廃棄物	卸売市場廃棄物，食品小売業廃棄物
		厨芥類	家庭系厨芥，事業系厨芥
		廃食用油	
	その他	埋立地ガス，紙くず・繊維くず	
生産資源	木質系バイオマス	短周期栽培木材	
	草本系バイオマス	牧草，水草，海草	
	その他	藻類	
		糖・でんぷん	
		植物油	パーム油，菜種油

新エネルギー・産業技術総合開発機構（2010）より．

とは，バイオマスの形を変えて，燃料として用いるものである．熱化学的変換とは，直接燃焼，ガス化，エステル化などの化学反応により熱や燃料に変換するものである．生物化学的変換は，メタン発酵やエタノール発酵などの生物化学反応により燃料を製造するものである（図7.8）．以下に主なものを概説する．

(1) 物理的変換

薪，チップ，ペレットなどの固体燃料を製造する．

(2) 熱化学的変換

①直接燃焼： 固形燃料化したバイオマスなどを火力発電設備，工業炉，廃棄物処理場などで燃焼させ熱回収，発電する．

②バイオディーゼル燃料（BDF：bio-diesel fuel）： 植物油をメチルエステル

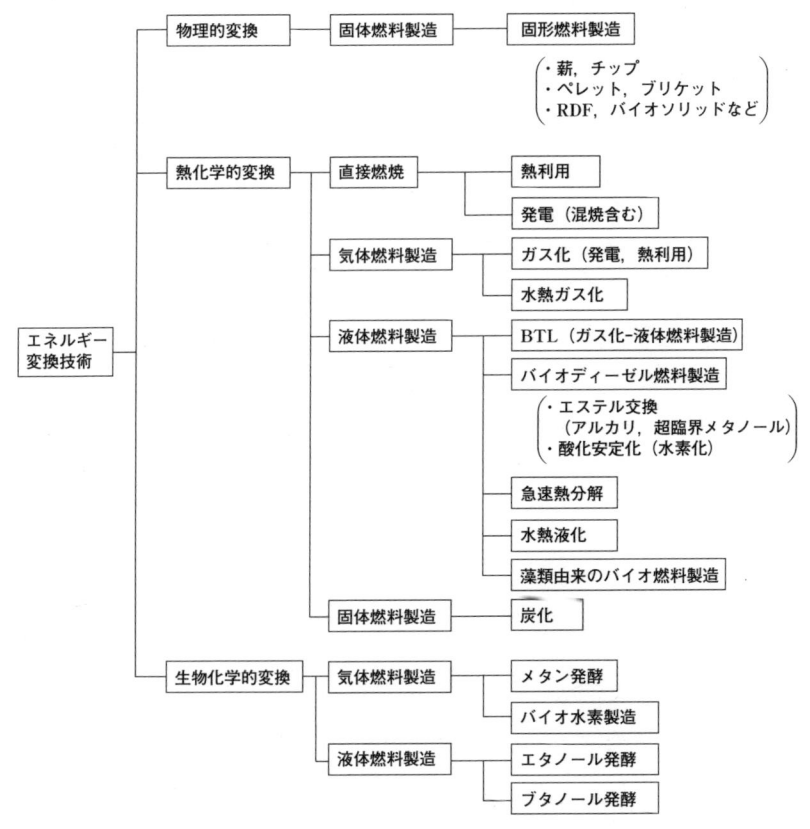

```
エネルギー変換技術
├─ 物理的変換 ── 固体燃料製造 ── 固形燃料製造
│                                  ・薪，チップ
│                                  ・ペレット，ブリケット
│                                  ・RDF，バイオソリッドなど
├─ 熱化学的変換 ┬─ 直接燃焼 ┬─ 熱利用
│               │           └─ 発電（混焼含む）
│               ├─ 気体燃料製造 ┬─ ガス化（発電，熱利用）
│               │               └─ 水熱ガス化
│               ├─ 液体燃料製造 ┬─ BTL（ガス化-液体燃料製造）
│               │               ├─ バイオディーゼル燃料製造
│               │               │   ・エステル交換
│               │               │     （アルカリ，超臨界メタノール）
│               │               │   ・酸化安定化（水素化）
│               │               ├─ 急速熱分解
│               │               ├─ 水熱液化
│               │               └─ 藻類由来のバイオ燃料製造
│               └─ 固体燃料製造 ── 炭化
└─ 生物化学的変換 ┬─ 気体燃料製造 ┬─ メタン発酵
                  │               └─ バイオ水素製造
                  └─ 液体燃料製造 ┬─ エタノール発酵
                                  └─ ブタノール発酵
```

図 7.8 バイオマスの利用方法
新エネルギー・産業技術総合開発機構（2010）より．

化した脂肪酸メチルエステル（$RCOOCH_3$：R の部分は「アルキル基」と呼ばれる化学構造を持った物質）のこと．世界各国ですでに実用化されている技術である．エンジン自体の改良が不要であるため，既存のインフラ，車をそのまま利用できる点や，排ガスなどの有害物質（硫黄酸化物など）が減少する点など，燃料としての実用性が高く，将来的に利用の拡大が期待されている．日本では廃食用油を原料とした取組みなどが進んでいる．

③ガス化（発電，熱利用）： バイオマスを空気と水蒸気とともに1000℃近くの高温で燃焼させると，下記のような反応を示し一酸化炭素（CO）と水素を生成する．一酸化炭素と水素はともに可燃性の気体で燃料として利用できる（11.5節 b 参照）．

$$C + CO_2 \rightarrow 2\,CO$$
$$C + 2\,H_2O \rightarrow CO_2 + 2\,H_2$$

（3） 生物化学的変換

①メタン発酵： バイオマスを微生物で分解させ，その過程で発生するメタンを回収する．

②エタノール発酵： 糖質に酵母を加えエタノールを生成する方法．現在，ショ糖・でんぷん系資源を用いたバイオエタノール生産技術についてはすでに実用化されている．サトウキビを原料として大規模生産を行っているブラジルでは，バイオエタノールはガソリンと同等の価格競争力がある．

c. バイオマスリファイナリー

バイオマス資源を1つの利用に留めるのではなく，物理的，熱化学的，生物化学的変換を駆使し，余すことなく利用するシステムのこと．これにより，エネルギーおよびコスト面で効率的なバイオマス利活用システムの構築が可能となる．

7.4.5 地 熱

a. 地熱発電の仕組み

地熱発電の方式には，フラッシュ方式とバイナリー方式がある．

（1） フラッシュ方式

地熱貯留層から約200〜350℃の蒸気と熱水を取り出し，気水分離器で分離したあと，その蒸気でタービンを回し発電する．日本の地熱発電所のほとんどがこの方式である．

(2) バイナリー方式

一般的に80〜150℃の中高温熱水や蒸気を熱源として低沸点の媒体を加熱し，蒸発させてタービンを回し発電する．媒体にはペンタン（沸点36.07℃）やアンモニア（沸点−33.34℃）などの沸点100℃以下の液体が用いられる．本方式により，フラッシュ方式では利用できない低温のエネルギーを有効活用可能となった．

b. 地熱発電の性質

日本は世界有数の火山国であり，地熱資源量はインドネシア，アメリカに次いで世界第3位に位置し，原子力発電所約20基分のポテンシャルを有している（産業技術総合研究所，2008）．しかし開発地点の多くが国立公園内であり，利用が大きく制限されている．また地熱探査や施設建設の規模・費用が大きいため，調査精度向上やプラント規模や場所などの最適化による低コスト化が重要となる．

7.4.6 その他の再生可能エネルギー

a. 温泉熱

温泉熱の利用は，発電と熱利用の2つに分けられる．温泉熱発電は，沸点の低いアンモニア水などを用いて蒸気を発生させ，タービンを回して発電する．熱利用は，ヒートポンプ（7.5.3項参照）などを用いて冷暖房や給湯に利用する．熱利用に関しては現在，実用事例が増えているが，発電については小型化・低廉化などの課題がある．

b. 太陽熱

太陽熱の利用は，熱利用と発電の2つに分けられる．熱利用は給湯，暖房，冷房に用いられる．熱給湯システムはすでに実用化され日本でも広く普及している．太陽熱発電とは，太陽熱を集めて蓄積した熱で蒸気を作り，タービンを回し発電するシステムである．太陽熱発電は直達日射量の多い地域が適しており，直達日射量が比較的少ない日本は不適である．

c. 地中熱

地中（20m深以上）の温度は年間を通じてほぼ一定である．熱交換器とヒートポンプを組み合わせ，夏には地中の冷たさを冷房に，冬には地中の暖かさを暖房に利用するものである．日本では北海道を中心に利用されている．

d. 雪氷冷熱

寒冷地の冬季に生じる雪や氷を貯蔵し，夏季の冷房などに利用するもので，北海道にいくつかの事例がある．

e. 波力発電

海面の上下運動によって空気室内に空気流を発生させ，その空気流でタービンを回して発電する．低廉化が大きな課題である．

> **コラム： 再生可能エネルギーの固定価格買取制度（Feed in Tariff）**
>
> この制度は，電力会社に対し太陽光，風力，中小水力，地熱，バイオマスで発電した電力の購入を義務づけるものである．売電価格・期間は毎年見直されるが，売電契約後は契約時の売電価格・期間で固定され，以後見直しの影響を受けなくなる．この制度の導入により再生可能エネルギーが飛躍的に普及することが期待され，日本のエネルギー自給率上昇や低炭素社会の構築に寄与するものと考えられている．一方，電力会社は買取りに要した金額を賦課金という形で電気料金に上乗せすることができる．したがって高額な買取り価格を設定すれば再生可能エネルギーが普及する半面，国民の負担を増大させる結果となってしまう．

7.5 これからのエネルギー利用システム・技術

7.5.1 スマートコミュニティ

a. スマートグリッド

高効率，高品質，高信頼度の電力需給システムを意味する．具体的な構成要素を電源供給，電源需要，一体的管理に分けて述べる．

（1） 電源供給

火力発電所などの安定的な大規模集中型電源，メガソーラーなどの不安定な大規模分散型電源，家庭用太陽光パネルや小水力発電などの小規模分散型電源，揚水発電などの調整電源が存在する．すべての発電量はコントロールセンターで把握・制御される．

（2） 電源需要

各家庭にはスマートメータが設置され，電気消費の見える化が進められ，通信機能により需要の状況をコントロールセンターに知らせる．また，地域または家庭に蓄電装置や蓄熱装置などが設置される．電気自動車に搭載されている蓄電池もこの役割を担う．

（3） 一体的管理

コントロールセンターでは，電力の需要と供給すべての情報を一括管理し，最適な電力需給を実現する．スマートメータにより電力使用量がタイムリーに把握

でき，また，不安定な再生可能エネルギーをはじめとしたすべての発電状況も把握できるので，発電，送電，蓄電をコントロールして最適な電力需給のマネジメントが可能となる．

b． スマートコミュニティ

スマートグリッドを中核とし，ガス，水，交通，物流，生活など様々な面でスマート化を目指す社会のことであり，スマートグリッドよりも大きな概念を指す．スマート化は大きく分けると「物の流れをよくする」，「物の流れを少なくする」の2つで構成される．前者は，情報通信技術を駆使して，需要側のニーズを供給側に適切に提供することで，電気・ガス，水，交通，物流といった社会インフラの高度化を図るものである．後者は，省エネや資源のリサイクルなどを指す．

7.5.2 コジェネレーション（CGS）

火力発電などで生じる排熱で蒸気や温水を発生させ熱回収するシステムのことである．これにより火力発電の熱効率（40～50％）が最大で85％にまで上昇する．また最近では，火力発電や大規模工場だけでなく小型の家庭用システムの開発も進んでいる（エネファームなど）．小型化のCGSは，創エネ拠点を分散化し送電ロスを大幅に削減することもでき，低炭素社会の構築に大きく寄与するものと考えられている．

7.5.3 ヒートポンプ

「気体は圧縮すると温度が上がり，膨張すると温度が下がる」というボイル-シャルルの法則を利用した加熱・冷却システムである．図7.9は冷房時のヒートポンプを示す．管には冷媒（二酸化炭素など）が入っている．圧縮機にて圧縮された冷媒は高温となり，凝縮器にて放熱する．次にその冷媒を膨張弁で膨張させると低温となり，蒸発器にて冷たい空気

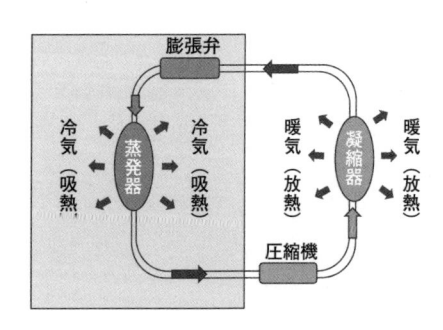

図7.9 ヒートポンプの仕組み

を送ることができるのである．暖房時はこの逆の仕組みである．ヒートポンプでは投入する電気エネルギーの3～6倍の熱エネルギーを得ることができる．エコキュートなど広く実用化が進んでいる．

7.5 これからのエネルギー利用システム・技術

表7.2 クリーンエネルギー自動車

分類	仕組み	特徴（ガソリン車との比較）
電気自動車	バッテリーに蓄えた電気でモーターを回して走行する．バッテリーは充電器で充電する	・走行時の排ガスが出ない ・構造が単純で大量生産に向いている ・一充電当たりの航続距離が短い
ハイブリッド車	ガソリンエンジンとバッテリーの複合．ブレーキ時にバッテリーに充電し，走行状態に応じてエンジンとバッテリーを使い分ける	・走行時の排ガスを削減 ・燃費向上により航続距離が長い
プラグインハイブリッド車	ガソリンエンジンとバッテリーの複合．ハイブリッド車と異なり，バッテリーを充電器で充電可能．バッテリー航続距離もハイブリッド車に比べて長い	・短距離の使用では電気走行が主となるため，走行時の排ガスが大幅に削減される ・航続距離が長い ・車体価格が高い
天然ガス自動車	ガソリンの代わりに天然ガスを燃料とするエンジンで走行する	・走行時の排ガスを削減 ・一充填当たりの航続距離が短い ・燃料供給施設が少ない（全国約330カ所）
LPガス自動車	ガソリンの代わりにLPガスを燃料とするエンジンで走行する	・走行時の排ガスを削減 ・燃料供給施設が少ない（全国約2000カ所）
メタノール自動車	ガソリンの代わりにメタノールを燃料とするエンジンで走行する	・走行時の排ガスを削減 ・バイオメタノールの利用も可能 ・燃料に毒性がある
燃料電池車	水素を燃料とし，燃料電池で発生した電気でモーターを回して走行する	・走行時の排ガスは水のみ ・車体価格が非常に高い ・実用的な段階には入っていない

7.5.4 クリーンエネルギー自動車

二酸化炭素や窒素酸化物のような排気ガスが少ない自動車のことである（表7.2）．これらの自動車が広く普及することは，持続可能な社会の形成において重要なファクターとなる．現在は，①低排出ガス，②高燃費，③低騒音，④新たなインフラが不要といった特徴から，ハイブリッド車が広く普及している．さらに最近では，ハイブリッド車に充電池を搭載したプラグインハイブリッド車が商品化され，今後のクリーンエネルギー車の主体として期待されている．

7.5.5 燃料電池

水素を原料として，水の電気分解の逆のプロセスで電気を作るものである．燃料電池の基本原理を図7.10に示す．水素分子（H_2）は陰極内にある触媒に吸着され，活性化されて水素イオン（H^+）と電子（e^-）になる．この電子が回路を通

って陽極側へ流れる．陽極側では酸素分子（O_2）がその電子を受け取り酸素イオン（O^{2-}）となり，陰極側で発生した水素イオン（H^+）と結合して水になる．この電子の受渡しの連続により電気が発生する．燃料電池は家庭用のコジェネレーションなどで実用化されており，将来的には燃料電池車をはじめ水素エネルギー社会の担い手として大きな期待が寄せられている．

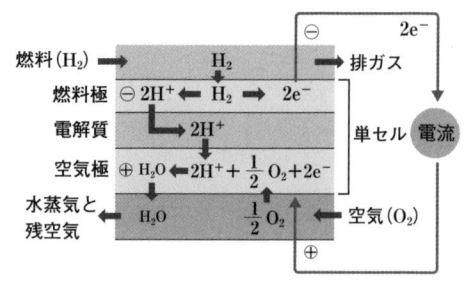

図 7.10 燃料電池の原理
日本ガス協会ウェブサイトより．

[立 花 潤 三]

コラム： エネルギー単位

◆ eV：1 [eV] $= 1.6 \times 10^{-19}$ [J]
◆ kWh：1 [kWh] $= 3.6$ [MJ]
◆ cal：1 [cal] $= 4.2$ [J]
◆ toe (ton oil equivalent)：1 [toe] $= 10^{10}$ [cal]

文　献

産業技術総合研究所（2008）：地熱発電の開発可能性．
資源エネルギー庁（2009）：総合エネルギー統計
資源エネルギー庁（2010）：エネルギー白書 2010．
資源エネルギー庁（2011）：エネルギー白書 2011．
資源エネルギー庁ウェブサイト（http://www.enecho.meti.go.jp/hydraulic/device/class/index.html），2013 年 7 月 8 日アクセス．
新エネルギー・産業技術総合開発機構（2008）：新エネルギーガイドブック 2008．
新エネルギー・産業技術総合開発機構（2010）：NEDO 再生可能エネルギー技術白書．
中部電力ウェブサイト（http://www.chuden.co.jp/energy/ene_energy/newene/ene_data/dat_hikaku/index.html），2013 年 7 月 8 日アクセス．
電気事業連合会ウェブサイト（2012）：（http://www.fepc.or.jp/about_us/pr/sonota/__icsFiles/afieldfile/2012/06/13/kouseihi_2011.pdf），2013 年 7 月 8 日アクセス．
日本ガス協会ウェブサイト（http://www.gas.or.jp/fuelcell/contents/01_2.html），2013 年 7 月 8 日アクセス．
IEA（2009）：World Energy Outlook 2009．

8. 大気・水と環境

8.1 大気汚染の定義と環境基準

　大気汚染とは「大気中に排出された物質が，自然の物理的な拡散・沈着機能や化学的な除去機能，および生物的な浄化機能を上回って大気中に存在し，その量が自然の状態より増加し，これらが人を含む生態系や物などに直接的，間接的に影響を及ぼすこと」と定義されている（環境省地球環境局国際連携課国際協力室ウェブサイト）．過去に「四日市公害（三重県四日市市）」などの大きな大気汚染問題を引き起こしてきた日本では，その後の技術開発や法規制により汚染物質の大気中濃度は低減されてきた．その始まりは，個々の施設に対する粉塵や亜硫酸ガスの排出量を法律で規制した「ばいじん規制法（1962年）」であり，その後の「大気汚染防止法（1968年）」であった．大気汚染防止法は次項に示すとおり，改定を通して対象物質を加え現在に至っている．ここでは大気汚染防止法で制定されている主な大気汚染物質について，その環境基準や濃度の経年推移を示す．

8.1.1 主な大気汚染物質と環境基準

　環境基準は，「大気の汚染，水質の汚濁，土壌の汚染及び騒音に係る環境上の条件について，それぞれ人の健康を保護し，及び生活環境を保全する上で維持されることが望ましい基準」（環境基本法第16条）と定められている．従来は二酸化硫黄，二酸化窒素，一酸化炭素，光化学オキシダントおよび浮遊粒子状物質について定められていたが，1996年に有害大気汚染物質（ベンゼンなど），2000年度にはダイオキシン類，さらに2009年に微小粒子状物質に環境基準が設けられた．ここで微小粒子状物質というのは「大気中に浮遊する粒子状物質であって，粒径が$2.5\,\mu m$の粒子を50％の割合で分離できる分粒装置を用いて，より粒径の大きい粒子を除去した後に採取される粒子」（環境省ウェブサイト「大気汚染に係る環境基準」）を指す．以下に主な大気汚染物質の環境基準（表8.1）を示す．

表 8.1 大気汚染物質の平均化時間と環境基準

物質名	環境基準
二酸化硫黄	1時間値の1日平均値が0.04 ppm以下であり，かつ，1時間値が0.1 ppm以下であること
二酸化窒素	1時間値の1日平均値が0.04〜0.06 ppmのゾーン内またはそれ以下であること
一酸化炭素	1時間値の1日平均値が10 ppm以下であり，かつ，1時間値の8時間平均値が20 ppm以下であること
光化学オキシダント	1時間値が0.06 ppm以下であること
浮遊粒子状物質	1時間値の1日平均値が$0.10\,\mathrm{mg/m^3}$以下であり，かつ，1時間値が$0.20\,\mathrm{mg/m^3}$以下であること
ベンゼン	1年平均値が$0.003\,\mathrm{mg/m^3}$であること
トリクロロエチレン	1年平均値が$0.2\,\mathrm{mg/m^3}$であること
テトラクロロエチレン	1年平均値が$0.2\,\mathrm{mg/m^3}$であること
ジクロロメタン	1年平均値が$0.15\,\mathrm{mg/m^3}$であること
ダイオキシン類	1年平均値が$0.6\,\mathrm{pg\text{-}TEQ/m^3}$であること
微小粒子状物質	1年平均値が$15\,\mu\mathrm{g/m^3}$以下であり，かつ，1日平均値が$35\,\mu\mathrm{g/m^3}$以下であること

環境省ウェブサイトより．

> **コラム： ppm：parts per million（百万分率）**
>
> 全体を100万としたときの対象物質の割合を示す単位．主に濃度に用いられる．全体を100としたものは％（パーセント）であり，1 ppm＝0.0001％となる．

8.1.2 大気汚染物質の濃度推移

図 8.1, 8.2 に近年までの主な大気汚染物質の濃度推移を示す．図中，「一般局」，「自排局」という語句が現れるが，それぞれ以下の意味である．

・一般環境大気測定局：一般環境大気の汚染状況を常時監視する測定局．
・自動車排出ガス測定局：自動車走行による排出物質に起因する大気汚染の考えられる交差点，道路および道路端付近の大気を対象にした汚染状況を常時監視する測定局．

a. 二酸化硫黄

四日市市における大気汚染の原因物質であり，1960年代に深刻な健康被害をも

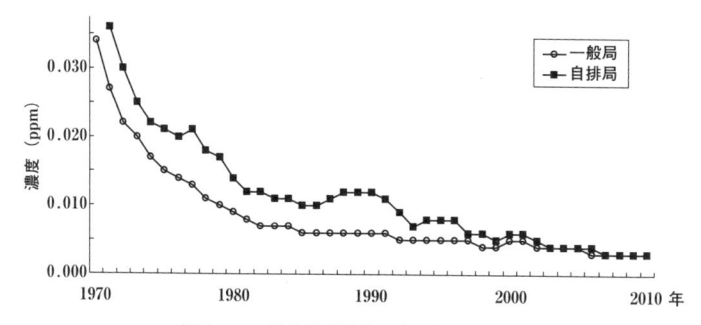

図 8.1 二酸化硫黄濃度の年平均値の推移
「平成 22 年度大気汚染状況について，環境省」をもとに作成．

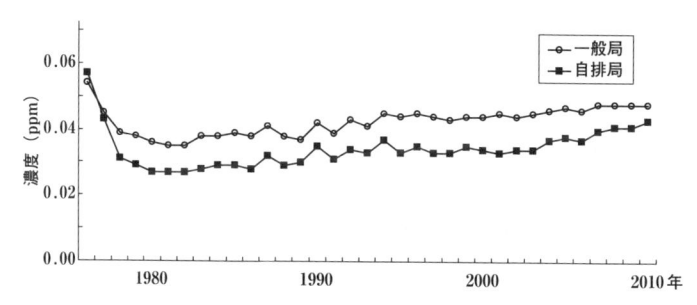

図 8.2 光化学オキシダントの昼間の日最高 1 時間値の年平均値の推移
「平成 22 年度大気汚染状況について，環境省」をもとに作成．

たらした二酸化硫黄は排煙脱硫装置の設置，燃料の低硫黄化，液化天然ガスへの転換などで着実に濃度が減少してきた．長期的評価による環境基準の達成率はほぼ 100％ であり，2002 年度以降，濃度は一般局，自排局ともに 0.005 ppm 未満となっている．なお火山活動により大量に二酸化硫黄が排出されるため，環境基準を達成できない地域もわずかに存在する．

b. 窒素酸化物

環境基準が定められている二酸化窒素（自排局）についてみると，1980 年代から 2008 年まではほぼ横ばいであるが，近年は減少傾向である．環境基準達成率は 97.8％（自排局）とほとんどの測定局で達成しているものの，東京都，千葉県，神奈川県，愛知県，三重県では非達成の測定局がある．

c. 光化学オキシダント

他の汚染物質が減少傾向にあるのに対して，光化学オキシダントは一般局，自排局ともに増加傾向となっている．また，光化学スモッグ注意報の発令地域も広域化し，2010 年度における注意報などの発令延べ日数（都道府県単位での発令日

の全国合計値)は182日だった(環境省調べ).光化学スモッグの原因物質が減少しているにも関わらず光化学オキシダントが増加している理由はまだ明らかではないが,近年発展が目覚しい東アジアからの大気汚染物質が越境し,それが影響しているのではないかとの見方もある(早崎ほか,2008).

d. 浮遊粒子状物質(SPM)

SPMの推移も減少傾向にあるものの,環境基準達成率は一般局,自排局ともに93.0%である.ただしSPMには黄砂も含まれ,大陸からの飛来量が多くなればSPM濃度も高くなる傾向にある(全ほか,1995).

8.2 大気拡散

大気汚染物質が煙突などから大気中へ放出されたとき,煙突風下の任意の場所における汚染物質の濃度はどのように決まるのであろうか.煙突から出た汚染物質は風に乗り拡散しながら風下へ運ばれるが,飛散中に化学反応により他の物質に変化したり,地面や建物に付着したり,雨に取り込まれて大気中から除去されたりといった複雑な過程を経ながら輸送され,任意の場所における濃度を決定する.また,風の通り道に山やビルなどの障害物が存在すると風の流れは複雑に変化し,その結果,濃度分布も障害物がない場合と比較し大きく異なることは容易に想像できるであろう.いずれにせよ大気の動き(風)は汚染物質の濃度を決定する重要な要素であるため,汚染物質の拡散を扱うためには排出源が存在する地表面付近の大気の性質を理解することが重要である.8.2節では煙突から出た煙を例に,煙の拡散の基本的な性質,および拡散に影響を与える地表付近の大気の構造について述べる.

8.2.1 乱流拡散

短い時間で風が強くなったり弱くなったり,また風向きが変わることは日常的に経験することである.このような不規則な風の乱れ(乱流)は煙の拡散にも大きく影響する.流れが乱れることによって物質が拡散される現象を「乱流拡散」という.これは力学的(機械的)な要因(建物や樹木などの風に対する障害物や,地表面の凹凸の度合い)や熱的な要因(日射)によって引き起こされる.

8.2.2 風速と拡散濃度との関係

煙突から排出された煙の濃度を,風速が大きい場合(ここでは4 m/s)と小さ

い場合（2 m/s）について比較してみよう．図8.3はそれぞれの風速における煙の塊（パフ）の移動を表している．

煙突から出た煙は直ちに風下へ流れるとすると，図より，先頭のパフが10秒後に到達する風下位置は煙突からそれぞれ，a：40 m，b：20 mとなる．これはaの煙がbより2倍の空間中に引き伸ばされたことを意味し，それゆえaの濃度はbの1/2となる．このことから，風速と濃度は反比例することがわかる．

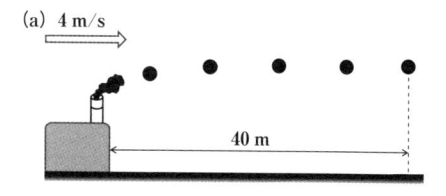

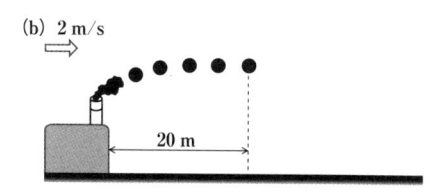

図8.3　風速と濃度の関連
（●印）は塊（パフ）の移動を表している．単位時間当たりの排出量（排出されるパフの個数）は同じとする．

8.2.3　大気境界層

地球を包んでいる大気層の厚さはおよそ1000 km（大気圏）であるが，大気のほとんどは高度50 kmより下層に存在する．地球の半径は約6400 kmだから，大気は地球表面に張り付いた薄皮のようなものである．大気圏は鉛直方向の気温分布により「熱圏」，「中間圏」，「成層圏」，「対流圏」に分類される（図8.4）．

その中で対流圏では雲の発生や降雨などの気象現象が起こり，我々の生活に大きな影響を及ぼす．また対流圏の最下層は地球の表面に接し，その上の大気は地面の凹凸や熱の影響を直接受ける．地表面の影響が及ぶ範囲は概ね地上1〜2 kmまでの気層であり，この層を「大気境界層」という．大気汚染が問題になるのもこの層である．また，大気境界層中の地上数十mの層を「接地境界層（接地層）」といい，鉛直方向の気温や風速の変化が大きい．対流圏内で大気境界層より上の，地表面の影響を受けない領域を「自由大気」という．

大気境界層が1日のうちでどのような変化をするのかを，晴天日の陸面を対象にみてみよう（図8.5）．

昼間，太陽の日射が地面に降り注ぐと日射は地面に吸収されたあとに様々な熱として現れるが，このうち顕熱が地表面上の大気を加熱する．暖められた空気は上昇を始め，上空の冷たい空気が下降し下層と上層の大気がよくかき混ぜられる（対流．この層を対流混合層という）．対流混合層は日の出とともに発達し14〜15時に厚さが最大となり，日の入り直前まで存在する．混合層中の煙突から排出された煙は上下に蛇行しながら風下に流れるが，やがて均一に分布する．また図に

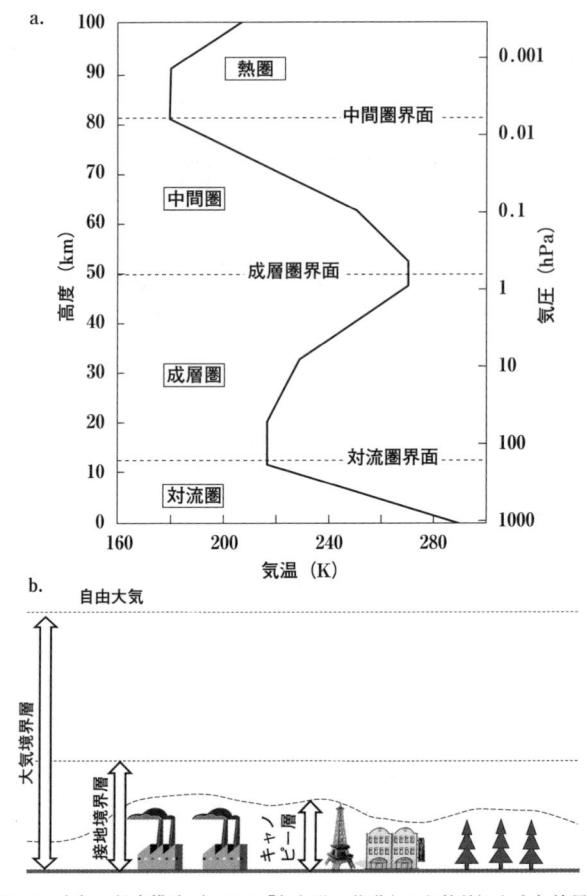

図 8.4 大気の鉛直構造（JAXA「気象学の基礎」より抜粋）と大気境界層

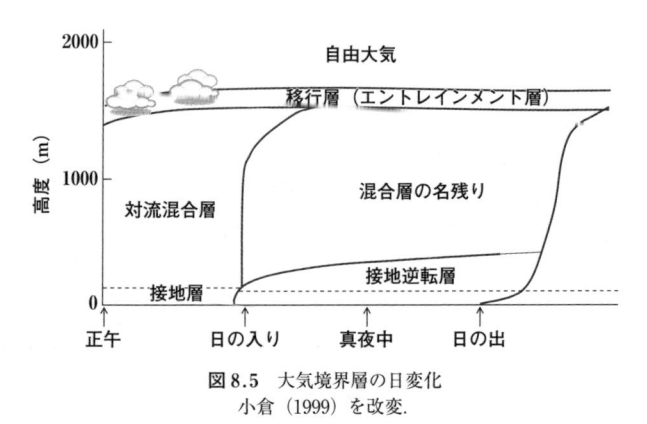

図 8.5 大気境界層の日変化
小倉（1999）を改変.

示すように対流境界層と自由大気の間には「移行層（エントレインメント層）」と呼ばれる層が存在し，積雲などが発生する．移行層の中では気温は高度とともに増加するため，混合が起こらない（安定層あるいは逆転層）．

次に，夕方から夜間における大気境界層の構造をみてみよう．日の入り近くにかけて日射が弱まるとともに地表面温度も低下し，大気は地表面に近いほうから冷やされる．この結果，気温が高度とともに増加する層（接地逆転層：厚さ数十〜数百 m）が，日中発達した混合層の底部に形成される．この厚さは時間とともに増加し，日の出前に最大となる．接地逆転層に放出された大気汚染物質は鉛直方向に大きく広がらずに風下に流される．

8.2.4 大気の安定度

煙の拡散は，鉛直方向の大気の温度変化にも大きく影響を受ける．ここでは鉛直方向の大気の熱的状態（大気安定度）を説明し，様々な安定度における煙の拡散がどのような特徴を持つのかをみてみよう．

大気安定度というものを理解するために，乾燥している空気の塊（空気塊）が上昇または下降したときの温度と空気塊周辺の温度を比較することを考えよう．高い山の上では気温が下がるのと同様に，空気塊も上昇とともに温度が下がる（乾燥空気であれば 100 m 当たり約 1℃下降）．温度が下がる理由は，上昇とともに気圧が下がり空気塊が断熱的（空気塊内外で熱のやりとりを行わないこと）に膨張し，周りの大気に対して仕事を行うことで内部エネルギーを消費するからである．この内部エネルギーの消費分が空気塊の温度低下として現れる．ここで，高度とともに温度が下がる割合を「乾燥断熱減率（Γ_d）」という（図8.6）．逆に上空から空気塊が断熱的に下降し体積が減る（断熱圧縮）と温度は上昇する．

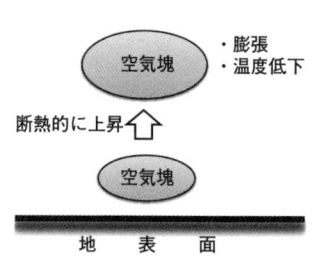

図8.6 乾燥断熱減率（0.01℃/m）

断熱減率より，大気の安定度を「安定」，「中立」，「不安定」と定義できる．ここでは乾燥断熱減率を対象に，安定度の意味するところをみてみよう．図8.7a〜c は横軸に気温，縦軸に高さをとっている．図中の○印は空気塊の位置，破線は空気塊周辺大気の温度変化（Γ [℃/m]），実線は乾燥断熱減率（Γ_d [℃/m]）による温度変化を表している．

図8.7a をみよう．いま，空気塊は断熱変化しながら実線に沿って高さ h_0 から

| a. 安定 | b. 不安定 | c. 中立 |

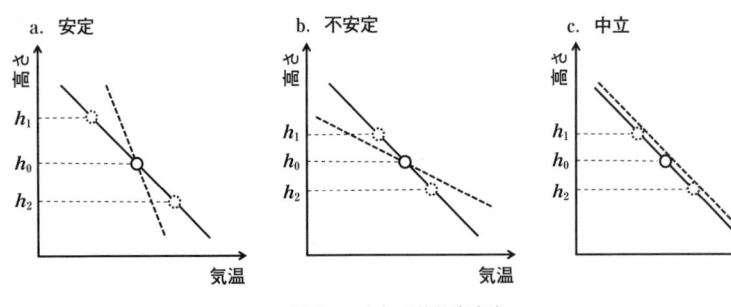

図 8.7　大気の静的安定度

h_1 へ持ち上げられたとする．空気塊は乾燥断熱減率に従い温度が下がるため，h_1 に達したときには周りの大気より温度は低くなっている．これは h_1 において空気塊は周りの大気より重いことを意味し，元の位置 h_0 に戻ろうとする．逆に，空気塊が h_2 へ引き下げられた場合は周辺大気より気温が高くなるため上昇し，同様に h_0 に戻ろうとする．このように，空気塊が元の位置にとどまろうとする場合，大気の状態は熱的に「安定」であるという．前出の逆転層も熱的に安定である．

一方，図 8.7b のように，空気塊が h_1 の位置に持ち上げられたときの温度が周辺大気のそれより高い場合，空気塊は周囲の大気より軽いため，さらに上昇しようとする．また，h_2 に引き下げた場合，周りの空気より重いので空気塊はさらに下降しようとする．このような場合，大気の状態は熱的に「不安定」であるという．不安定な状態は，地表面が日射により暖められ，地面に蓄積された熱が地表面上の大気を加熱し上空と比べ気温が高くなることで現れる．

最後に，空気塊周囲の気温減率が断熱気温減率に等しい場合，空気塊を持ち上げても上下運動は起こらない．そのような場合，大気の状態は「中立」であるという（図 8.7c）．

大気の熱的な安定度が煙の拡散に対してどのような影響を与えるかみてみよう．図 8.8 は大気の安定度と煙の拡散の関係を示している．実線が空気塊の周りの気温，破線が乾燥断熱減率に従う温度変化である．前にも述べたように，乾燥した空気塊の上下運動に伴う温度変化は乾燥断熱減率に従う．

図 a は全層が不安定な場合における煙の拡散を示している．煙突から出た煙が上下方向に蛇行しながら拡がっている．地表面付近が熱せられたことで対流が発生し，煙がその対流により上下方向に大きく蛇行しながら風下に拡がって図のような「ループ形」となる．ループ形は晴れた日中によくみられる．このような場

合，発生源付近では煙の下降により瞬間的に高濃度になることがある．

図bは全層が中立または弱安定における煙の拡散を示している．この場合，空気塊は鉛直方向に加速も減速もされない．拡散は鉛直・水平両方向ともにほぼ同じ大きさであり，煙は「錐形」となる．曇天時や風が強いときに現れやすい．

大気が強い安定状態（逆転層が形成されたときなど）における煙の拡がり方を図cに示す．前出の図a，bと異なり，煙突から出た煙は鉛直方向に拡がらず風下に流されている．晴れた夜間から明け方によく現れる．

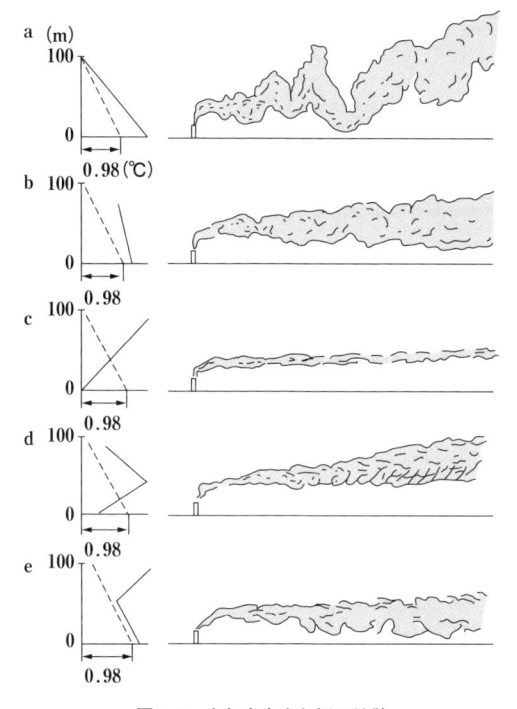

図8.8 大気安定度と煙の拡散
岡本，溝呂木（2012）より図を抜粋．
a. 全層不安定状態［ループ形］，b. 全層弱安定状態［錐形］，c. 全層強安定状態［扇形］，d. 下層安定，上層不安定［屋根形］，e. 下層不安定，上層安定［いぶし形］．

残りの図d，eは複合型といわれ，それぞれ下層安定・上層不安定，下層不安定・上層安定における煙の拡がり方を示している．dは接地逆転層の厚さが薄いか，または逆転層より煙突が高い場合に現れ（屋根形），eは接地逆転層が日射により解消されるときに現れやすい（いぶし形）．大気汚染が悪化しやすいのはeである．上層に安定層があるため，それが蓋の役割を果たし，地表付近から排出された大気汚染物質の上空への拡散が抑えられ高濃度を招く．

8.3 大気環境の予測手法

良好な大気環境を維持するために，開発行為が行われる前に大気汚染物質の濃度を予測することは重要である．現在，濃度予測で使用されるモデルは「解析解モデル」と「数値モデル」に大別される．前者は物質の拡散を表す微分方程式を解析的に解いたときの式を利用したもので，環境影響評価における大気汚染物質

の濃度予測で用いられる．後者は，解析解モデルが適用できないケース（複雑な地形上における拡散，化学反応を伴うものなど）について，方程式をコンピュータによって数値的に解いて濃度を計算するものである．

以下では煙突のような点状の排出源からの乱流拡散を対象とした解析解モデルについて述べる．

8.3.1 煙突から出た煙の上昇量推定式

一般に煙突から出る煙は高温であり，放出された煙は浮力により上昇する．さらに煙突施設内部にある送風機により鉛直方向に加速される場合もあるため，煙は実際の煙突出口より高く上昇してから風下に流されることが多い．したがって風下に拡散され始める高さは，実煙突高さに煙の温度による浮力，煙突出口における煙の勢い（運動量）による上昇分が加わる．実煙突高さにそれら上昇分を加味した煙突高さを「有効煙突高さ (H_e) 」という．日本の大気汚染防止法では硫黄酸化物の排出基準を求める際に以下の式により有効煙突高さを求めている．

$$H_e = H_0 + 0.65(H_m + H_t) \tag{1}$$

H_m, H_t はそれぞれ運動量による上昇高，浮力による上昇高であり，次のように与えられている．

$$H_m = \frac{0.795\sqrt{Q \cdot v}}{1 + \frac{2.58}{v}} \tag{2}$$

$$H_t = 2.01 \times 10^{-3} Q(T - 288) \left(2.3 \log(J) + \frac{1}{J} - 1\right) \tag{3}$$

$$J = \frac{1}{\sqrt{Q \cdot v}} \left(1460 - 296 \cdot \frac{v}{T - 288}\right) + 1 \tag{4}$$

Q, v, T は，それぞれ 15℃ における排出量 [m³/s]，煙突からの吐出速度 [m/s]，排ガス温度 [K] である．

8.3.2 プルーム式

図 8.9 に，有風時における点状の煙源から排出された煙について，座標の設定および計算に必要となるパラメータを示す．煙は煙突高度 (H_0) から排出されるが，8.3.1 項で示したように，さらに上昇してから風下（x 軸方向）に流れるとする．また，煙は水平および鉛直方向の拡散幅に従い拡がっていく．拡散方程式の解析解より，空間のある位置における濃度を求めるプルーム式が導かれる．

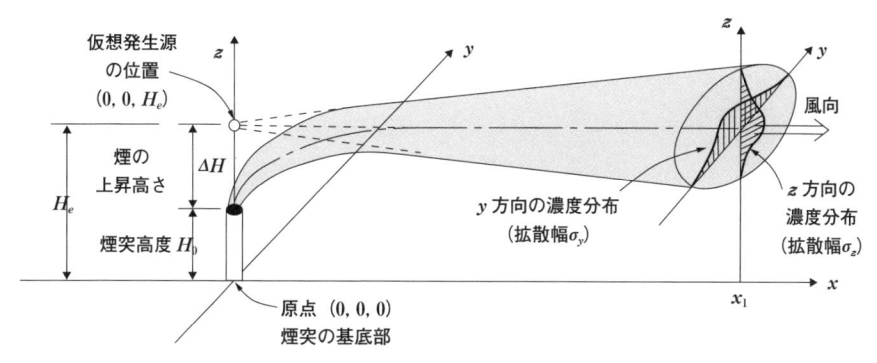

図8.9 プルーム式を用いた濃度計算に必要となるパラメータの物理的な意味
岡本，溝呂木（2012）より図を抜粋．

$$C(x, y, z) = \frac{Q}{2\pi\sigma_y\sigma_z U} \exp\left(-\frac{y^2}{2\sigma_y^2}\right)\left[\exp\left\{-\frac{(z+H_e)^2}{2\sigma_z^2}\right\} + \exp\left\{-\frac{(z-H_e)^2}{2\sigma_z^2}\right\}\right] \quad (5)$$

ここで，C は風下のある地点 (x, y, z) における濃度 $[\text{kg/m}^3]$，Q は単位時間，単位体積当たりの煙の排出量 $[\text{m}^3/\text{s}]$，U は風速 $[\text{m/s}]$，σ_y, σ_z はそれぞれ煙の水平方向（煙を横切る方向）と鉛直方向の拡散幅 $[\text{m}]$ を表す．上式から，任意の地点における濃度は排出量に比例すること，風速と拡散幅（拡散幅が大きいと濃度は下がるが，煙は広範囲に拡がる）に反比例すること，および有効煙突高さ (H_e) が高ければ濃度が小さくなることがわかる． ［東海林孝幸］

文　献

岡本眞一，溝呂木昇 編著（2012）：大規模大気特論，産業環境管理協会．
小倉義光（1999）：一般気象学（第2版），東京大学出版会．
環境省ウェブサイト「大気汚染に係る環境基準」（http://www.env.go.jp/kijun/taiki.html），2013年7月1日アクセス．
環境省地球環境局国際連携課国際協力室ウェブサイト（http://www.env.go.jp/earth/coop/coop/document/02-apctmj1/02-apctmj1-012.pdf），2013年7月1日アクセス．
近藤純正（2000）：地表面に近い大気の科学，東京大学出版会．
近藤裕昭（2001）：人間空間の気象学，朝倉書店．
JAXAウェブサイト「気象学の基礎」（http://ssl.tksc.jaxa.jp/pairg/member/ima/metbasic1.pdf），2013年7月1日アクセス．
全 浩，松本光弘，溝口次夫（1995）：β線吸収法による浮遊粒子状物質の解析から黄砂飛来の評価．エアロゾル研究，Spring Vol. 10 (1995) No. 1, 41-50.
竹内清秀（1997）：風の気象学，東京大学出版会．

早崎将光,大原利眞,黒川純一,鵜野伊津志,清水 厚 (2008):"2007年5月8-9日に発生した広域的な光化学オゾン汚染:観測データ解析". 大気環境学会誌, **43**:225-237.
藤原九十郎 (1966):大気汚染防止運動の回顧. 生活衛生, **10** (5):144-146.

8.4　水質汚濁の科学

8.4.1　有機物と溶存酸素

　水質汚濁は,溶媒としての水に,ある種の物質が懸濁または溶解することで人の健康や生活環境に悪影響を及ぼすような水の状態をいう.河川,湖沼,海域などの公共用水域における水質汚濁は,主にし尿,生活排水,工業排水などの混入によって生ずる.これらの排水に含まれる有機物は,その量が水量に対して少ない(つまり濃度が低い)場合には自然の浄化作用を受けるが,浄化能力を超えると水質汚濁を進行させる.自然の浄化作用とは,有機物を炭素源として増殖する微生物(主に細菌)による働きである.通常,水中には大気中からの,あるいは光合成生物(光合成細菌,藻類など)によって生産された酸素(遊離酸素)が溶存しており,微生物の多くはこの溶存酸素(dissolved oxygen, DO)を用いて有機物を酸化することによって増殖に必要なエネルギーを得ている.溶存酸素濃度が高い状態を好気性といい,遊離酸素を用いて代謝を行う微生物を好気性微生物という.増殖した微生物は食物連鎖における消費者に摂取されることで,生態系にエネルギーと物質を提供している.

　有機物濃度が高くなると,好気性微生物の増殖によって溶存酸素濃度は急減し,遊離酸素の存在しない状態(嫌気性)になる.嫌気性の条件下では好気性微生物は増殖できず,代わりに有機物や硝酸イオン(NO_3^-),硫酸イオン(SO_4^{2-})などに含まれる酸素(結合酸素)を用いて有機物を酸化する嫌気性微生物が増殖する.嫌気性微生物は,代謝過程で有機酸やアルコール,メタン(CH_4),硫化水素(H_2S)などを生産する.このような水域では好気性微生物のみならず,同じ好気性の生物である魚介類は生息することができない.

8.4.2　栄養塩と富栄養化

　有機物が生物代謝によって分解を受ける過程で生成される窒素(N)およびリン(P)の無機化合物は栄養塩と呼ばれ,藻類などの光合成生物の代謝に不可欠な物質である.水域の栄養塩は光合成生物の利用によって通常は不足しているが,湖沼や港湾などの閉鎖性の強い水域では栄養塩が蓄積し濃度が高くなる場合があ

る（富栄養化）．富栄養化した水域では藻類が急激に増殖する．海域における赤潮は，藻類の有する色素によって水面が赤色を呈するほどに藻類が大量に増殖する現象である．湖沼では藍藻（シアノバクテリア）が大量に増殖して水面を覆うアオコ（青粉）という現象を引き起こす．これら藻類は有毒物質や水に異臭味を与える物質を生産して水の利用に障害を及ぼす．また，大量に増殖した藻類は栄養塩が欠乏すると死滅し，好気性微生物による分解を受けることで溶存酸素濃度を低下させ，魚介類の大量斃死を引き起こす原因となる．

8.4.3 重金属汚染と生物濃縮

工業排水中には，工業製品の製造過程で使用された様々な化学物質が混入する可能性がある．水銀（Hg），カドミウム（Cd），鉛（Pb），クロム（Cr），ヒ素（As），亜鉛（Zn）などの重金属は自然界に存在し，生物代謝に必須の元素もあるが，そのほとんどは必要以上に摂取すると生物に有害な作用を及ぼす．水俣病やイタイイタイ病などの公害病の原因解明の過程で明らかになった重金属の生物濃縮は，水中から直接生物体内に取り込まれるよりも，生態系における食物連鎖を通じて段階的に高濃度に濃縮されることで高次消費者に深刻な被害をもたらす．

8.4.4 人工化学物質汚染

工業製品の製造過程では，人工的に合成された化学物質（人工化学物質）も多く使用される．自然界には存在しないため，環境中に排出された場合には生物分解を受けずに長期にわたって残留することで環境を汚染する可能性がある．金属部品の脱脂洗浄やドライクリーニング溶剤として用いられたトリクロロエチレンやテトラクロロエチレンなどの有機塩素化合物による地下水汚染は，その代表的な一例である．また，農作物の収率向上のためにかつて使用された殺虫効果や殺菌効果の高い各種農薬の多くが，残留性の高い有機塩素系または有機リン系の人工化学物質であり，農地から水域への流出が魚介類に与える影響や利用上の影響が懸念される．

8.5 水質汚濁防止に関する法的規制

8.5.1 公害対策基本法（環境基本法）と環境基準

日本では，1950年代からの公害問題の顕在化を受けて，1967年に公害対策基本法（現在の環境基本法，1993年）が制定された．この基本法に従って，公共用水

域の水質保全を目的とした「公共用水域の水質汚濁に係る環境基準」(1971年) が環境庁（現 環境省）によって告示された．環境基準は，人の健康を保護し，生活環境を保全するうえで維持されることが望ましい基準（行政上の政策目標値）を定めている．人の健康の保護に関する環境基準では，カドミウム (Cd)，鉛 (Pb) などの重金属や，PCB（ポリ塩化ビフェニル），ジクロロメタンなどの有機塩素化合物，チウラム，シマジンなどの農薬などが項目として挙げられ，基準値が規定されている（付録3-1参照）.

生活環境の保全に関する環境基準では，河川，湖沼，ならびに海域に区分され，それぞれにおいて生活環境の保全と水の利用に関する基本的な水質指標である水素イオン濃度 (pH)，有機物濃度の指標である生物化学的酸素要求量 (biochemical oxygen demand, BOD．河川）または化学的酸素要求量 (chemical oxygen demand, COD．湖沼および海域），水の濁りの指標である浮遊物質量 (SS，河川および湖沼），良好な生物環境の指標である溶存酸素量，衛生学的な安全性の指標である大腸菌群数，油分量の指標であるn-ヘキサン抽出物質（海域）という各項目と基準値が規定されているほか，水生生物保全に係る環境基準（全亜鉛，ノニルフェノール，直鎖アルキルベンゼンスルホン酸及びその塩），ならびに湖沼および海域の富栄養化防止に係る環境基準（全窒素，全リン）が定められている（付録3-2〜3-4参照）．なお，環境基準における項目と基準値は，常に適切な科学的判断が加えられ，必要な改訂がなされなければならないことが定められており，上述の水生生物保全に係る環境基準におけるノニルフェノールの項目と基準値は，2012年8月に新たに追加されたものである．

8.5.2 水質汚濁防止法と排水基準

工場および事業場からの排水を規制する法律として，水質汚濁防止法 (1970年) がある．公害対策基本法に基づく個別法として制定され，公共用水域に排出される水の排出および地下に浸透する水の浸透を規制するとともに，生活排水対策の実施を推進することなどによって，公共用水域および地下水の水質汚濁防止を図り，もって国民の健康を保護するとともに生活環境を保全することを目的としている．また，人の健康に関わる被害が生じた場合における事業者の損害賠償の責任について定めることにより，被害者の保護を図ることもあわせて目的としている．水質汚濁防止法で定める特定施設からの排水について，人の健康に関わる被害を生ずるおそれがある物質とその許容限度が全国一律に規定されており，一律

排水基準と呼ばれる（付録3-5参照）．この許容限度は，ほぼすべての物質において上述の人の健康の保護に関する環境基準の基準値の概ね10倍の濃度となっている．これは排水の受容水域での希釈効果を考慮したものであるが，閉鎖性が強く受容水量に対して排水の流入する割合が大きい水域など，排水基準のみでは環境基準の確保が困難な水域においては，排水による汚濁負荷の総量の削減に関する基本方針（総量削減基本方針）を環境大臣が定め，都道府県知事は基本方針に基づいて総量削減計画と総量規制基準を定めなければならない．

8.5.3 水質汚濁の現状

日本の公共用水域の水質を，環境基準の満足状況で評価してみよう．2010年度に全国で調査した河川（109水系，1103地点）において，人の健康の保護に関する環境基準を満足した調査地点の割合は99%であった．また，生活環境の保全に関する環境基準におけるBOD（またはCOD）の環境基準を満足した調査地点の割合は91%であり，2年連続で過去最高となった（図8.10）．このように，日本の公共用水域の水質は，かつての公害問題が深刻化した年代と比較して，公害対策基本法や水質汚濁防止法による規制が功を奏し大幅に改善されたといえる．今後は，人の健康の保護や生活環境の保全だけでなく，富栄養化防止や水生生物の保全を目的とした，いっそうの水質改善が望まれる．

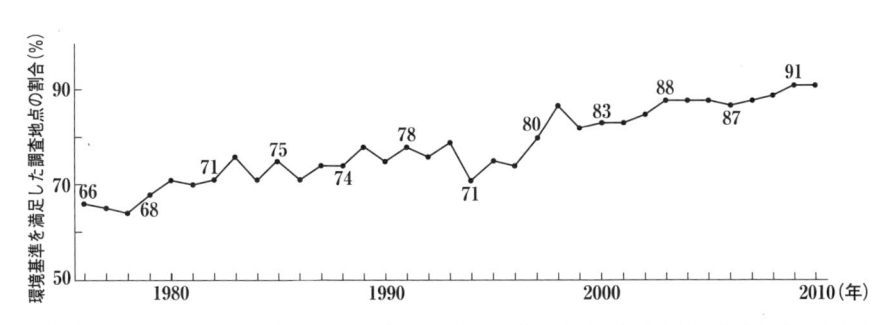

図8.10 一級河川（湖沼および海域を含む）における環境基準（BOD値またはCOD値）の満足状況
国土交通省（2012）より．

8.6 水質汚濁に関する対策技術

8.6.1 水質汚濁対策と水質浄化技術

日本の公共用水域の水質の大幅な改善は，法的規制における基準を満足するた

めに工場や事業場が導入した水質汚濁に関する対策技術（水質浄化技術）や，自治体による下水道整備の成果であるともいえる．日本は世界最高水準の水質浄化技術を有する国の1つであり，基本的な水質浄化技術は，広く整備されている上水道や下水道の水処理施設（浄水場または終末処理場）にみることができる．

8.6.2 浄水技術

　浄水場は，河川や湖沼，地下水から取水した水を人の飲用に適した水質に変換するための施設であり，原水に含まれる懸濁物質や病原性微生物の除去を目的としている．日本では湖沼や地下水と比べて懸濁物質濃度の高い河川水を原水とする場合が多いため，浄水場の多くは，懸濁物質の除去効率がよい急速ろ過方式（図8.11）を採用している．急速ろ過方式は，着水井において流量調整した原水を凝集池に送り，薬品（凝集剤）を注入して原水中の懸濁物質を凝集してフロック（凝集塊）とし，沈殿池（薬品沈殿池）で沈降分離したあと，急速ろ過池でろ過し，塩素注入井において塩素剤（液化塩素，次亜塩素酸ナトリウムなど）を注入して消毒するもので，その後，処理水は浄水池から配水施設に送水される．

　河川水中の懸濁物質（主に砂，シルト，粘土など）のうち，粒子径が 10^{-2} mm 程度以上のものは単純な沈殿によって除去可能であるが，粒子径が 10^{-3} mm 以下の粒子（コロイド）はほとんど沈降せず，急速ろ過では捕捉することもできない（日本水道協会，2000）．このため，急速ろ過方式では，凝集操作によってコロイドをフロック化し，薬品沈殿池や急速ろ過池で除去できるようにしている．凝集剤としては，硫酸アルミニウム（硫酸バンド）やポリ塩化アルミニウム（PAC）

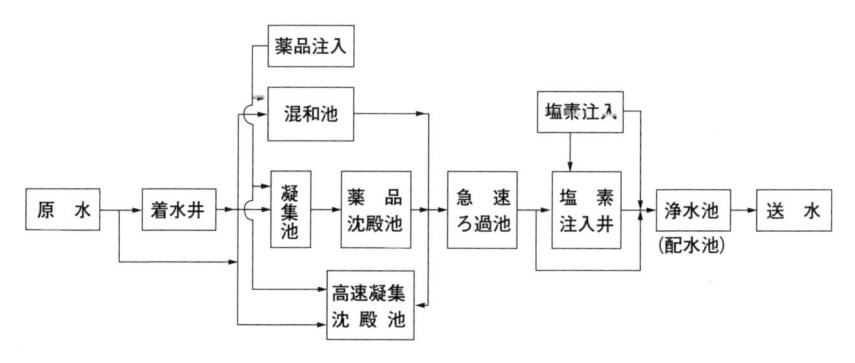

図8.11　急速ろ過方式のフロー
日本水道協会（2000）より．

などが用いられる．凝集剤による凝集効果はpHに左右されるので，原水のpHに応じて酸剤（硫酸，塩酸など）またはアルカリ剤（水酸化カルシウム，炭酸ナトリウムなど）が注入される．また，急速ろ過池のろ層に充填されるろ材には砂のほか，アンスラサイト（無煙炭）やガーネット（ざくろ石）などが用いられる．

8.6.3 下水処理技術

　終末処理場における下水処理は，浄水場で行われる物理化学的処理と異なり，主に生物学的処理が行われる．これは主な処理対象が浄水場では砂やシルト，粘土などの懸濁性の無機物であるのに対して，終末処理場では下水中の懸濁性および溶解性の有機物であることが理由である．日本の終末処理場で主に採用されている処理方式は，活性汚泥法（図8.12）と呼ばれる好気性微生物の働きを利用したものである．下水に空気（酸素）を吹き込み攪拌すると，種々の好気性微生物が下水中の有機物を酸化して増殖し，凝集性のあるフロックを形成する．これが活性汚泥と呼ばれるもので，細菌，原生動物，後生動物などの微生物のほか，非生物性の無機物や有機物から構成されている．活性汚泥法では，はじめに最初沈殿池において流入下水中の比較的粒子径の大きな懸濁性の物質を沈降分離したあと，次の反応タンクにおいて空気の吹込みや機械式攪拌など（エアレーション）を行いながら，下水と活性汚泥を接触させる．活性汚泥は下水中の有機物を吸着，摂取，酸化，同化することで水中から除去する．その後，反応タンクから流出した活性汚泥混合液は，最終沈殿池において固液分離され，その上澄水は処理水として消毒後に放流される．一方，最終沈殿池において分離・濃縮された活性汚泥は反応タンクに返送され，下水と混合されて再び処理に利用されるとともに一部は余剰汚泥として処分される．

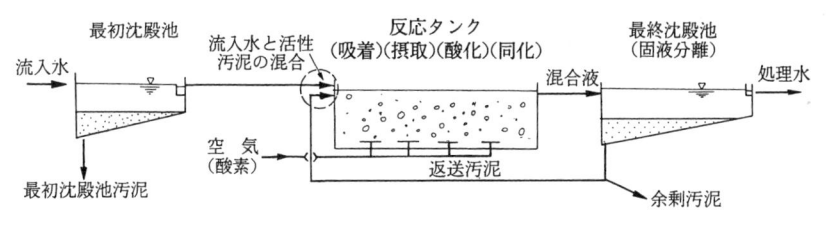

図8.12　活性汚泥法の機能とフロー
日本下水道協会（2001）より．

8.6.4 高度処理，膜ろ過

　高度処理とは，処理水の水質向上を目的として，基本的な処理方式に加えて行う処理のことである．上述の急速ろ過方式では，水道水の異臭味や着色の原因となる溶解性の有機物を除去できず，また活性汚泥法では，有機物が分解を受ける過程で生成される栄養塩を除去できない．これらを除去するために，上水道や下水道では消毒操作の前段に高度処理が追加される場合が多い．高度処理の方式としては，溶解性有機物の除去にはオゾン酸化と粒状活性炭吸着を組み合わせた処理（図8.13），栄養塩の除去には活性汚泥法における反応タンクの多段化と溶存酸素濃度（好気性および嫌気性条件）の制御による処理などが適用されている．

　また，近年では下水処理水や工場排水の再利用，有用物質の回収，海水の淡水化，超純水の製造などに，微細な穴を持つ膜をろ材として水をろ過することで，懸濁物質からコロイド，溶解性物質，イオンに至るすべての不純物を除去できる膜ろ過という処理方法が用いられるようになった．膜は無機または有機の材質からなり，除去対象物質に応じて異なる孔径のものが用いられる．現在，一般に用いられる膜ろ過法には，懸濁物質を対象とした精密ろ過（micro-filtration, MF）と限外ろ過（ultra-filtration, UF），溶解性物質を対象としたナノろ過（nano-filtration, NF），ならびに海水の淡水化を目的とした逆浸透法（reverse osmosis, RO）がある．

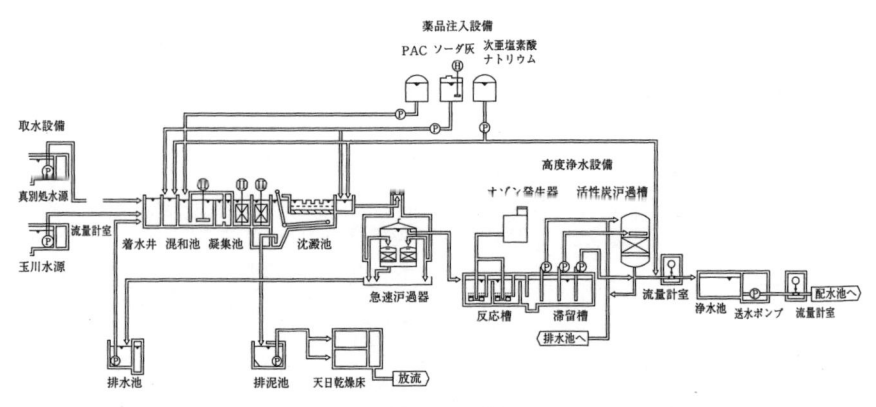

図8.13 高度処理（オゾン酸化，粒状活性炭吸着）を組み合わせた浄水処理のフロー　日本水道協会（2000）より．

8.7 砂漠化と水資源

8.7.1 世界の乾燥地域と砂漠化

砂漠化とは，国連の砂漠化対処条約（深刻な干ばつ又は砂漠化に直面する国［特にアフリカの国］において砂漠化に対処するための国際連合条約，UNCCD）では，「乾燥地域における土地の劣化」と定義されている．乾燥地域とは，乾燥の程度を表す乾燥度指数（AI＝P［年間降水量］/PET［年間蒸発散量］）の低い地域と定義されており，AI値に応じて4つに分類される（表8.2）．これらの地域では，作物，飼料の育成などが水分の制限を受ける．乾燥地域は地表面の約41％を占めており，その10～20％はすでに劣化（砂漠化）している．また，乾燥地域に住む1～6％の人々（約2000万～1億2000万人超）が砂漠化された地域に住んでいると推定されている．

表8.2 乾燥地域の分類

乾燥地区分	乾燥度指数	特徴
極乾燥地域	AI＜0.05	雨期はなく，人間活動に極めて制限的な地域（砂漠）
乾燥地域	0.05≦AI＜0.20	年降水量200 mm未満（冬雨期），300 mm未満（夏雨期），50～100％の間で年変動する地域
半乾燥地域	0.20≦AI＜0.50	雨期があり，年降水量500 mm未満（冬雨期），800 mm未満（夏雨期），25～50％の間で年変動する地域
乾燥半湿潤地域	0.50≦AI＜0.65	降水が25％未満で年変動する地域，非灌漑農業が広く行われている地域

環境省ウェブサイトより．

砂漠化の原因は，地球規模での気候変動や，干ばつ，乾燥化などの気候的要因のほか，過放牧，過度の耕作，過度の薪炭材採取による森林減少（森林伐採），不適切な灌漑による農地への塩分集積（塩害）などの人為的要因が挙げられる．加えて，人為的要因による森林減少などが土地の二酸化炭素吸収能力を低下させ，気候的要因に影響を及ぼすという相互作用が指摘されている．

8.7.2 水資源と砂漠化の進行

砂漠化の進行は土地の乾燥化によって生ずることから，人為的要因の対策においては，その地域における水資源量と使用量との関係（水収支）を適正に保つことが重要である．過放牧や過度の耕作，森林伐採による草地や農地，森林の劣化や減少は，地下水や土壌水の涵養を妨げ，水資源量を減少させる．また，乾燥地

において過度な灌漑農業を推し進めることは，当初の農業生産力向上の期待とは裏腹に，水使用量の増大による水資源の枯渇や塩害を引き起こし，結局は砂漠化を進行させてしまう．このような問題の背景には，地球規模での人口増加や市場経済の進展，ならびに乾燥地域での食料不足や貧困があることから，問題の解決には当事国のみならず，UNCCD に基づく各国の協力と連携が重要である．日本では 1998 年に UNCCD を批准し，アジア地域を中心として砂漠化対処のための科学技術活用に関する調査，二国間協力，民間団体の活動支援などによる国際協力を推進している．

8.8　ウォーターフットプリント

8.8.1　水ストレスとバーチャルウォーター

世界の水資源量と人口の関係からみると，1 人が 1 年間に必要とする水は，生活用水のみならず農業用水や工業用水も含めると約 4000 m^3 といわれており，それ以下の水資源量しか持たない国に約 45 億人が住んでいる．また，人口 1 人当たりの最大利用可能水資源量が 1700 m^3 未満にある状態を「水ストレス」の状態，1000 m^3 未満にある状態を「水不足」の状態といい，それらの状態にある人口は 2008 年時点で，それぞれ約 20 億，約 3.3 億に上る．日本の年間 1 人当たり水資源量は約 3400 m^3 であり，「水ストレス」状態にはないものの，近年は少雨の年と多雨の年の年降水量の開きが大きく，10 年に 1 度程度の割合で発生する少雨時の利用可能な水資源量が減少する傾向にある（環境省，2010）．

日本は，水質，水量ともに安全・安心な暮らしを享受していると感じられることも多いが，本当に水ストレスと無縁だろうか．実際には，自国内の水のみならず，食料の輸入を通じて世界の多くの国々の水を間接的に消費している．この間接的に消費される水をバーチャルウォーター（仮想水）といい，生産に水を必要とする物資を輸入している国（消費国）において，仮にその物資を生産するとしたら，どの程度の水が必要かを推定した量として示される（環境省，2010）．日本の食料自給率（供給熱量ベース）は，2010 年度では 39％ であり，1965 年度の統計値（73％）から一貫して減少傾向にある（農林水産省，2012）．これは，食料生産に使用される水の多くを海外に依存し，その度合いが増加していることを示している．2005 年に海外から日本に輸入されたバーチャルウォーター量は約 800 億 m^3 と見積もられており，その大半は食料に起因している．これは，日本国内で使用される生活用水，工業用水，農業用水を合わせた年間の総取水量と同程度とな

8.8 ウォーターフットプリント

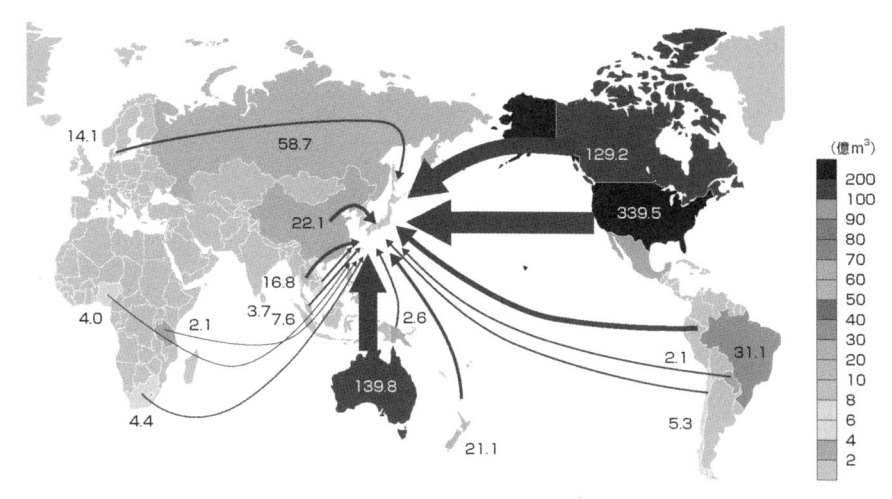

図 8.14 2005 年のバーチャルウォーター輸入量
データ：輸入量（工業製品：通商白書（2005 年），農畜産物：JETRO 貿易統計（2005 年），財務省貿易統計（2005 年）），水消費原単位（工業製品：三宅らによる 2000 年工業統計の値を使用，農産物：佐藤による 2000 年の日本の単位収量からの値を使用，丸太：木材需給などより算定した値を使用）．
出典：東京大学生産技術研究所　沖教授のデータより環境省が算出・作成（環境省，2010）．

っている（図 8.14）．日本はバーチャルウォーターを輸入することで自国の水ストレスを軽減している一方で，他国に水ストレスを加重しているといえる．

8.8.2 ウォーターフットプリント

バーチャルウォーターを含む地球規模での直接的および間接的な水の消費量を統計的に表す概念として，ウォーターフットプリントがある．「フットプリント（足跡）」の概念は，そもそも人の社会経済活動が地球環境に与える負荷量を，人が地球環境を踏みつけにした足跡にたとえ，それを同等の生物生産量で賄う場合に必要な土地の面積として表したエコロジカルフットプリント（13.2.2 項 a 参照）が始まりである．商品やサービスの原材料調達から，生産，廃棄，リサイクルに至るライフサイクル全体における温室効果ガス排出量を二酸化炭素量として表すカーボンフットプリント（13.2.2 項 e 参照）も同様の概念の 1 つである．

オランダの非営利団体であるウォーターフットプリントネットワーク（Water Footprint Network，WFN）では，ウォーターフットプリントの見積りには，ブルーウォーター，グリーンウォーター，グレイウォーターという 3 つの水消費量（フットプリント）を定義している．「ブルー」は集水域における表流水（河川水

や湖沼水）と地下水の消費量を表す．消費量には農業や工業製品に取り込まれた水だけでなく，蒸発や，他の集水域や海域への流出によって失われた水も含まれる．「グリーン」は雨水の消費量を表し，表流水や地下水として流出せずに，農作物に取り込まれた水と土壌水として蓄えられた水を含む．「グレイ」は汚濁による水の消費量を表し，本来の水質に戻るまで汚濁水を希釈するのに必要な淡水量として定義される（Water Footprint Network, 2011）．

このようなウォーターフットプリントの見積りによって，各国や各地域において，本来グリーンウォーター（雨水）のみで賄うべき農作物の栽培に，灌漑による大量のブルーウォーター（表流水，地下水）が使用されていること，バーチャルウォーターを考慮することでこれまでの直接的な水使用量の比較とは異なる大きな地域格差が存在すること，水質汚濁の問題を抱える地域においては本来利用可能な水資源量の多くを汚濁（グレイウォーター）によって失っていること，などが明らかになるであろう．現在，地球規模で水需要が高まるなかで，将来，地球温暖化問題における二酸化炭素排出権取引きのように，水消費権取引きが各国間で行われることも予測される．これまでの水利用を見直し，将来のあり方を考える必要がある．　　　　　　　　　　　　　　　　　　　　　　　［高見　徹］

文　献

環境省（2010）：環境白書（平成 22 年版），循環型社会白書/生物多様性白書．
環境省ウェブサイト（http://www.env.go.jp/nature/shinrin/sabaku/download/p1.pdf），2012 年 10 月アクセス．
国土交通省（2012）：国土交通白書 2012，平成 23 年度年次報告．
日本下水道協会（2001）：下水道施設計画・設計指針と解説（後編）―― 2001 年版，日本下水道協会．
日本水道協会（2000）：水道施設設計指針 2000，日本水道協会．
農林水産省（2012）：食料・農業・農村白書（平成 23 年度）．
Water Footprint Network (2011)：The Water Footprint Assessment Manual, Setting the Global Standard, Earthscan (http://www.waterfootprint.org/downloads/TheWaterFootprintAssessmentManual.pdf)，2012 年 10 月アクセス．

9. 大地と環境

9.1 地球の歴史

　地球の歴史は46億年であるが，人類の歴史は500万年にすぎない．人類が誕生する以前の地球は，長い年月をかけて人類が生息できる環境を用意してくれた．個々の人間活動は地球の長い歴史からみたらわずかな変化にすぎないが，そのわずかな変化が70億人分も積み重なると，大きな地球環境の変化を引き起こし，人類存亡の危機をもたらそうとしている．

　我々が呼吸している気体は酸素である．酸素は植物体の光合成によって二酸化炭素から生成される．また光合成は，大気中の二酸化炭素を炭素の形で固定し，それが石油・石炭という化石資源となる．その化石資源を燃やすことによって，化石資源中の炭素と酸素が結びつき二酸化炭素が発生する．このように，我々にとって重要な物質である酸素や二酸化炭素は地球を循環している．ではなぜ，地球に酸素や二酸化炭素があるのだろうか．その役割はなんだろうか．

　本章では今日の地球環境問題で取り上げられる二酸化炭素やオゾンなどが，地球の歴史においてどのような役割を果たしてきたかを紹介する．環境問題と地球の生い立ちは強く関連しており，地球の歴史を知ることは環境問題の理解に大いに役立つであろう．

9.1.1 地球の形成

　地球は隕石の衝突が繰り返されて形成された．隕石中に含まれる様々な物質が地球を形成したのである．モノが激しくぶつかると，熱が生じる．隕石のような巨大物体の衝突は極めて高温な状態を作り出し，隕石中に含まれる気化しやすい成分は気体となった．気体の中でも軽い水素やヘリウムは宇宙空間へ放出され，比較的重い気体が地球に残り，大気を形成した．これが原始大気である．原子大気は現在の大気よりも気圧が高く，その成分の80%以上は水蒸気で，残りほとんどが二酸化炭素であった．水蒸気も二酸化炭素も強力な温室効果を持つことから，当時の地表の温度は1200℃以上であった．

そのため地表の岩石はすっかり溶け，マグマオーシャンと呼ばれる高温な岩石の流体を形成した．マグマオーシャンは水蒸気を吸収したため大気中の水蒸気が減り，温室効果が下がった．それに伴いマグマオーシャンの温度も下がり，マグマオーシャンが水蒸気を吸収する量も減り，マグマオーシャン中の水蒸気と大気中の水蒸気は平衡を保つようになった．

> **コラム： 隕石**
>
> 隕石には純鉄が多く含まれている．人類が最初に利用した鉄は隕石から得たといわれる．なぜ隕石に鉄が多く含まれるかというと，宇宙空間には鉄元素が豊富にあるからである．このように宇宙空間の物体（小惑星など）の成分を調べると宇宙空間の元素の状態がわかり，宇宙の成り立ちがわかる．2003年に打ち上げられた小惑星探査機「はやぶさ」が2010年に小惑星「イトカワ」の微粒子を持ち帰ったのは，微粒子中の元素などを分析し宇宙の歴史を明らかにするためである．

9.1.2 海の誕生

マグマオーシャンを形成する物質のなかで，重量の重い鉄やニッケルなどの金属はマグマオーシャンの底に沈んだ．これは地球中心部に集まり，コアを形成した．それ以外の物質はマントルを形成し，コアを取り囲んだ（図9.1）．

隕石が衝突する回数が減るにつれて，地球の表面温度も次第に低下していった．表面温度が低下すると大気中の水蒸気が雲を形成し，雨を降らせた．それでも雨の温度は300℃以上であった．

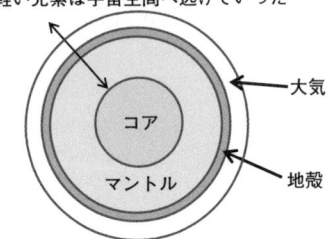

図9.1 マントルとコア

原始の雨は強い酸性だった．マグマから放出される酸性物質（塩化水素や硫化水素）を含んでいたからである．雨が数百年降り続いたことによって，海が誕生した．大気中の水蒸気が雨となって海を作ったことから，大気中の成分はほとんど二酸化炭素だけになった．大気中から水蒸気が除かれることによって，温室効果は小さくなった．

酸性物質が溶け込んだ酸性の海は岩石を溶かし込んで，海水中のカルシウムやマグネシウムの濃度が増していった．その結果，酸性の海は中性の海に変わっていった．二酸化炭素は酸性の液体には溶けないが，中性の液体には溶けるため，

大気中の二酸化炭素は中性の海に溶け始めた．大気中の二酸化炭素が減り，温室効果はさらに弱まった．海に溶けた二酸化炭素は，同じく海水に溶けていたカルシウムやマグネシウムと結びついて炭酸塩となった．これが石灰岩のもとである．また，大気中の二酸化炭素がさらに減ると，太陽光が地表に届くようになった．

9.1.3 生命の誕生

40億年前に海で生命が誕生した．海の中には硫化水素が豊富にあり，おそらくこの硫化水素をエネルギー源として生命が誕生したと考えられる．現在，潜水艇を利用した深海調査が盛んであるが，海底の熱水が噴出する場所にだけ生物が豊富に存在することがわかっている．これは，熱水に含まれる硫化水素やメタンを餌とするバクテリアが存在するからである．このバクテリアが生命誕生に大きく関わっていると考えられるが，どのように生物が誕生したかは未だに不明である．

地球の中心にあるコアは絶えず流動していたが，27億年前にこの流動が磁場を生じさせることになる．この磁場は地球にとって重要な役割を果たしている．というのは，太陽からは生物に有害な太陽風が絶えず発せられており，これに当たると生物は死んでしまうのだが，磁場のおかげで，太陽風が地表に届かなくなったのである（図9.2）．極地方でみられるオーロラは，太陽風と大気が衝突することによって生じる現象である．

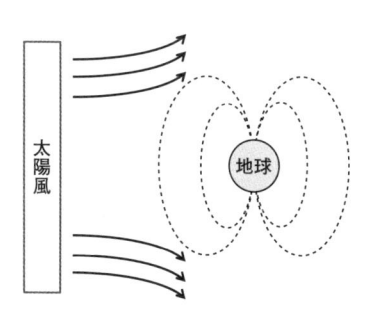

図9.2 磁場と太陽風

太陽風を磁場が防ぐことにより，浅い海に生物が進出できるようになり，光合成を行う生物が誕生した．この光合成を行う微生物をシアノバクテリアという．前述のとおり，光合成とは二酸化炭素を原料に炭素を固定して酸素を排出することである．シアノバクテリアによって酸素が大量に放出されたことから，海水中の酸素濃度が高くなった．ただし，原始の生物にとって酸素は毒ガスであった．酸素は反応性が高く，他の物質を酸化してしまうからである．一方で，この酸素を利用する生物が現れた．硫化水素を利用するよりも酸素を利用するほうが大きなエネルギーを得られるからである．

光合成を行う生物によって海中へ放出された多量の酸素は，海洋中の鉄分と結びついて酸化鉄が生成された．酸化鉄が堆積してできた鉄鉱石は縞状鉄鉱層と呼ばれ，酸化鉄の層とそれ以外の堆積物の層が交互に折り重なっている．縞状にな

っているのは，光合成が盛んな時期に酸化鉄が堆積し，盛んでないときはそれ以外の物質が堆積したからである．これが現在の鉄鉱石となる．酸化鉄の形成は，海洋中の鉄分が少なくなる19億年前まで続く．海洋中の鉄分が少なくなると，光合成生物によって海中へ放出された酸素は大気へ放出されることになった．

　光合成が進行することによって大気中の二酸化炭素の量が減少したため，気温が下がり，地球は7億5000万年前から6億年前にかけて大氷河時代を迎えた．その結果，それまでに繁栄していた生物はほとんど絶滅してしまった．しかしながら，やがて火山活動が活発化すると二酸化炭素が大量に噴出し，大気中の二酸化炭素が増え地球は温暖化した．これによって，また地球は生物にあふれることになる．生命は火山が近くにある温暖な地域で大氷河時代をしのいだと考えられる．

9.1.4　生物の陸上への進出

　大気への酸素の放出が続き，やがて5億年前にオゾン層ができた．これによって，有害な紫外線が地表へ到達することが防がれるようになり，植物が地上へ進出できるようになった．しかし，当時の岩石むき出しの陸上は乾燥しており，乾燥対策が欠かせなかった．そのため，まずは水の入手が容易な水辺に植物が進出し，その場所の乾燥状態が改善していったと考えられる．さらに乾燥に耐えられる植物が出現すると，陸地に急速に植物が拡大した．

> **コラム：　クチクラ**
>
> 　植物の葉の裏を顕微鏡でみると，口のような形をしたものが無数にあることがわかる．これをクチクラという．クチクラは大気中の二酸化炭素を取り込むときは開くが，それ以外は閉じて植物体からの水分の蒸発を防いでいる．このクチクラができることによって，当時の乾燥が強かった陸地へ植物が進出したと考えられる．

　それまではシダやコケのような背の低いものばかりだったが，4億年前に茎ができ直立できるようになった．光合成に必要な光を獲得するために，他の植物よりも高い位置で光が受けられるようにする植物の生存戦略である．こうして背の高い木が続々と誕生し，やがて大森林が形成され，土が誕生した．土は，森林の根元に降り積もった葉や枝が，岩石が風化してできた砂や泥と混じって形成された．土は水分・養分を含み，植物にとって陸上はより生息しやすい環境となった．この時期の大森林が現在の石炭を形成しているといわれている．

9.1 地球の歴史

表 9.1 地球年表

年代	出来事
46 億年前	地球誕生． 原子大気の誕生．成分の 80% 以上は水蒸気で，残りはほとんど二酸化炭素． 強力な温室効果より地表の温度は 1200℃ 以上と推測． マグマオーシャンの形成． 大気中の水蒸気，マグマオーシャンへの溶解． コアの形成． 地球表面温度の低下．大気中の水蒸気が雲を形成し，降雨が発生（雨の温度は 300℃ 以上）
40 億年前	海で生命が誕生（強い酸性）． 大気中の成分はほとんどが二酸化炭素だけになり，温室効果が小さくなる． 海に岩石が溶け，海が中性になる．大気中の二酸化炭素が中性の海に溶け始め，温室効果もさらに小さくなった．海に溶けた二酸化炭素は，海水に溶けていた岩石の成分と結びつき，石灰岩になった． 太陽光が地表に到達
27 億年前	磁場の形成． 浅い海で光合成生物が誕生． 光合成生物により酸素が海中へ大量に放出され，海水中の酸素濃度が高くなった． 海中酸素は，鉄分と結びついて酸化鉄が生成（縞状鉄鉱層）
19 億年前	海中に鉄分が少なくなり，酸化鉄の形成が終わり，酸素が大気へ放出される
7.5 億年前	大氷河時代（6 億年前まで．生命の大量絶滅）． 火山活動の活発化によって，温暖化．生命の復活
5 億年前	オゾン層の形成．植物の陸上への進出
4 億年前	森林の誕生．土壌の形成
2.5 億年前	火山の大爆発（生命の大量絶滅）． 恐竜出現．石油の形成
6500 万年前	隕石の衝突（生命の大量絶滅）
500 万年前	人類誕生

しかしながら 2 億 5000 万年前に火山の大爆発が起こると，火山灰による太陽光の遮蔽や，大気中の二酸化炭素濃度の増加による急激な温暖化が起こり，生物の多くがまたもや絶滅してしまった．このときは地球上の全生物種の 70% が絶滅したといわれている．しかし，この過酷な環境でも生き延びた生物は，やがて気候が落ち着いてくると再びその勢いを増した．特に乾燥に強い爬虫類が繁栄し，やがて恐竜も出現した．また，このころに最初の哺乳類が出現した．この時期は地球が温暖化しており，生物の生息に好適な条件であったといえよう．後の石油が

できたのはこの時期である．地球温暖化のため大量の植物プランクトンが生息し，その死骸が蓄積したものが石油であると考えられている．

ところが6500万年前に隕石が地球に衝突し，一瞬で環境が変わってしまった．舞い上がった膨大なチリで太陽光が遮られ，地球が急激に寒冷化したため，恐竜は絶滅してしまった．しかしチリが晴れてくると，隕石衝突時に岩石から放出された二酸化炭素によって，急激に温暖化した．この激しい気候変動によって地球上の生物種の70%が絶滅したといわれている．

以降，地球は温暖化と寒冷化を繰り返しながら，今日の姿を形作っていき，その時々の環境に適した生物が繁栄と絶滅を繰り返していった．そして，500万年前に人類が誕生した．

9.2 土　　壌

9.2.1 土壌の基礎

土壌は地表付近の物質が複雑に変化して生成したものである．その生成に影響を与える条件は，気候，生物，人為，地形，水，母材（岩石），時間である．土壌は一様でなく，世界各地で様々な土壌が形成されているといえよう．

土壌の構造は複雑で，単純化することは難しい．しかしながら，複数の物質から成り立っていることはわかっている．それは，固体である有機物と無機物，液体である土壌水，気体である土壌空気である．その割合の一例を示すと，空気25%，水分25%，無機物45%，有機物5%である（図9.3）．

土壌に関する研究は，農業生産と関連づけて発展したと同時に，生態学研究とも結びついて発展してきた．

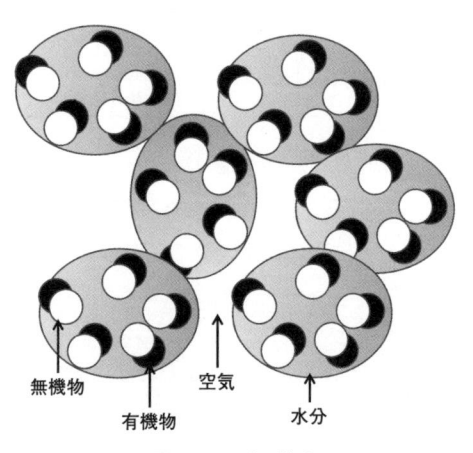

図9.3　土壌の構造

農業と結びついた土壌研究は，農業生産に適しているかどうかを示す土壌肥沃度という指標（土壌の水分や養分を供給する能力を示す）を生み出した．これが，肥沃度を保つための施肥方法についての提案へと結びついてきた．さらに，土壌中に含まれる微生物が土壌環境に

大きな影響を及ぼすことから，土壌微生物に関する研究も盛んになってきた．土壌微生物は有機物を分解し，植物が利用可能な無機養分を生み出すことができる．土壌1gには100万～10億個の微生物が生息しており，その分解能力は高い．この機能を利用して，排水の浄化に土壌を利用する土壌浄化方法も提案されている．この方法は，排水処理設備の建設が難しい山間部や途上国において有効である．さらに，土壌微生物は土壌中の窒素の形態変化において重要な役割を果たす．これによって，温室効果ガスである亜酸化二窒素や，健康被害や富栄養化をもたらす硝酸態窒素が生成する．

一方，生態学研究において土壌は，大気圏，水圏，生物圏，地圏の4圏における地圏を形成するものであり，地球の物質循環において極めて重要な役割を果たす．地球の炭素循環を図9.4に示す．

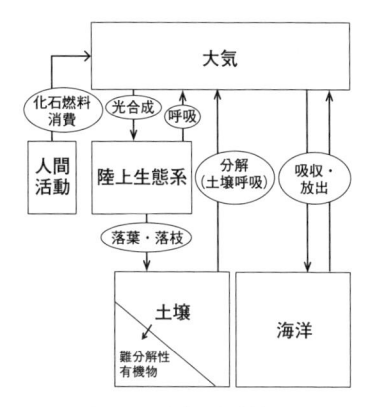

図9.4 地球の炭素循環
大気中の炭酸ガスは光合成によって植物体へ固定される．植物体は落葉，落枝，枯死によって，土壌へ移動する．土壌中へ移動した炭素は，土壌中の微生物によって分解されて大気中へ二酸化炭素として放出される．これらの循環は太陽光を駆動力として動いている．

9.2.2 土壌汚染

土壌は我々の生存の基盤であり，農作物を生産する場であるが，近年の人間活動は土壌の汚染を進行させている．土壌汚染は，その特徴や様々な観点から分類することができる．

汚染経路には，有害物質が直接混入する場合と，水質汚濁や大気汚染を通じて間接的に混入する場合の2種類がある．汚染場所としては市街地土壌と農用地土壌にみられる場合が多い．市街地の土壌汚染は，直接的には重金属や有機塩素系溶剤などの化学物質を多用する工業事業所の跡地から見つかる場合が多い．農用地は農薬などによって汚染される．また山間部では不法投棄現場の土壌が汚染されている場合が多い．さらに，汚染物の特性（有機物，無機物，揮発性，水溶性，生物分解性）によっても分類され，その特性に適した処理方法が選択される．

土壌に混入した汚染物は，一部は揮発などによって系外に速やかに排出されるが，一部は土壌水，鉱物，有機物と相互作用し，長く残留してしまう．主な相互作用は吸着や捕捉である．汚染物が吸着されてしまうと，土壌と汚染物の結び付

きが強固になり，その後の汚染物処理が困難になってしまう．

汚染土壌を修復することを浄化（レメディエーション，remediation）といい，物理・化学・生物的な処理方法がある．物理的処理は土壌を除去して埋め立てたり，現場で封じ込めたりする方法である．化学的処理は土壌を薬剤で洗浄する方法である．ただし，物理的処理も化学的処理も土壌の成分を変えてしまうので，環境への負荷は大きい．生物的処理は微生物の汚染物分解能を利用するので，土壌への負荷が少ない．しかしながら，高濃度の汚染には用いることができない．また，植物が根から養分を吸い上げる能力を用いて汚染物質を浄化する方法もあり，重金属の除去に有効である．

9.3 農業と環境

農業は人類が初めて始めた産業である．農業の始まりには諸説あるが，約1万年前に地球を寒冷化が襲い，それまでの狩猟採集生活がままならぬことになったために，農業が始まったとされている．

農業の基盤は大地にある．まずは開かれた土地で農業を始めたと考えられるが，やがて森林を切り開いて，農業を拡大したといえよう．その意味では農業は自然環境を破壊して存在してきた産業である．近代農業はさらに，農薬，化学肥料，化石燃料を利用する農機具の使用など，環境に負荷を与える．しかしながら，人類が存続するためには食料の供給は不可欠であり，今後も農業は決してなくならない．農業生産と環境保全が両立した持続可能な農業を目指すべきである．

一方，農業には環境を保全する側面もある．現在，農業を営む地域である農村は独自の進化を遂げ，都会に比べて豊かな生態系を有しており，農村は保全すべき貴重な生態系となっている．

9.3.1 農 薬

農薬は農作物から病害虫を除去するために使用されてきた．人類が農業生産を増やすことができたのは農薬のおかげである．現在も農薬抜きの農業生産はありえない．しかしながら，こうした人工的に作られた化学物質が人間の健康や生態系に多大な影響を与えてきたことは間違いない．

紀元前1500〜1000年ごろに硫黄，石灰，ヒ素を含む鉱石の粉末を害虫防除に用いた記録があるが，これが農薬の始まりである．その後は様々な自然由来の農薬が用いられたが，18世紀に硫酸銅が種子殺菌剤として使用されたのが，人工物由

来の農薬の最初である．その後，様々な農薬が開発され，現在は有機化合物が主流となっている．日本では1990年代にダイオキシンが大問題となったが，その後の研究によって，1960年代に使われた有機塩素系農薬が変異してダイオキシンとして土壌中に残留している量が多いことがわかった（12.1.2項b参照）．

また，現在は農作物の残留農薬も問題となっている．残留農薬とは農畜産物に付着・吸収・蓄積された農薬や動物用医薬品，飼料添加物およびその代謝物質のことである．人や家畜に被害を与えるおそれのある農薬は，「農薬取締法」によりその使用が制限されてきた．残留農薬に関しては，農薬取締法だけでなく，「食品衛生法」によっても定められてきた．こうした制度は原則としてネガティブリスト制度（規制がない状態で規制するものをリスト化する）であるが，少し化学構造を変えただけのもの（法に基づく残留基準が定められていない）などを含む食品が流通する危険性が生じ，食品の安全確保が不十分であると指摘されてきた．

現在ではポジティブリスト制度（原則規制または禁止された状態で，使用の認められるものについてリスト化する）が導入され，農薬の使用は原則禁止されている．残留基準が設定されていない農薬などについては一律基準（0.01 ppm）が適用されている．

> **コラム： 1日許容摂取量**
>
> 農薬の残留基準は，仮にその農薬を一生涯にわたって毎日摂取し続けたとしても，危害を及ぼさないとみなせる体重1 kg当たりの量によって決まっている．これを1日許容摂取量という．この考え方は食品添加物にも適用されている．

9.3.2　水質汚濁

家畜の糞尿の不適切な処理，過剰な施肥による農業由来の窒素が地下水を汚染している場合が多い．人の健康保護と生活環境保全のために維持することが望ましい地下水の環境基準が1997年に定められた．基準が設定されている26項目のなかに，硝酸性窒素および亜硝酸性窒素がある．硝酸性窒素・亜硝酸性窒素は，肥料，家畜の糞尿や生活排水に含まれるアンモニウムが硝化菌によって酸化されたもので，作物に吸収されずに土壌に溶け出し，地下水汚染の原因となる．人が硝酸性窒素を多量に摂取した場合，一部が消化器内の微生物により還元されて，体内に亜硝酸態窒素として吸収され，健康に影響を及ぼす．また硝酸性窒素自体は胃のなかで発ガン性物質を生成する．水道水では1978年に水質基準が設けら

れ，現在の基準は 10 mg/L 以下である．1999 年には地下水や，河川などの公共水域にも同じ値の環境基準が設けられた．また硝酸性窒素・亜硝酸性窒素が公共水域へ流出すると富栄養化を引き起こすことから，その対策が求められている．

9.3.3 温暖化物質

現代農業はエネルギー集約産業であり，温室効果ガスである二酸化炭素を排出する．さらに，有機物や窒素を扱うためメタンや亜酸化窒素が多く排出される．ともに業種別では農業が第一の排出源である．

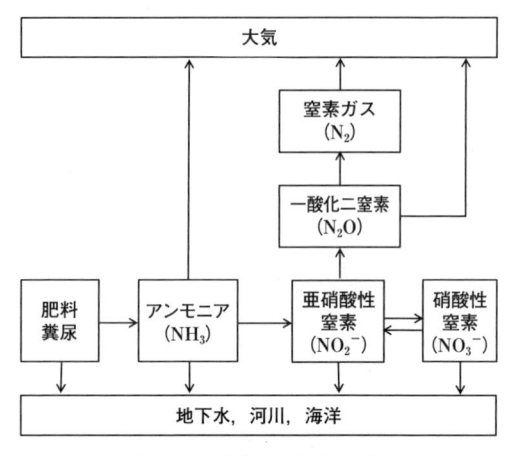

図 9.5　環境中での窒素の変化

メタンは水田下部の嫌気分解，反芻(はんすう)動物の消化活動によって発生する．盛夏の水田では光合成による二酸化炭素固定も盛んであるが，メタンの発生も多く，正味では温室効果ガスの排出源になっている．対策として，水田の湛水管理（田に水を張ること）の実施，家畜に与える餌の改良などが挙げられる．夏の中干しもメタン発生抑制に有効である．

亜酸化窒素は畜産廃棄物の処理過程，窒素肥料の施用によって発生する．亜酸

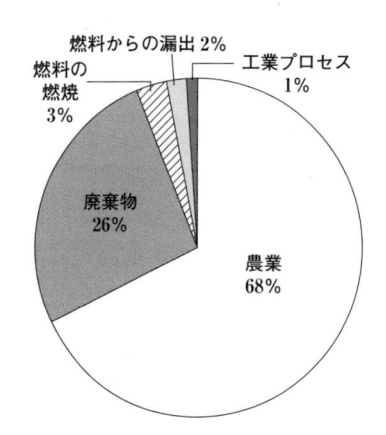

図 9.6　メタン排出量
2008 年度環境省データより作成．

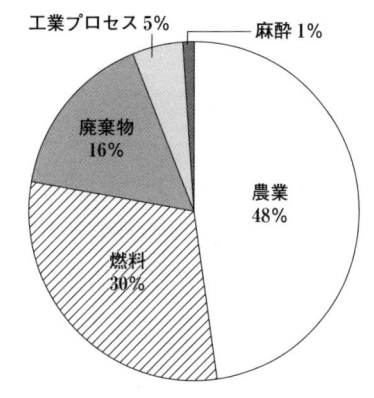

図 9.7　一酸化二窒素（亜酸化窒素）排出量
2008 年度環境省データより作成．

化窒素は尿素系の肥料や硝酸態窒素の微生物反応によって発生するので，施肥しない畑では発生量は少なくなる．適切な廃棄物処理ならびに適切な肥料施用によって排出を抑制することができる．硝化抑制材入り肥料や被覆尿素肥料を使うと亜酸化窒素の発生削減に効果がある．

9.3.4 廃棄物

近代農業は様々な物質を用いており，様々な廃棄物が発生する．廃棄物を取り締まる法律として，「廃棄物の処理及び清掃に関する法律」がある．廃棄物の排出抑制と適正な処理，生活環境の清潔保持により，生活環境の保全と公衆衛生の向上を図ることが目的である．同法では廃棄物を産業廃棄物と一般廃棄物に分類している．産業廃棄物は排出事業者が処理責任を持ち，事業者自らかまたは排出事業者の委託を受けた許可業者が処理する．農業従事者は事業者であり，自らが排出する廃棄物は責任を持って処理しなければならない．

なお，農業から発生する産業廃棄物の中で最も多いものは家畜糞尿である．畜産農家以外の耕種農家が排出する廃棄物は，汚泥，廃油，廃プラスチック類，金属くずなどであるが，圧倒的に廃プラスチック類の排出が多い．2009年度の実績では年間7.9万 t の廃プラスチック類が排出された．主なものはマルチフィルム，ハウス被覆材（材質は塩化ビニルやポリオレフェン）である．回収された廃プラスチックはマテリアルリサイクルあるいはサーマルリサイクルされるが，汚れた状態で排出されるので有効なリサイクルはなかなか進まない．

9.3.5 農業と環境の新しい関係

a. 環境保全型農業

慣行型の農業が農薬や化学肥料を使うため，農作物自体の品質や安全性に疑問を持つ消費者が増えてきている．そのために，減農薬，無農薬の農法や，有機質肥料を使う有機農法，まったく自然な状態で農作物を育てる自然農法などが盛んに実施されている．安心・安全の農作物生産を狙ったものだが，環境負荷低減（エネルギー消費減）にも効果がある．

ただし，環境保全型農業といってもその定義は様々である．例えば農産品の規格を記した日本農林規格（JAS）では，有機農産物を「農業の自然循環機能の維持増強を図るため，化学的に合成された肥料及び農薬の使用をさけることを基本として，土壌の性質に由来する農地の生産力を発揮させるとともに，農業生産に

由来する環境への負荷をできる限り低減した栽培管理方法を採用した圃場で生産すること」と定義している．

1999年7月に制定された「持続性の高い農業生産方式の導入の促進に関する法律」に基づいて都道府県知事から認定された農業者をエコファーマーと呼んでいる．エコファーマーとは以下の技術のすべてを用いて行われるものをいう．

・堆肥その他の有機質資材の施用に関する技術であって，土壌の性質を改善する効果が高いものとして農林水産省令で定めるもの
・肥料の施用に関する技術であって，化学的に合成された肥料の施用を減少させる効果が高いものとして農林水産省令で定めるもの
・有害動植物の防除に関する技術であって，化学的に合成された農薬の使用を減少させる効果が高いものとして農林水産省令で定めるもの

自然農法は基本的に，不耕起，不除草，不施肥，無農薬を原則としているが，提唱者，実践者によってその内容は大きく異なる．

b. 植物工場

近年，農業分野で注目されているのが植物工場である．植物工場では温度・水分などの条件をコントロールできるため，気候変動などの自然環境の変化を受けないメリットがある．よって，温暖化の影響を受けることは少なく，それに伴う品質低下はないものと思われる．

また，農業が環境へ及ぼす影響のうち，農薬・肥料・廃棄物に関しても植物工場は有利であるといえよう．人工光利用型植物工場は農薬を使用しない場合が多く，自然環境への農薬の排出はない．自然光利用型では，換気窓による大量の空気の交換が必要で病虫害のリスクがあるが，物理的防除（熱，紫外線など）により減農薬を行うことが重要である．さらに，無農薬を目指すためには換気窓のフィルターなどが必要となろう．施肥についても管理されており，肥料を含む養液を循環させているので，自然界への窒素汚染も生じない．さらに，ハウスやマルチフィルム用にビニルを使うこともないので，廃プラスチック類も発生しない．

一方，温室効果ガス排出に関しては不利である．露地栽培や温室栽培では太陽光を利用するが，植物工場では電力による光源（LEDなど）を使用する．温度管理もヒートポンプによって制御しているので電力を大量に消費するであろう．ただしヒートポンプによる加温は，従来の施設園芸における重油ボイラーによる加温よりも二酸化炭素排出量を小さくすることができる．問題は，高温時の冷房使用にあるといえる．また，循環している養液には減菌処理が必要であり，エネル

ギー消費や薬剤投与が従来の作物栽培より多くなることが予想される．しかしながら，自然エネルギーやバイオマスエネルギーで代替できれば，二酸化炭素排出量を低くすることができる．また，オランダのように発電所や工場を中心とした施設園芸団地を形成することで，地域の余熱の有効利用も期待できよう．

施設建設に伴う資源消費に関しては，既存施設（遊休状態となっている工業団地，公共施設，店舗，学校など）の利用によって新たな資源消費を抑えることができよう．

このように植物工場には環境面で長所短所がある．長所を生かしながら短所を克服すれば，環境配慮型の農作物を植物工場で生産することができよう．環境面での長所を販売面にも生かせれば理想的である．植物工場で生産した野菜が品質だけでなく環境にも貢献していることがわかれば，消費者の購買意欲を促進するであろう．

c. 景 観

農業の環境保全作用のうち景観保全は，環境に正の影響を与えるものである．低平地の大規模水田，台地や丘陵地の谷津田，山地斜面の棚田や段々畑，収穫後に稲木を干す「はさがけ」など，農業が生み出した風景は人間が長い年月をかけて積み上げた伝統的なものである．いわゆる日本人の原風景であり，歴史と文化が詰まっている．しかしながら，農山村の過疎化による農耕放棄地の増加は，こうした風景を喪失させてしまうため，これらの景観を保全するために様々な取組みが実施されている．ふるさと山村フォトコンテスト（全国山村振興連盟），美しい日本のむら景観100選（農林水産省），日本の棚田百選（地域環境自然センター）などは，日本の原風景である農山村の保全を広く国民に訴える活動である．

また自然な状態ではないが，農村には農村生態系という他の生態系とは異なる貴重な生態系があることから，それを守る運動（里山保全運動）も盛んである．

d. 地産地消・旬産旬消

地元の農作物を地元で消費する運動が地産地消，旬の農作物を旬に消費するのが旬産旬消である．ともに地元農産物の消費拡大を狙ったものだが，環境負荷低減（輸送や温室加温にかかるエネルギー消費減）にも効果がある．

JAS法の改正による原産地の表記，食農教育基本法の制定による都市と農山漁村の交流促進など，地産地消を通して固有の食文化を保全していこうとする様々な取組みがなされている．

環境面では，生産地と消費地間の距離を物理的に短縮させることによる流通エ

ネルギーの削減，「通い容器」によるダンボール使用の削減，需要変化に迅速対応した仕入れによる食品ロスの削減などの効果が期待されている．　［後藤尚弘］

> **コラム：　食と農業に関する新しい考え方**
>
> ・スローフード：　ハンバーガーショップなどに代表されるファストフードに対し，伝統的な食文化を大切にしながら，食事をゆったり楽しむことを指す言葉．1986年，イタリア・ローマにアメリカ系のハンバーガーショップが店舗をオープンしたことに反発して起こった運動．
> ・身土不二：　人間の体すなわち「身」と，そこの「土」は「不二」，2つではなく一体であるという意味である．明治30年代に石塚左玄らが起こした「食養道運動」のスローガンとして使われたのが最初で，彼らは三里四方，もしくは四里四方でとれる旬のものを正しく食べることを運動の目標としていた．最近の地産地消への関心の高まりから見直されている．
> ・フードマイレージ（食料の総輸入量・距離）：　輸入食料の量および輸送距離を総合的・定量的に把握する指標．輸入相手国別食料輸入量に国間の輸送距離を乗じ，国別の数値を累積することにより求められる（単位はt・km）．食料供給構造や輸送に伴う地球環境への負荷の大きさを計測するための手がかりともなる．日本のフードマイルは他の先進諸国よりも断突に大きいことがわかっている．
> ・トレーサビリティ：　英語のtrace（追跡）とability（できること）を組み合わせた言葉で，食の生産履歴を追跡すること．食品がいつどこで誰によって生産され，どのような農薬や肥料，飼料が使われ，どんな流通経路をたどって消費者の手元に届けられたかといった情報が確認でき，万一食品に関する事故が発生しても，原因の究明や回収が容易になるシステムの確立が求められるようになった．

文献

安西徹郎，犬伏和之 編（2001）：土壌学概論，朝倉書店．
アンドリューズ，J.E. ほか（渡辺 正 訳）（2012）：地球環境化学入門 改訂版，丸善出版．
伊東俊太郎，坂本賢三，山田慶児，村上陽一郎 編（1994）：科学史技術史事典，弘文堂．
西本昌司（2006）：地球のはじまりからダイジェスト 地球のしくみと生命進化の46億年，合同出版．
宮本英昭，橘 省吾 編（2009）：鉄——137億年の宇宙誌，岩波書店．

10. 生物多様性

10.1 生物多様性とは

10.1.1 生物の進化と生物多様性

　地球上に生命が誕生したのは，いまから約40億年前に遡るといわれる（9.1節参照）．生命が1つの型から始まったのか，それともいくつかの型が並行して生じたのか，その詳細はわかっていないが，そのころ発生した原始的な生命体が地球上のすべての生命の起源と考えられている．地球上に生命が誕生して以来，生物は環境に適応しながら，進化を重ね多様化していった．その一方で，他の生物との生存競争に勝ち残ることができなかったり，環境の変化についていけない生物は絶滅していった．

　生物は，それぞれ独立した個体として生きている．生物の個体は細胞分裂や生殖などにより新生し，次の世代に生命を伝達する．地球上のすべての生物は，新しい個体が生まれるたびに新しい生命が創造されるのではなく，生命は親から子へ受け継がれている．生物が受け継いでいる生命は，地球上に生命が発生してから一瞬の休みもなく連綿と生き続けてきたものであり，すべての生物はそれぞれが40億年間の生命進化の歴史を担っていることになる．

　このような，現在地球上にあるすべての生物の総体を「生命系」と呼ぶことがある．生命系は，現在という瞬間に生きているすべての生物によって担われており，そのいまの断面が地球上の生物多様性といえる．

　次の世代に生物の体の形や色などの性質（形質）が伝わる現象は遺伝と呼ばれる．遺伝は，遺伝子の伝授と，遺伝子の担う遺伝情報の働き（発現）により支配される生物固有の現象である．生物は遺伝子，さらにはそれを構成するDNAにより遺伝情報を正確に次世代に伝達し，その情報が発現することにより特定の種としての生物の構造と機能を示すことになる．つまり，生物の様々な構造や機能に関する情報は遺伝子のなかに収納され，DNAの自己複製の過程を通じて，世代を越えて個体から個体へと伝えられる．

　生物の進化の歴史のなかで，15億年ほど前に大きな変化が起きた．それは，細

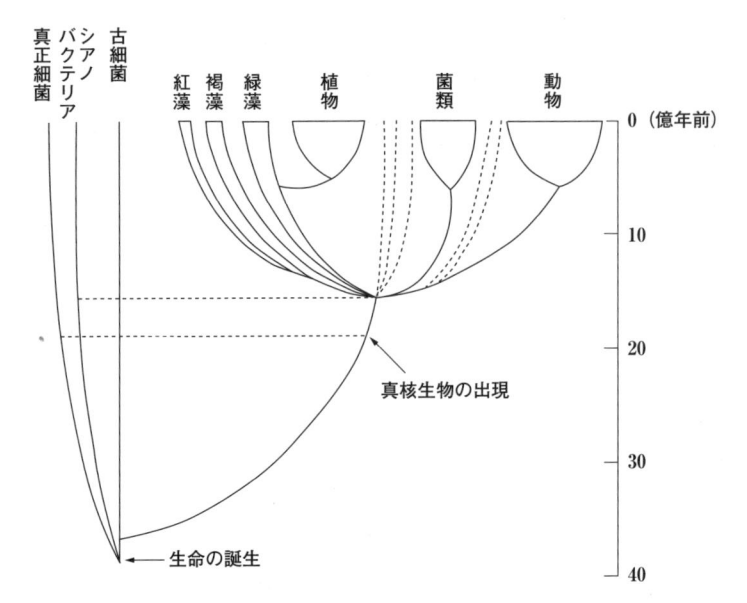

図 10.1 生物の系統樹
岩槻 (2002) をもとに作成.

胞のなかに DNA を 2 組持つ生物が出現したことである．この変化により，生物は 2 つの別々の個体（親）からそれぞれ DNA を 1 組ずつもらうことが可能となった（有性生殖）．それまでの原始的な原核生物は，おそらく単細胞体で単純な 2 分裂により世代更新を行ってきた．細胞の分裂により元の DNA を複製するだけであったため，進化の度合いは比較的ゆるやかだった．これに対し，有性生殖では繁殖のたびに異なる DNA が組み合わせられるため，有性生殖を行う生物の出現により急速に遺伝情報の多様化が進んだ（図 10.1）．

また有性生殖では，原則として 1 つの個体だけでは子孫を残すことができない．他の個体と協力して初めて次の世代を得ることができる．このことが，個体の選抜や競争を引き起こし，生物の進化がさらに加速することとなる．その結果として生物の構造や機能が高度に洗練され，生物種や遺伝情報の多様化が急速に進んだ．

10.1.2 生物多様性とは

生物多様性という言葉は，英語では biodiversity という表現が使われることが

多い．これは biological diversity を短縮した造語である．後述する生物多様性条約において，生物多様性は「すべての生物の間の変異性をいう」と定義されており，遺伝的な多様性，種の多様性，そして生態系の多様性という3つのレベルがあるとされている．

a. 種の多様性（種間の多様性）

種の多様性は，簡単にいうと，カエル，カメ，アサガオ，カタツムリなど，違う種類の生きものがいるということであり，生物多様性の3つのレベルのなかでも最もイメージしやすいものだろう．生物には植物とか動物や菌類などといった大きなまとまり（分類群）があり，さらにそれぞれの生物に固有の「種」に分類される．一般的には，同じ種に属する個体どうしは形態的に類似性が高く，繁殖が可能とされている．

b. 遺伝的な多様性（種内の多様性）

味噌汁などで食べるアサリの殻をみてみると，それぞれ色や模様が異なる．人間でも，それぞれ顔かたちや声，髪の毛や皮膚の色などがそれぞれ異なる．このように，同じ種に属する生物どうしであっても少しずつ遺伝的な形質が異なる．

こうした種内の遺伝的多様性は，その種が何らかの環境変化にさらされたときの抵抗力・回復力（レジリエンス，resilience）を高めるといわれている．例えば，ある動物の個体群が伝染病などにかかってしまったとき，その伝染病にかかりやすい個体とそうでない個体がいれば，一部が生存し次の世代を生み出すことができる．それは，干ばつや洪水など様々な環境変化についても同じことがいえる．

c. 生態系の多様性

生態系は，そこに生息生育する多様な種が土壌や気象，水などの物理的な環境と相互に作用しあうことにより成立するシステムである．生態系は生産者，消費者，分解者，非生物的環境により構成される．植物などの生産者が太陽エネルギーなどから有機物を生産し，それを食物連鎖などを通じて効率的に受け渡しながら消費していったり，生物の生存に欠かせない水や無機塩類をそのシステムの循環のなかで保持したりする．

生態系は，それが成立する場所の条件により，森林，草原，砂漠，サンゴ礁，湖沼，海洋など様々な種類のものがある．こうした生態系の多様性は，生物多様性の重要な構成要素であるとともに，多様な生息・生育環境を提供している．

10.1.3 生物多様性の意義

では，なぜ我々は生物多様性を大切にしなければならないのだろうか．なぜそれが大切で，失われると困るのだろうか．

人間からみれば，直接衣食住に貢献してくれる有益な生物種は必要だが，ハエやカ，病原菌などの不利益をもたらす生物は，できればいないほうがよい．また，我々人間のほとんどは，主食をコメ（イネ），コムギ，オオムギ，トウモロコシ，ジャガイモ，サツマイモ，タロイモ，キャッサバという8種の植物に依存している．特にコメは，主食として全人口の半分が依存しているとさえいわれる．

こうしてみると，人間にとって，生物多様性というものが一概に「良いもの」か「悪いもの」かを判断することは難しい．我々「ヒト」も地球上に存在する生物種の1つである以上，自らの生存に責任を持たなければならない．しかしながら，人類は他の生物の生存を左右するほどの影響力を持つまでになっている．

前述のとおり，生物多様性はそれ自体が長い進化の歴史のなかで形作られてきたものであり，人間が勝手にそれを喪失させてよいというものではない．また，近年のバイオテクノロジーの発達により，生物の持つ遺伝資源の価値の重要性が見直されつつある．すなわち，いまはその価値が認識されていなくても，新しい医薬品や食品の製造に大きく貢献することにより，将来大きな恩恵を与えてくれるという可能性もある．こうした遺伝資源の価値は国際的にも認識され，遺伝資源の利用から生じる利益の配分は生物多様性条約の目的の1つにもなっている．

さらに2005年にミレニアム生態系評価が発表されると，生物多様性は人類にとって様々な便益（生態系サービス）を提供するものとして再認識されることとなった．ミレニアム生態系評価とは，国際連合（国連）の呼びかけにより行われた地球規模の生態系評価である．世界95カ国から1360人の専門家が参加し，2001年から2005年にかけて実施された．中でも「生態系サービス」という概念の定義づけと普及は，その後の生物多様性に関する国際的な議論に大きな影響を与えたといわれている．この報告書が発表されて以来，生物多様性は，単に珍しい植物や昆虫，動物，原生的な自然環境の保護といったものから，人類の生存を支えるために必要不可欠なものとして捉えられるようになった．

10.1.4 生物多様性の現状

生物の化石などの知見から，進化の歴史のなかでは，これまでも4回とも5回ともいわれる種の大量絶滅（大絶滅）が発生していることがわかっている．これ

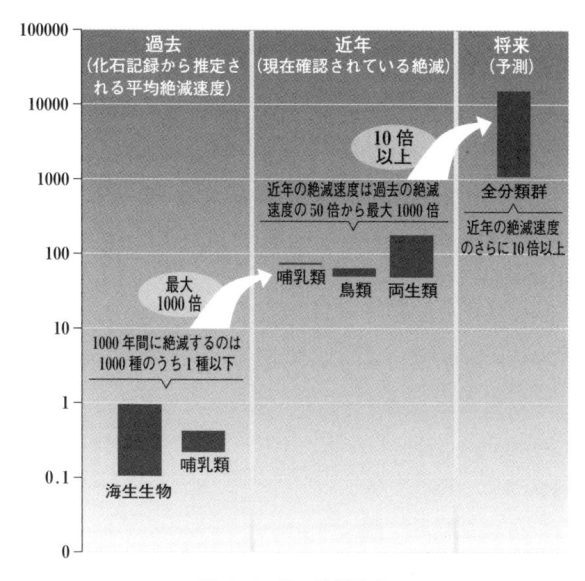

図10.2 種の絶滅速度
縦軸の数値は，生物種1000種あたり1000年間に絶滅する種の数（絶滅速度）を表す．
ミレニアム生態系評価（Millennium Ecosystem Assessment, 2005）より．

らはいずれも数十万年という期間をかけて種が置き換わった現象である．これに対し，現在地球上の種が直面しているのは，数百〜数十年というごく短い期間に急速に絶滅が進む現象であり，これまでの大絶滅の50倍から最大で1000倍ものペース（絶滅速度）で進行しているともいわれている（図10.2）．こうした短い期間では，絶滅した種に置き換わる新たな種の形成は期待できない．

また，その原因は隕石や気候の変化などの自然現象によるものではなく，まさに人間の活動によるものである．つまり，我々自身の行為を見直さない限り，この状況は改善されないことになる．

a. 世界の生物多様性の現状

地球上には様々な生態系が存在し，これらの生態系に支えられた多様な生物が存在している．全世界の既知の総種数は約175万種ともいわれ，このうち哺乳類は約6000種，鳥類は約9000種，昆虫は約95万種，維管束植物は約27万種とされている．なお，まだ知られていない生物も含めた地球上の総種数は3000万種とも推定されることがある．

しかしながら，このような多様な生物種のなかには人間活動の影響などにより

絶滅の危機に瀕しているものも少なくない．国際自然保護連合（IUCN）が2012年にまとめたレッドリストによれば，評価対象とした脊椎動物約3万6000種，無脊椎動物約1万3000種，植物1万5000種などのうち30％以上が絶滅のおそれがあるとされている（図10.3）．

生物多様性条約事務局が2010年5月に公表した地球規模生物多様性概況第3版（GBO 3：Global Biodiversity Outlook 3）では，生物多様性の主要構成要素である生態系，種，遺伝子のすべてにおいて生物多様性の損失が継続していると述べられている．

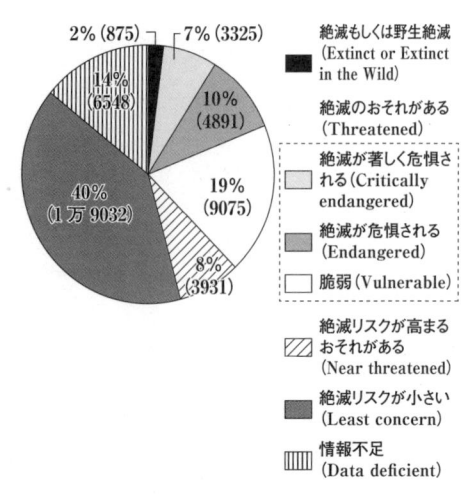

図10.3 IUCNレッドリスト掲載の4万7677種に関する異なる絶滅リスクのカテゴリーごとの種数とその割合
（　）内は種数を表す．Secretariat of the Convention on Biological Diversity（2010）より．

(1) 陸域生態系

地球の陸地面積の約31％を占めている森林には，陸域の動植物種の過半数が生息・生育している．その大半は熱帯林に生息・生育していると推計されているものの，熱帯林は，南アメリカ，アフリカを中心に依然として驚異的な速さで減少している．世界の森林面積は，2000〜2010年に年間約13万 km^2 が農地などへの転用および自然要因により減少し，植林などによる森林増加を差し引いても年間約5万 km^2 が減少したとされる．

(2) 陸水生態系

河川，湖沼，湿地などの陸水生態系は，農業排水，灌漑による取水，工業用水や家庭用水としての利用，有機態窒素やその他の栄養塩，汚染物質の流入，外来種の移入，ダムによる分断化などの人間活動により，ここ数十年で劇的に変化した．今後，地球規模で水需要が増加し，陸水生態系にさらなる圧力がかかることが予測されている．

(3) 沿岸・海洋生態系

沿岸・海洋生態系のうち，マングローブ林は1980〜2005年の間に世界のマングローブ林の約1/5にあたる3万6000 km^2 が失われた．藻場については19世紀以

降，約29％が失われたと推定されている．世界のサンゴ礁の19％がすでに失われており，効果的な対策が実施されなければ，今後10〜20年間に15％が，20〜40年間に20％がさらに失われると予測されている．また世界の海洋資源のうち約80％が，最大限または過剰に利用されている状況にあるといわれている．

(4) 遺伝的な多様性

野生動植物については，個体群の縮小，生息・生育地の分断・孤立化により，地球規模で遺伝的多様性が著しく低下している．また，自然生態系ばかりでなく，農作物および家畜の生産システムにおいても，遺伝的多様性が失われている．世界の家畜品種7000のうち21％以上が危機にあると分類され，21世紀の最初の6年間で60品種以上が絶滅したとの報告もある．現在のところは重要性が低い品種であっても，将来新たな価値が見出される可能性がある．また遺伝的多様性の損失により，気候変動など将来の環境変化に対し脆弱性が高まる可能性も否定できない．

b. 日本の生物多様性の現状

生物多様性国家戦略では，日本の生物多様性が直面する危機を，開発など人間活動による危機（第1の危機），自然に対する働きかけの縮小による危機（第2の危機），人間により持ち込まれたものによる危機（第3の危機），そして地球環境の変化による危機（第4の危機）の「4つの危機」にまとめている．

(1) 第1の危機：開発など人間活動による危機

開発や乱獲など人間の活動が引き起こす負の影響要因による生物多様性への影響である．沿岸域の埋立てなどの開発や森林の他用途への転用などの土地利用の変化は，多くの生物に生息・生育環境の破壊と悪化をもたらした．なかでも干潟や湿地などは，その多くが開発によって失われた．また河川の直線化・固定化やダム・堰などの整備，経済性や効率性を優先した農地や水路の整備は，野生動植物の生息・生育環境を劣化させ，生物多様性に大きな影響を与えたといわれている．また，鑑賞用や商業的利用による個体の乱獲，盗掘，過剰な採取など直接的な生物の採取は，それらの生物種の個体数の減少をもたらした．

(2) 第2の危機：自然に対する働きかけの縮小による危機

第1の危機とは対照的に，自然に対する人間の働きかけが縮小撤退することによる影響である．1955年以降の高度経済成長期には，経済発展に伴いエネルギー革命や化学肥料の普及が進んだ．こうした変化は，第一次産業の生産様式や人々のライフスタイルを急速に変えていった．例えば暖房や炊事の主な燃料であった

薪炭が灯油などの化石燃料に取って代わられ，薪炭類の需要が激減した．薪炭の経済的な価値が低下するに伴い里地里山の薪炭林や農用林，採草地などが利用されなくなるなど，人間の働きかけが急速に縮小していった．近年急速に進行している少子高齢化も，特に農山村地域における担い手の減少に拍車をかけている．

(3) 第3の危機：人間により持ち込まれたものによる危機

外来種や化学物質など，人間が近代的な生活を送るようになったことにより持ち込まれたものによる危機である．外来種については，マングース，アライグマ，オオクチバス，オオハンゴンソウなど，野生生物本来の移動能力を超えて意図的・非意図的に国外や国内の他の地域から導入された生物が，地域固有の生物相や生態系を改変し，大きな脅威となっている．とりわけ他の地域と隔てられ固有種が多く生息・生育する島嶼の生態系などでは，こうした外来種による影響を強く受けることが多く，深刻な影響が生じている．

(4) 第4の危機：地球環境の変化による危機

地球温暖化など地球規模での環境の変化による生物多様性への影響である．地球温暖化のほか，強い台風の頻度が増すことや降水量の変化などの気候変動，海洋の一次生産の減少および酸性化は生物多様性に深刻な影響を与える可能性があり，その影響を完全に避けることはできないと考えられている．さらに，地球環境の変化に伴う生物多様性の変化は，人間生活や社会経済へも大きな影響を及ぼすことが予測される．

なお，日本国内の生物多様性の状況については2010年5月に生物多様性総合評価報告書がとりまとめられており，1950年代後半～2010年を評価期間として生物多様性損失の状況を明らかにしている．それによれば，人間活動に伴う生物多様性の損失はすべての生態系に及んでおり，全体的にみれば損失はいまも続いていること，特に，陸水生態系，沿岸・海洋生態系，島嶼生態系における生物多様性の損失が大きく，現在も損失が続く傾向にあることが明らかになった．

10.1.5 生物多様性と生態系サービス

生態系サービス（ecosystem service）とは，食料，水，気候の安定など，我々人間が生態系から得ることのできる便益を指す概念である．ミレニアム生態系評価では，これらの生態系サービスが人類の生活の豊かさ（human well-being）の基礎を提供していることを示した．また，この生態系サービスの安定した提供には健全な生物多様性の存在が不可欠であり，生物多様性の損失が生態系サービス

10.2 生物多様性と政策

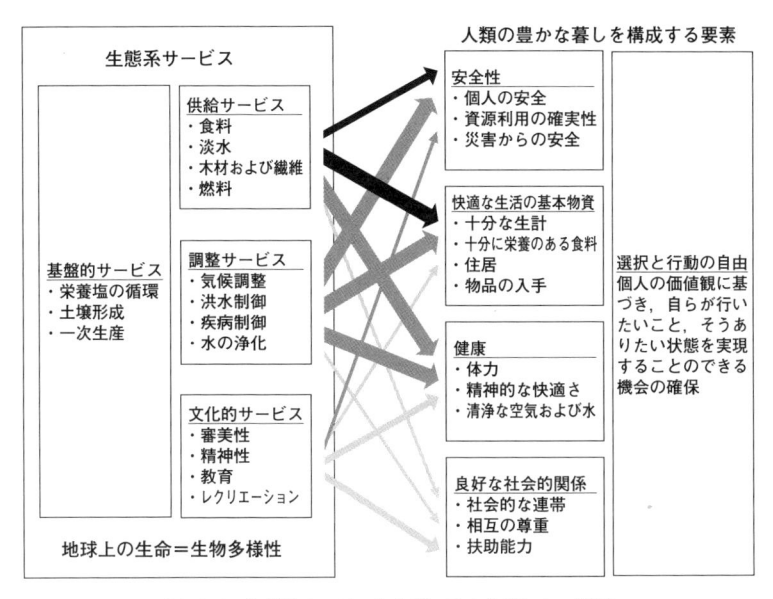

```
┌─────────────────────────────────┐      ┌─────────────────────┐
│         生態系サービス            │      │ 人類の豊かな暮しを構成する要素 │
│                                 │      │                     │
│         ┌──供給サービス──┐        │      │ 安全性              │
│         │ ・食料        │        │      │ ・個人の安全        │
│         │ ・淡水        │        │      │ ・資源利用の確実性  │
│         │ ・木材および繊維│       │      │ ・災害からの安全    │
│         │ ・燃料        │        │      │                     │
│         └──────────────┘        │      │ 快適な生活の基本物資 │
│ ┌基盤的サービス┐                  │      │ ・十分な生計        │
│ │・栄養塩の循環│ ┌調整サービス─┐  │      │ ・十分に栄養のある食料│
│ │・土壌形成   │ │・気候調整   │  │      │ ・住居              │
│ │・一次生産   │ │・洪水制御   │  │      │ ・物品の入手        │
│ └────────────┘ │・疾病制御   │  │      │                     │
│                │・水の浄化   │  │      │ 健康                │
│                └────────────┘  │      │ ・体力              │
│                                 │      │ ・精神的な快適さ    │
│                 ┌文化的サービス┐ │      │ ・清浄な空気および水 │
│                 │・審美性     │ │      │                     │
│                 │・精神性     │ │      │ 良好な社会的関係    │
│                 │・教育       │ │      │ ・社会的な連帯      │
│                 │・レクリエーション│      │ ・相互の尊重        │
│                 └────────────┘ │      │ ・扶助能力          │
│    地球上の生命＝生物多様性       │      │                     │
└─────────────────────────────────┘      └─────────────────────┘
```

図 10.4 生態系サービスと人類の豊かな暮しとの関係
矢印の色：社会経済的な要因との関連性（■低，■中，■高）．矢印の幅：生態系サービスと人類の豊かな暮しとの関連の強さ（━弱，□中，□強）．
ミレニアム生態系評価（Millennium Ecosystem Assessment, 2005）より．

そのものの低下を招き，ひいては人間生活にも大きな影響を与えているということを明らかにした（図 10.4）．

　生態系サービスという概念が導入されることにより，それまで曖昧だった生物多様性と人間生活との関係がわかりやすく示された．それまで生物多様性とは，みたこともない絶滅危惧種など自分たちの生活とは直接関係のない事柄と考えられていたが，生物多様性の損失は生態系サービスの減少を招き，それが様々な面で人間の生活にも影響を与えるものであるという認識が広がりつつある．

10.2　生物多様性と政策

10.2.1　国際的な政策

　1992 年にブラジル・リオデジャネイロで開催された「環境と開発に関する国連会議（地球サミット）」を契機として，気候変動枠組条約，砂漠化対処条約とともに生物多様性条約が誕生した．生物多様性条約が起草された背景には，1980 年代に引き起こされた熱帯雨林の急激な減少，種の絶滅の進行などに関する世界的な

> **コラム: 生物多様性の経済学（TEEB）と生物多様性に関する国際的な議論の動き**
>
> 　2005年にミレニアム生態系評価報告書が発表され「生態系サービスとその危機」が具体的に示されて以降，生物多様性の社会経済との関係や，その劣化に伴う影響などが活発に議論されるようになった．
> 　2007年3月にドイツ・ポツダムで開かれたG8環境大臣会合では，G8の歴史上初めて，生物多様性が気候変動と並ぶ主要議題とされた．「ポツダムイニシアティブ」が採択され，その一環として生態系と生物多様性の経済学（TEEB：The Economics of Ecosystems and Biodiversity）の検討が開始された．
> 　TEEBは，生物多様性や生態系サービスを経済的な価値に基づき評価することにより，その保全や持続可能な利用を促すことを目的としている．生物多様性や生態系サービスの減少が貧困層に大きな影響を及ぼすことを明らかにし，生物多様性の保全と貧困問題がより密接な課題として認識されることとなった．
> 　2008年に発表された中間報告では，現状のまま特に対策をとらない場合，生態系サービスの価値の損失額は年間約50億ユーロ（陸域生態系分のみ）に相当し，生物多様性が損なわれることによる経済的損失の規模は，2050年までに世界のGDPの7%に達するなど，経済的な損失額が具体的に示された．
> 　2010年に発表されたTEEBの最終報告書では，生物多様性の価値評価の事例として，例えばサンゴ礁は沿岸域や島嶼で生活する約3000万の人々の食料や収入を支えており，人間にもたらす便益は年間300億～1720億米ドルに達するという試算が示された．また，2005年の1年間に，昆虫が農作物の授粉を行ったことによる経済的価値は1530億ユーロに相当すると推計した．
> 　TEEBによって発信された新しいキーワードに「BES」という表現がある．これは，「生物多様性と生態系サービス（biodiversity and ecosystem service）」を略したものである．ミレニアム生態系評価によって提唱された生態系サービスという概念は，TEEBにおいては生物多様性と一体不可分のものと捉えられている．
> 　なお，ビジネス向けエグゼクティブサマリーでは，「すべてのビジネスは多様性と生態系サービスに依存している」というメッセージを打ち出した．これは，自らの取り扱う物品やサービスが直接生物多様性と関連がないという理由から対策をとることに消極的であった企業についても，サプライチェーンや紙，水などを通じて生物多様性と密接な関係を有していることを認識させることとなった．

危機感の高まりがあったといわれている．自然環境や野生生物に関しては，それまでワシントン条約，ラムサール条約，世界遺産条約，ボン条約など個別の課題

に対処するための条約はあったものの，こうした地球規模の問題を解決するための包括的な国際条約は存在していなかった．

生物多様性条約は，度重なる政府間交渉会議を経て，1992年5月22日に条文が採択された．日本は翌年の5月に条約を締結し，同年12月に条約が発効している．なお条約の条文が採択された5月22日は，国連により「国際生物多様性の日」とされ，毎年世界各地で生物多様性を記念する行事が行われている．

同条約は目的として，①生物の多様性の保全，②生物多様性の構成要素の持続可能な利用，③遺伝資源の利用から生ずる利益の公正で衡平な配分を掲げている．

つまり，条約は単に生物の多様性を保全するだけではなく，持続可能なかたちで利用することも目的としている．また，交渉過程において主に途上国側からの強い要請により盛り込まれた第3の目的は，遺伝資源の利用により生じた利益の原産国への帰属に関する原則を明示した一方で，その後の条約の実施において，先進国と途上国との対立の原因ともなっている．

国内の生物多様性の保全や持続可能な利用を実現していくためには，当然のことながら長期的視点に立って国土や生物資源の利用や保全のあり方を考えなければならない．そのような観点から，各締約国の義務として，条約第6条に生物多様性の保全と持続可能な利用を目的とした国家戦略もしくは計画を策定することが定められている．

条約の採択から20年が経過し，生物多様性条約は192カ国とEUが参加する世界最大級の環境条約に発展した（2012年現在，アメリカは未締結）．生物多様性が直面する主要課題に対して方向性を示すとともに，国際協力の進展を促すなど一定の成果を挙げてきている．

10.2.2 生物多様性の保全に関連する国内政策

生物多様性の保全および持続可能な利用に関する日本国内の法体系は多岐にわたっている．生物多様性基本法のもとで，これらの法制度が相互に連携し効果的に運用されることが重要であり，国家戦略はその基本的な方針を示す役割を担っている．なお日本は，COP 10の成果や東日本大震災の経験などを踏まえ，愛知目標（戦略計画2011-2020．10.3.1項参照）の達成に向けたロードマップとして，2012年9月に「生物多様性国家戦略2012-2020」を閣議決定した．これは日本の生物多様性国家戦略としては第5次となるもので，同年10月にインドのハイデラバードで開催された条約のCOP 11においても報告された．

生物多様性に関する法制度には，地域指定と行為規制によって自然環境の保全に資するもののほか，国土の適切な保全・管理に資するもの，野生生物の個体の取扱いを規制するもの，環境への影響の回避・低減などに資する手続きを定めたもの，地域を特定せず人の営為を規制するもの，生物多様性の保全および持続可能な利用に資する行動を促進するものなど，様々なタイプの制度がある．

a. 保全のための地域指定制度

野生動植物の保護は，その生息・生育地を保全していくことが基本である．保全のための地域指定制度には，自然環境保全法に基づく自然環境保全地域などのほか，自然公園法に基づく自然公園，鳥獣保護法に基づく鳥獣保護区，種の保存法に基づく生息地等保護区などがある．森林については，森林法に基づく保安林，国有林野の管理経営に関する法律などに基づく保護林や緑の回廊などがあり，都市については都市緑地法に基づく特別緑地保全地区などがある．なお自然環境基本法は，全国規模で概ね5年ごとに自然環境の状況を把握する自然環境保全基礎調査の実施を定めているなど，基本法としての性格も有している．この調査は通称「緑の国勢調査」と呼ばれており，日本の自然環境政策の立案にとって欠かせない基礎情報を提供している．

さらに国際的な保護地域として，「特に水鳥の生息地として国際的に重要な湿地に関する条約（ラムサール条約）」に基づくラムサール条約湿地，「世界の文化遺産及び自然遺産の保護に関する条約（世界遺産条約）」に基づく世界遺産地域などがあり，これらの地域は国際的にも重要な自然環境の保全に役立っている．

自然公園の面積は，国立公園・国定公園・都道府県立自然公園を合わせた合計が543万ha（2012年5月現在）となっており，国土面積の約14.4％を占めている．鳥獣保護区には，国指定鳥獣保護区と都道府県指定鳥獣保護区があり，これらを合わせた面積は364万haと国土面積の約9.6％を占めている．自然環境保全地域などについては，原生自然環境保全地域・自然環境保全地域・都道府県自然環境保全地域を合わせた面積が10万ha，また生息地等保護区については9カ所，885haとなっている（2012年5月現在）．国土面積の2割を占める国有林野については，森林生態系保護地域などの保護林が設定され，全国840カ所，90万ha（2012年4月現在）と，国有林野全体の約1割強を占めている．都市地域については，都市緑地法に基づき，特別緑地保全地区が2293ha指定されているほか，首都圏近郊緑地保全法および近畿圏の保全区域の整備に関する法律に基づく近郊緑地保全区域は9万7330ha，そのうち近郊緑地特別保全地区として3516haが指

定されている（2011年3月現在）．

b. 野生生物の保全・管理のための制度

　種の保存法（絶滅のおそれのある野生動植物の種の保存に関する法律）は，希少種の捕獲および譲渡しなどの規制，生息地等保護区の指定，保護増殖事業の実施により，絶滅のおそれのある野生動植物種の保存を図っている．同法に基づき捕獲および譲渡しなどが規制される国内希少野生動植物種には，哺乳類5種，鳥類38種，爬虫類1種，両生類1種，汽水・淡水魚類4種，昆虫類15種，植物26種の90種が指定されている（2012年5月現在）．種の保存法に基づく国内希少野生動植物のうち，48種については保護増殖事業計画を策定し，生息地の整備や個体の繁殖などの保護増殖事業が実施されている．また同法では，絶滅のおそれがあり，国際的に協力して種の保存を図る必要のある野生動植物種を国際希少野生動植物種として指定し，その国内取引きも規制している．

　外来生物法（特定外来生物による生態系等に係る被害の防止に関する法律）は，外来種のなかでも特に外国起源の外来種に焦点を絞り，人間の移動や物流が盛んになり始めた明治時代以降に導入された生物（外来生物）を中心に対応している．同法では，外来生物のうち生態系などに重大な被害を及ぼすものを特定外来生物として指定し，その飼育，栽培，保管，運搬などを原則として禁止している．哺乳類21種類，鳥類4種類，爬虫類16種類，両生類11種類，魚類13種類，クモ類10種類，甲殻類5種類，昆虫類8種類，軟体動物など5種類，植物12種類の105種類が特定外来生物として指定されている（2012年8月現在）．

10.3 問題解決に向けた動き

10.3.1 COP 10とその成果

　2010年10月，愛知県名古屋市で生物多様性条約第10回締約国会議（COP 10）とカルタヘナ議定書第5回締約国会議（COP/MOP 5）が開催された．会議には179の締約国，関連国際機関，NGOなどから1万3000人以上が参加し，過去最大規模となった．また，日本人歌手のMISIAが，国連事務総長よりCOP 10の名誉大使に任命され，国内外において積極的な広報活動を展開した．

　COP 10では，生物多様性に関する新たな世界目標である「戦略計画2011-2020」や，長年の懸案であった「遺伝資源の取得の機会及びその利用から生ずる利益の公正かつ衡平な配分（ABS）に関する名古屋議定書」が採択されるなど，大きな成果を残した．そのほか，「生物多様性と生態系サービスに関する政府間科学政策

プラットフォーム (IPBES)」や「生物多様性民間参画グローバルプラットフォーム」の早期設立の奨励,「国連生物多様性の10年」の採択に向けた勧告,「SATOYAMAイニシアティブ国際パートナーシップ (IPSI)」や「生物多様性民間参画パートナーシップ」の発足,「都市と地方自治体の生物多様性に関する行動計画」の承認などもその成果として挙げられる.

a. 生物多様性条約の新しい戦略計画と愛知目標

生物多様性条約の新しい戦略計画として「戦略計画2011-2020」が採択され,「2050年までに自然と共生する世界を実現する」という長期目標と,2020年までに「生物多様性の損失を止めるために効果的かつ緊急な行動を実施する」という短期目標が設定された. また短期目標を達成するため,5つの戦略目標と20の個

戦略目標A. 生物多様性を主流化し,生物多様性の損失の根本原因に対処	戦略目標C. 生態系,種および遺伝子の多様性を守り生物多様性の状況を改善
1:生物多様性の価値とその保全と持続可能な利用のための行動の認識 2:生物多様性の価値を国・地方の計画に統合,国家勘定・報告制度に組み込む 3:有害な補助金の廃止・改革,保全などを促す奨励措置の策定・適用 4:ビジネスを含むすべての関係者が持続可能な生産・消費計画を実施	11:陸域の17%,海域の10%を保護地域などにより保全 12:絶滅危惧種の絶滅・減少を防止 13:作物・家畜の遺伝子の多様性の維持,損失の最小化
戦略目標B. 直接的な圧力の減少,持続可能な利用の促進	**戦略目標D. 生物多様性および生態系サービスからの恩恵の強化**
5:自然生息地の損失を半減もしくはゼロへ. 劣化・分断を顕著に減少 6:水産資源の持続的な漁獲とその回復,保全対策の実施 7:農業・養殖業・林業の持続可能な管理 8:過剰栄養などによる汚染(富栄養化など)を有害でない水準に抑制 9:侵略的外来種の制御・根絶 10:サンゴ礁など,気候変動などにより影響を受ける脆弱な生態系への悪影響の最小化	14:自然の恵みの提供・回復・保全 15:劣化した生態系の15%以上の回復を通じ気候変動の緩和・適応に貢献 16:ABSに関する名古屋議定書の施行・運用 **戦略目標E. 参加型計画立案,知識管理と能力開発を通じて実施を強化** 17:国家戦略の策定・実施 18:伝統的知識の尊重・主流化 19:関連知識・科学技術の改善 20:資金資源の顕著な増加

図10.5 愛知目標の戦略目標と20の個別目標

愛知目標では5つの戦略目標のもと,2015年あるいは2020年を目標年とする20の個別目標が掲げられている. 愛知目標は,生物多様性条約全体の取組みを進めるための柔軟な枠組みとして位置づけられ,締約国は世界全体での目標達成に向けた自国の貢献を考慮しつつ,各国の生物多様性の状況やニーズ,優先度などに応じて国別目標を設定し,各国の生物多様性国家戦略の中に組み込んでいくことが求められている.

別目標が「愛知目標」として定められた．この背景には，それまでの世界目標であった「2010年目標」が定性的な内容にとどまり，具体的な目標達成の道筋や取組み方法に合意できなかったことや，達成状況に関する客観的でわかりやすい評価ができなかったことへの反省がある．

b. ABSに関する名古屋議定書

「遺伝資源の利用から生ずる利益の公正かつ衡平な配分」は生物多様性条約の3つ目の目的として掲げられているが，条約にはその実施のための国際的な枠組みは定められていなかった．名古屋議定書では公平な形でABS (access and benefit sharing：遺伝資源の取得と利益配分)を実施するため，遺伝資源などの提供国および利用国がとるべき措置が規定されている．本議定書の発効により，遺伝資源などの取得に関し，より確実性，明確性，透明性の高い国内制度が整備され，遺伝資源などの円滑な取得が可能になること，公正かつ衡平に利益が配分され生物多様性の保全とその持続可能な利用が強化されること，ABSに関する国内制度の遵守が図られ，遺伝資源の適切な利用が推進されることなどが期待されている．

c. 持続可能な利用

日本政府は，農業や林業など人の営みを通じて形成・維持されてきた二次的な自然環境における生物多様性の保全とその持続可能な利用の両立を目指し，国際連合大学とともに「SATOYAMAイニシアティブ」を提唱し，COP 10でその有用性が認められた．これは，保護地域だけではなく，農林水産業などの行われている生産地域における生物多様性保全の重要性が共有されたことを示すものである．また，これを受けて，SATOYAMAイニシアティブの考え方に基づいた具体的な取組みを推進するための関係者のネットワーク組織として，「SATOYAMAイニシアティブ国際パートナーシップ (IPSI：International Partnership for the Satoyama Initiative)」が発足した．

d. 生物多様性に関する認知度の向上

2012年6月，生物多様性に関する政府の世論調査が「環境問題に関する世論調査」の一環として実施され，同年8月に結果が発表された．調査の結果，「生物多様性を認知している割合」は55.7％であり，前回調査の認知度 (2009年6月実施；36.4％) から大幅に増加した．なお，2010年の新語・流行語大賞に，「生物多様性」とCOP 10を意味する「生きもの会議」がノミネートされるなど，COP 10を契機として生物多様性に対する認知が大幅に向上したことがうかがえる．

国連が2010年を「国際生物多様性年」としたことに続き，2011〜2020年を

「国連生物多様性の10年」に定めるなど,国際社会が連携して生物多様性の問題に積極的に取り組むことを呼びかけており,国際的な認知向上が期待されている.

10.3.2 生物多様性に関する新しい動き（IPBES）

「生物多様性と生態系サービスに関する政府間科学政策プラットフォーム (IPBES：Intergovernmental Science-Policy Platform on Biodiversity and Ecosystem Services)」は,生物多様性と生態系サービスに関する動向を科学的に評価し,科学と政策のつながりを強化する政府間のプラットフォームである. IPBESは2012年4月に設立が決定され,科学的評価,能力開発,知見生成,政策立案支援の4つの機能を柱とし,生物多様性や生態系サービスの現状や変化を科学的に評価し,それを的確に政策に反映させていくことにより,地球規模の生物多様性保全の取組みを大きく推進させることが期待されている.気候変動分野で同様の活動を進めるIPCC（気候変動に関する政府間パネル）の例から,「生物多様性版のIPCC」と呼ばれることもある. 　　　　　　　　　　　　　　　［鈴木　渉］

文　献

石川　純ほか 編 (2002)：生物学辞典,東京化学同人.
岩槻邦男 (1999)：生命系――生物多様性の新しい考え,岩波書店.
岩槻邦男 (2002)：多様性からみた生物学,裳華房.
環境省 (2007)：G8環境大臣会合議長総括文書 (http://www.env.go.jp/press/press.php?serial =8285),2013年3月10日アクセス.
環境省 (2012)：「生物多様性及び生態系サービスに関する政府間科学政策プラットフォーム (IPBES) のあり方と制度的取り決め決定についての総会」第2回会合の結果について (http://www.env.go.jp/press/press.php?serial=15147),2013年3月10日アクセス.
内閣府 (2009)：環境問題に関する世論調査 (http://www8.cao.go.jp/survey/h21/h21-kankyou/index.html),2013年3月12日アクセス.
内閣府 (2012)：環境問題に関する世論調査 (http://www8.cao.go.jp/survey/h24/h24-kankyou/index.html),2013年3月12日アクセス.
日本政府 (2012)：生物多様性国家戦略 2012-2020 (http://www.env.go.jp/press/press.php?serial =15758),2013年3月10日アクセス.
谷津義男ほか (2008)：生物多様性基本法,ぎょうせい.
横浜国立大学21世紀COE翻訳委員会 編 (2007)：国連ミレニアム エコシステム評価 生態系サービスと人類の未来,オーム社.
Millennium Ecosystem Assessment (2005)：Ecosystems and Human Well-being Synthesis, Island Press.
Secretariat of the Convention on Biological Diversity (2010)：Global Biodiversity Outlook 3.

11. 廃　棄　物

11.1 廃棄物の定義と分類

　本章では，ごみ，廃棄物を対象としてその定義から現在の状況，処理の流れ，処理技術についてふれる．「ごみ」は身近でよく使いよく聞く言葉だが，「廃棄物」はあまり聞かないのではないかと思う．まず，廃棄物とはなんなのか，定義や分類について説明する．

　通常，ごみは廃棄物として明確に区別せずに扱われている場合が多く，文献においても明確に区別してごみと廃棄物を使い分けている例は少ない．日本では，「廃棄物の処理及び清掃に関する法律（廃棄物処理法）」の第2条第1項において「［廃棄物］とは，ごみ，粗大ごみ，燃え殻，汚泥，ふん尿，廃油，廃酸，廃アルカリ，動物の死体その他の汚物又は不要物であつて，固形状又は液状のもの（放射性物質及びこれに汚染された物を除く）をいう」とされている．つまり，ごみは廃棄物に含まれ，廃棄物はごみ以外の様々なものを含んでいる．この文章に出てくる「不要物」とはいったい何を指すのか，わかりづらい．1971年に出された通知「廃棄物の処理及び清掃に関する法律の運用に伴う留意事項について」では，「廃棄物とは，占有者が自ら，利用し，又は他人に有償で売却することができないために不要になつた物をいい，これらに該当するか否かは，占有者の意思，その性状等を総合的に勘案すべきものであつて，排出された時点で客観的に廃棄物として観念できるものではないこと」とされている．つまり，いらなくなったものが廃棄物となる瞬間は，そのいらなくなったものが他人に有償で売却できなくなったときということになる．わかりやすい例を挙げると，まだ映るがいらなくなった液晶テレビをリサイクルショップに持って行ったところ，買取りできないと断られ，引き取るには逆にお金が必要だといわれたら，その液晶テレビは廃棄物処理法上では廃棄物になる．

　廃棄物の分類を図11.1に示す．廃棄物処理法では，事業活動に伴って排出される燃えがら，汚泥，廃油，廃酸，廃アルカリや，政令で定める20種類の廃棄物を「産業廃棄物」，それ以外の廃棄物を「一般廃棄物」と分類している．工場や事業

所から出る廃棄物のうち産業廃棄物に該当しないものは一般廃棄物であり，事業系一般廃棄物といわれる．事業系一般廃棄物は家庭から出される家庭系一般廃棄物とは区別して取り扱われる．また一般廃棄物のうち，爆発性や毒性，感染性のあるものは「特別管理一般廃棄物」，同様に産業廃棄物は「特別管理産業廃棄物」という区分が設けられている．

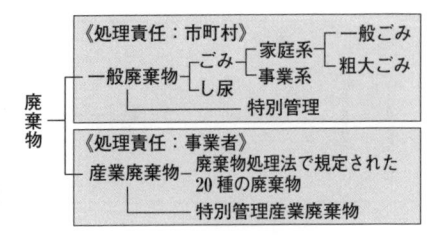

図 11.1 廃棄物の分類

一般廃棄物の処理責任については，廃棄物処理法の第6条第2項に「市町村は，一般廃棄物処理計画に従って，その区域内における一般廃棄物を生活環境の保全上支障が生じないうちに収集し，これを運搬し，及び処分しなければならない」とされている．産業廃棄物の処理責任については，同法の第3条に「事業者は，その事業活動に伴って生じた廃棄物を自らの責任において適正に処理しなければならない」とされている．

2011年3月の東日本大震災では地震と津波の影響で大量の災害廃棄物が発生した．さらに東京電力・福島第一原子力発電所で事故が起こり，災害廃棄物や土壌への放射能汚染が生じた．通常の災害廃棄物の処理責任は，一般廃棄物と同様に本来は廃棄物が発生した市町村にある．東日本大震災で発生した災害廃棄物は，岩手，宮城，福島の3県で災害廃棄物1600万t，津波堆積物1020万tと推計されている（2013年5月現在）．これだけ大量の災害廃棄物を被災した市町村で処理することは困難であるため，「東日本大震災により生じた災害廃棄物の処理に関する特別措置法」により，広域処理が行われている．

放射性廃棄物は，廃棄物処理法では対象としていない．放射性廃棄物に関する規定を設けているのは，「核原料物質，核燃料物質及び原子炉の規制に関する法律」である．東日本大震災で発生した放射性物質により汚染された廃棄物の処理は「平成二十三年三月十一日に発生した東北地方太平洋沖地震に伴う原子力発電所の事故により放出された放射性物質による環境の汚染への対処に関する特別措置法」により定められている．この措置法によって放射性セシウム濃度が8000 Bq/kgを超過する指定廃棄物（ごみ焼却灰，浄水発生土，工業用水汚泥，下水汚泥など）は，国が責任を持って処分するものとされている．指定廃棄物の処理は当該指定廃棄物が排出された都道府県内で行うものとし，既存の廃棄物処理施設の活用を最優先するとしているが，最終処分場の確保には至っていない．

11.2 廃棄物の現状

一般廃棄物の総排出量は2010年度実績で約4300万t，1人1日当たり約900gである．図11.2に示すように，一般廃棄物の総排出量は，1976～1986年度の間は4500万t以内で推移していたが，1983年度から増加し始め，1990年度には5000万tを超えている．その後，2004年度にわたり5000万tを超えている．1985～1990年にかけて日本はバブル経済期にあり，消費の増加とともに一般廃棄物の排出量が増加した．1990年以降は経済が不況期に入ったが，排出量は減少していない．排出量が増加し続けるなか，1999年には名古屋市のごみ処理が限界を迎え，名古屋市長が全市民に向けて「ごみ非常事態」を宣言した．このような状況のなか，2000年に「循環型社会形成推進基本法」が制定され，廃棄物の発生抑制，再使用，再資源化の3R（reduce，reuse，recycle）を柱に掲げた取組みが本格化するようになった．これが2003年度以降の排出量減少につながっている．

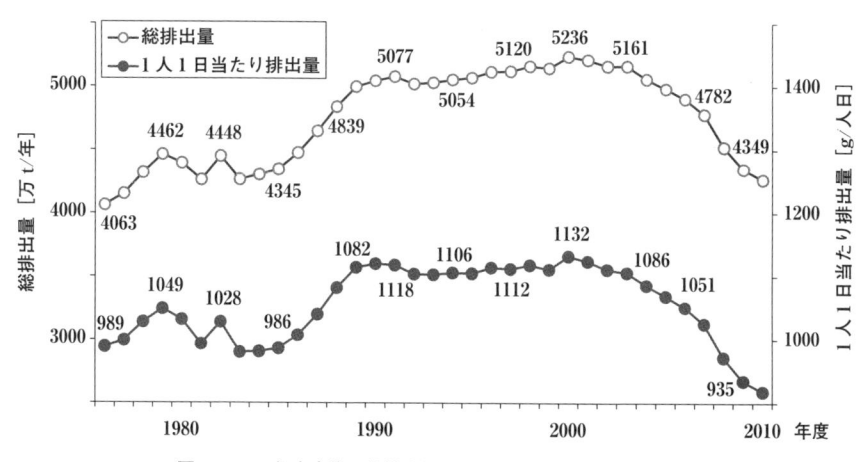

図11.2 一般廃棄物の総排出量と1人1日当たり排出量の推移
環境省（2012a）より．

家庭から排出されるごみの内訳は，図11.3に示すとおりである．可燃ごみの組成は，紙・布類，厨芥（生ごみ），容器包装やレジ袋などのプラスチック類が全体の8割以上を占めている（図11.4参照）．厨芥は水分を多く含んでいるため，それ自体の容積は少ないが，重量が重く割合が大きくなる．

ごみ処理にかかる経費の総額は，図11.5に示すように2010年度において1兆

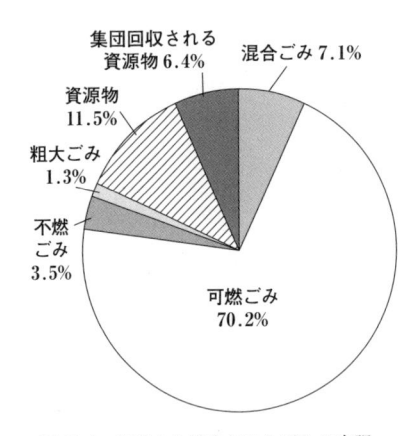

178 11. 廃　棄　物

図 11.3 家庭から排出されるごみの内訳（2011 年度）
環境省大臣官房廃棄物・リサイクル対策部廃棄物対策課（2013）を参考に作成.

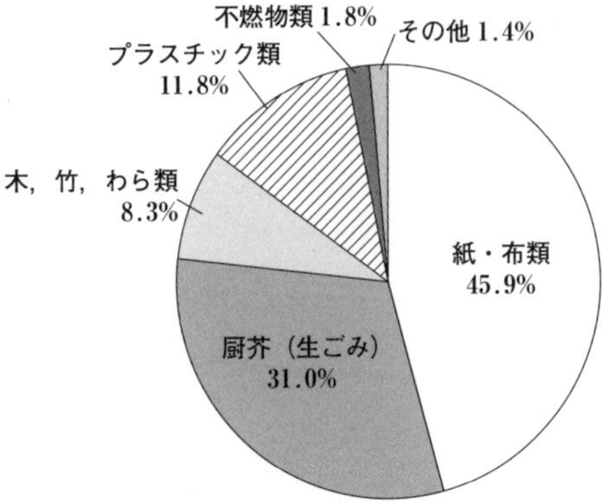

図 11.4 家庭から排出される可燃ごみ組成（2010 年度）
5 地域の平均値（広島県広島市，長野県上田地域広域連合，東京 23 区清掃一部事務組合，兵庫県三田市，千葉県印西市・白井市・栄町）．

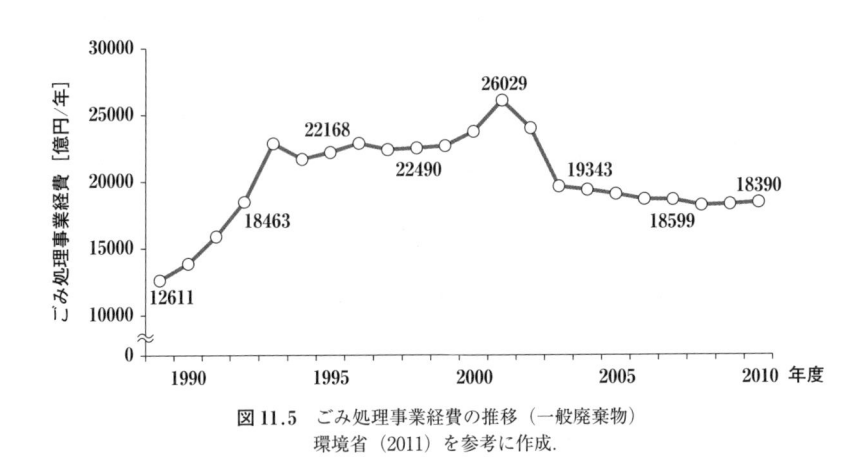

図 11.5 ごみ処理事業経費の推移（一般廃棄物）
環境省（2011）を参考に作成.

8390 億円であり，国民 1 人当たり 1 万 4400 円となる．一般廃棄物の排出量は 2008 年度を境に減少しており，処理経費は 2001 年度から 2003 年度にかけて減少しているが，以後はほとんど減少していない．ごみ分別種類の増加による収集・処理費用の増加，処理施設の高度化による施設建設費の高騰などが原因である．

産業廃棄物は図 11.6 に示すように年間 4 億 t 前後排出されており，1990 年度以降ほぼ一定を保っている．一般廃棄物（4000 万 t）の約 10 倍の廃棄物が排出されている．2008 年度に排出された産業廃棄物の割合を図 11.7 に業種別に示す．品

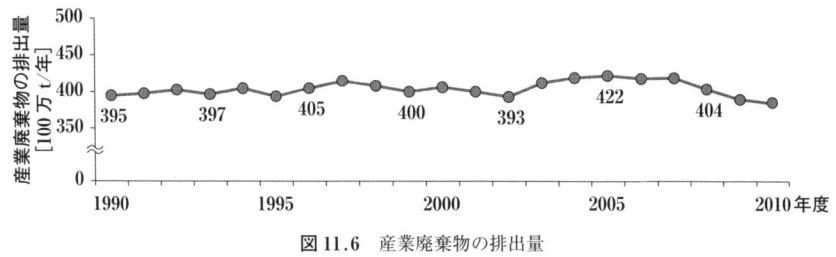

図 11.6　産業廃棄物の排出量
環境省（2012b）を参考に作成．

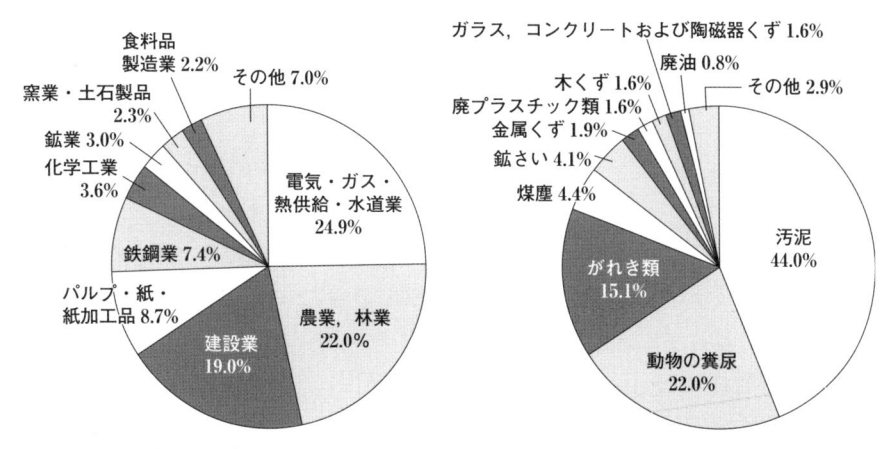

図 11.7　産業廃棄物の業種別排出割合（2010 年度）
環境省（2012b）を参考に作成．

図 11.8　産業廃棄物の種類別排出割合（2010 年度）
環境省（2012b）を参考に作成．

目別にみてみると，汚泥，動物の糞尿，がれき類の上位 3 種類の排出量が総排出量の 8 割を占めている（図 11.8）．汚泥や動物の糞尿は水を含んでいるため，また，がれき類はそれ自体が重たいため全体に占める割合が大きくなる．

11.3　廃棄物の流れ

　一般廃棄物と産業廃棄物の処理の流れは基本的に同じであるが，一般廃棄物では町内会などが資源ごみを集団回収しリサイクルされるため，ごみの総排出量と処理量が異なっている．一般廃棄物は図 11.9 に示すように，2010 年度には 4536 万 t が排出され，そのうち 6% が集団回収され資源化されている．処理量の 93% が中間処理されている．中間処理には，焼却，資源化，堆肥化，飼料化，メタンガス化などがある（処理技術については 11.4 節参照）．中間処理されたごみは，455 万 t が再生利用され，直接資源化されたものや集団回収されたものと合わせ

11. 廃棄物

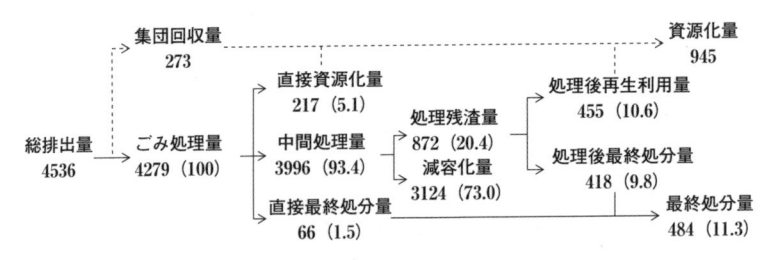

```
                              直接資源化量
                              217 (5.1)
              集団回収量                                   処理後再生利用量      資源化量
              273                                        455 (10.6)           945
                              中間処理量     処理残渣量
総排出量    ごみ処理量       3996 (93.4)    872 (20.4)    処理後最終処分量
4536        4279 (100)                     減容化量       418 (9.8)
                                           3124 (73.0)
                              直接最終処分量                                    最終処分量
                              66 (1.5)                                          484 (11.3)
```

図 11.9 一般廃棄物処理の流れ (2010 年度)

数値の単位：万 t (%).
集団回収量：自治会・町内会などや資源回収業者が実施する資源物収集で回収される量.
直接資源化量：資源化などを行う施設を経ずに直接再生業者などに搬入される量.
中間処理量：最終処分する前に行う焼却，脱水，乾燥，中和，破砕などの処理量.
処理残渣量：中間処理後に残る量 (燃えがら，乾燥物，中和物，破砕物など).
減容化量：中間処理量から処理残渣量を引いた量.
環境省 (2012c) を参考に作成.

ると，総資源化量は 945 万 t である．ごみ処理量の約 82% に相当する 3525 万 t が焼却されており，可燃ごみは焼却することで重量は 1/10，体積は 1/20 になり減量化の効果が大きい．煤塵や焼却灰などの焼却残渣，中間処理施設の処理残渣などが最終処分場に埋め立てられている．

産業廃棄物は図 11.10 に示すように，2010 年度に 3 億 8599 万 t が排出され，直接再生利用が 22%，中間処理が 77% となっている．産業廃棄物では，直接再生利用量と中間処理後の再生利用量を合わせると，排出された廃棄物の半分以上が再生利用されている．一般廃棄物 (集団回収を合わせても 20% 程度) と比べ再生利用率が高いことがわかる．一般廃棄物は家庭から排出されるため雑多なものが混在しているが，産業廃棄物は均質なものが多いため再生利用に適しているのである．同じ理由で，最終処分される比率が一般廃棄物よりも低くなっている．

産業廃棄物でも，一般廃棄物と同じように様々な中間処理が行われている．焼

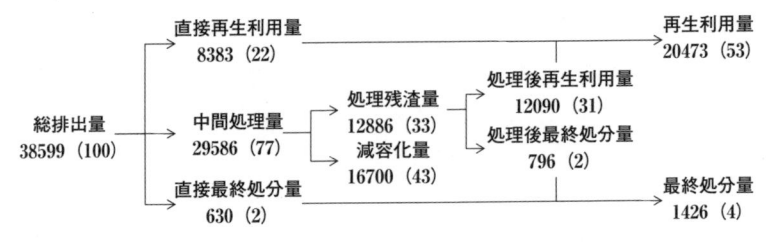

```
                    直接再生利用量                                      再生利用量
                    8383 (22)                                          20473 (53)
                                      処理残渣量    処理後再生利用量
                    中間処理量         12886 (33)   12090 (31)
総排出量           29586 (77)          減容化量     処理後最終処分量
38599 (100)                           16700 (43)   796 (2)
                    直接最終処分量                                      最終処分量
                    630 (2)                                            1426 (4)
```

図 11.10 産業廃棄物処理の流れ (2010 年度)
数値の単位：万 t (%)．環境省 (2012b) を参考に作成．

却や破砕，選別，溶融，脱水・乾燥，中和，油水分離などである（処理技術については11.4節参照）．廃棄物処理法において，どの廃棄物に対して，どのような中間処理を，どのような処理施設で行うかについて基準が定められている．処理施設の設置についても許可が必要である．

産業廃棄物は，産業廃棄物の委託処理における排出事業者責任の明確化と，不法投棄の未然防止を目的として，産業廃棄物管理票（マニフェスト）による管理が行われている．産業廃棄物の処理責任は排出事業者にあるが，その処理を他者に委託する場合には，産業廃棄物の名称，種類，量，形状，排出事業者，収集運搬業者，処分業者などを記載したマニフェストを交付して，産業廃棄物と一緒に流通させることが義務づけられている．マニフェストは7枚の複写になっている（A，B1，B2，C1，C2，D，E票）．図11.11に，ある産業廃棄物が中間処理後に最終処分される場合のマニフェストの移動を示す．排出事業者は収集運搬業者に廃棄物を引き渡す際に，A票を控えとして保管し他の6枚を業者に渡すといった要領で，各業者は控えを1枚ずつ保管し廃棄物と一緒に引き渡していくことになる．排出事業者は，自らが処理を委託した廃棄物の処理状況について，B2票で運搬終了を，D票で中間処理終了を，E票で最終処分終了をそれぞれ確認することができる．各排出事業者，収集運搬業者，処分業者はマニフェストをそれぞれ決められた期間，保管することも義務づけられている（マニフェストの交付日または送付を受けた日から5年間）．

このマニフェストによる産業廃棄物の管理は，厚生省の行政指導（現在の管轄は環境省）で1990年に始まり，特別管理産業廃棄物の処理委託について1993年

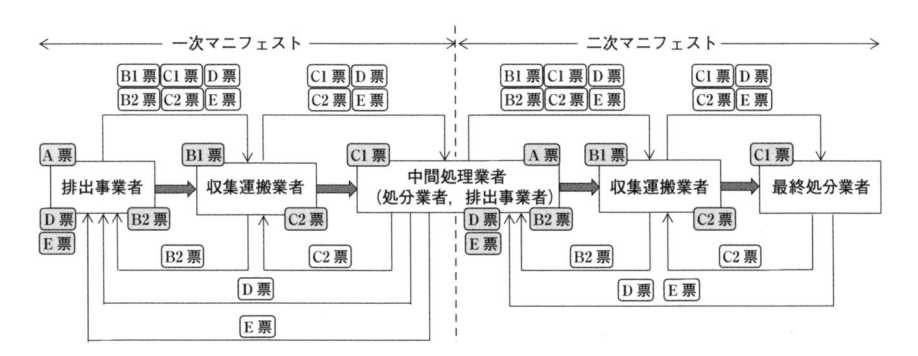

図11.11 産業廃棄物とマニフェストの流れ
➡ 廃棄物の流れ，→ マニフェスト伝票の流れ，▨ 保管される帳票，□ 移動する帳票．
日本産業廃棄物処理振興センターの資料を参考に作成．

から義務化され，1998年からすべての産業廃棄物に拡大されている．

　一般廃棄物，産業廃棄物ともに資源化できないごみは最終処分されるが，処理責任が異なることから，一般廃棄物は一般廃棄物最終処分場に，産業廃棄物は産業廃棄物最終処分場に埋め立てられる．産業廃棄物最終処分場は，廃棄物処理法に定められた廃棄物の種類ごとに処分場の種類・構造が規定されており，安定型処分場，管理型処分場，遮断型処分場がある．

　安定型処分場は，安定5品目（廃プラスチック類，金属くず，ガラス陶磁器くず，ゴムくず，がれき類）とされる環境に影響を与えない廃棄物だけを対象としている．地下水のモニタリングは義務づけられているが，公共水域への浸出水を処理する浸出水処理施設の設置は義務づけられていない．

　遮断型処分場は，有害物質が基準を超えて含まれる燃えがら，煤塵，汚泥，鉱さいなどの有害な産業廃棄物を対象としている．有害物質を含む漏水が周辺の一般環境へ漏洩しないように，厳重な構造設置基準・保有水の漏出管理が義務づけられている．

　管理型処分場は，遮断型処分場・安定型処分場で対象とする産業廃棄物以外の産業廃棄物と一般廃棄物を対象としている．ゴムシートなどによる遮水工と浸出水処理施設などの設置，水質試験や地下水のモニタリングが義務づけられている．処分場は満杯になると土を被せて閉鎖されるが，閉鎖後も，浸出水の水質が基準内に収まるまでは排水処理を続けなければならない．

　最終処分場の確保は，一般廃棄物，産業廃棄物ともに問題となってきている．どんなに減量化を進めても，いずれ処分場は満杯となり別の処分場が必要となる．用地が確保できても，周辺住民の同意を得ることは非常に困難である．一般廃棄物の最終処分量は2010年度に484万tと減少しているが，2010年度末現在，全国にある最終処分場は1775施設，残余容量は1億1446万m^3であり，残余年数は平均で19.3年分しかない状況である．さらに2010年度末現在，全国1750市区町村のうち，当該市町村として最終処分場を有しておらず，民間の最終処分場に埋立てを委託している市町村数は316に達している．産業廃棄物の最終処分量は，2010年度に1426万tと減少しているが，2009年度末の残余容量は1億8003万m^3で，残余年数は平均で13.2年分である．首都圏の残余年数は4.4年分であり，大都市圏における処分場の残余容量逼迫が顕著である．

11.4 処理技術

a. 焼却

前述したとおり，廃棄物の減容化・減量化と安定化・無害化を目的とした処理である．一般廃棄物の焼却での処理割合は1960年代後半には50%以下だったが，段々と処理割合が大きくなり，1990年代になると75%近くになっている．

焼却処理を行う焼却炉には大きく分けて，ストーカ炉，ロータリーキルン炉，流動床炉などがある．図11.12に各焼却炉の概略図を示す．

ストーカ炉は，傾斜した火格子（ストーカ）の上で移動させて焼却する．火格子の形状や移動方式により様々な種類がある．一般廃棄物焼却用に広く使われており，収集したものを破砕などの前処理なしに直接供給できる利点がある．

ロータリーキルン炉は横型円筒炉で，炉の一端にバーナーがあり，炉が若干傾斜しており，炉の回転とともに焼却物が移動する．炉の回転により焼却物が転動するので比較的大きいものも焼却可能である．

流動床炉は，焼却物を流動化熱媒体である砂と一緒に流動化させて燃焼するもので，均一温度での焼却が可能である．焼却後に排出される焼却灰の一部は，溶融スラグ化やセメント原料，焼成により土木材料へ再資源化されている．

近年では，ガス化炉と溶融炉を組み合わせたガス化溶融炉の導入が進んでいる．ガス化溶融炉は，ごみを熱分解し，生成した可燃性ガスと炭状の未燃物をさらに高温で燃焼させ，その燃焼熱で灰分・不燃物などを溶融する．ダイオキシン類の発生抑制，廃棄物の減容化とともに溶融固化物であるスラグも回収・リサイクル

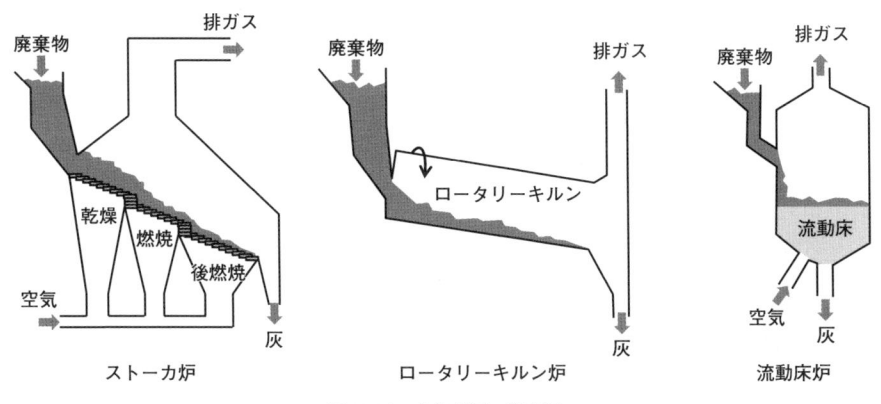

図11.12　各焼却炉の概略図

が可能である．2008年度のガス化溶融施設数は91施設，処理能力は約14.9千t/日である．一般廃棄物の焼却施設の合計数は1269施設，約187千t/日であることから，全体の7%がガス化溶融炉になっている．

b. 破砕

産業の生産プロセスの一工程として古くから重要な地位を占めており，その目的に応じて様々な技術が実用化されている．例えば，砕石プラントでの破砕や鉱石原料の破砕などである．破砕の効果としては，見かけ比重の増加，燃焼効率の向上，成分の分離などが挙げられる．破砕を行う破砕装置には大きく分けて，一軸破砕装置と二軸破砕装置がある．

一軸破砕装置は，刃を取り付けた回転ドラムが1つだけの破砕機で，破砕対象を回転刃に押し付けるように当てて，削り取るように破砕される．任意の粒径以下まで破砕可能だが，破砕効率が低い．

二軸破砕装置は，刃を取り付けた回転ドラム2つが絡み合っており，破砕対象はこの2つの刃により破砕される．大量の廃棄物を粗破砕するのに適している．

c. 圧縮

減容化を目的とするものであり，取扱いや輸送，最終処分の効率向上を目的としている．プレス加工や成形機の原理を応用しており，廃棄物内部の無駄な空間をなくし，廃棄物自体も圧縮することで見かけ比重を増加させる．ブロック状に圧縮する圧縮装置が多く用いられている．ブロック形状は減容率が高く，一定形状のため保管や運搬の際に扱いやすい．

d. 溶融

圧縮と同様に減容化を目的とした処理である．廃プラスチックや発泡スチロール箱・トレイなどを，電気やガス・灯油バーナーで溶かして減容化する．あくまでも減容が目的であり，分解してしまうような条件では行われない．発泡スチロールは体積の98%が空気であるため，溶融により1/50～1/100に減容される．

e. 選別

選別の原理には，廃棄物の持つ物理的特性や化学的特性などを利用している．混合状態の廃棄物から単一の廃棄物を回収すれば，再生利用が可能となる．廃棄物の再生利用にあたり最も重要な処理技術である．

選別処理の種類は，粒径により選別を行うふるい分け選別，比重差を利用する比重差選別，空気抵抗の差を利用する風力選別，鉄分を分離する磁気選別，アルミニウムなどの良伝導性物質を分離する渦電流選別，帯電性の差を利用する静電

選別，透過光や反射光のスペクトル分析を用いた光学選別などがある．

f. 脱水・乾燥

排水の処理工程から出る有機汚泥，工事現場や金属メッキ工場などから出る無機汚泥のような水分を多く含んでいる廃棄物から水分を除去する処理を行う．輸送時の取扱い性向上や他処理の前処理のためである．脱水処理としては加圧脱水，真空脱水，遠心分離，スクリュープレス，ベルトプレスなどが，乾燥処理としては天日乾燥が一般的に行われている．

g. 中和

廃酸・廃アルカリを対象に，pHを中性にしたりその後の用途に合わせて調整したりする．廃酸には水酸化ナトリウムや消石灰などを添加し，廃アルカリには硫酸などを添加する．

h. 油水分離

水などが多く混合している廃油を対象に，焼却や再利用の前処理として行われる．重力分離，粗粒化分離，加圧浮上分離，凝集沈殿分離などが行われている．

i. リサイクル

大きく分けて，リユース，マテリアルリサイクル，ケミカルリサイクル，サーマルリサイクルがある．リユースは，使用済みの瓶を回収し，修理または洗浄後，再び製品として使用することである．ビール瓶や一升瓶のようなガラス瓶で多く行われている．マテリアルリサイクルは，回収した材料を再び材料として使用することである．鉄やアルミニウムなどの金属類，プラスチック類，ガラスなどで行われている．ケミカルリサイクルは，廃棄物を化学反応により組成変換し利用することである．廃プラスチックの油化・ガス化・コークス炉化学燃料化，廃食用油のディーゼル燃料化・石鹸化・飼料化，畜産糞尿のバイオガス化などが行われている．サーマルリサイクルは，廃棄物を焼却する際に発生するエネルギーを回収・利用することである．

11.5 有機性廃棄物のリサイクル技術

有機性廃棄物といっても，紙類，厨芥，繊維，木，竹類，プラスチック，汚泥，廃油，動植物性残渣など様々な種類がある．有機性廃棄物のリサイクル技術を図11.13に示す．ここでは，一般廃棄物の可燃ごみのうち多くを占めている厨芥（生ごみ）のリサイクル技術について紹介する．食品の調理くず，非可食部，食残しなど，生ごみは生分解性が高く，肥料成分，栄養成分を有するため，それらの特

徴を生かしたリサイクル技術が開発されている．代表的な生ごみのリサイクル技術は，堆肥化，メタンガス化，飼料化である．

a. 堆肥化

古くから行われている処理方法である．最も単純な方法は堆積させておき，自然に堆肥化する野積み法である．熟成までに時間と広いスペースが必要なため，腐敗しやすい生ごみの処理には不向きである．生ごみの処理では，発酵槽に堆肥化原料を入れ，機械的に通気・攪拌を行って，短時間で堆肥化反応を進める高速堆肥化技術が一般的である．堆肥化は技術的には非常に容易であるが，生産した堆肥の需要面に問題が残る．需要先としては農家が挙げられるが，農業の機械化，省力化が進んでいる現状では，堆肥の散布は非常に手間のかかる作業である．また需要に季節変動があり，常時生産される堆肥は貯蔵や流通経路などの問題を抱えている．

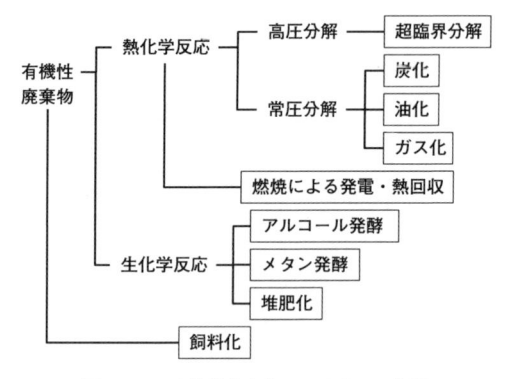

図 11.13 有機性廃棄物のリサイクル技術

b. メタンガス化

有機物を種々の嫌気性微生物の働きによって分解し，メタンガスや二酸化炭素を生成するものである．嫌気性消化とも呼ばれている．下水処理場の余剰汚泥やし尿処理などでは，古くからメタンガス化が行われている．富山市エコタウンにある会社のメタンガス化処理の流れを図 11.14 に示す．まず前処理として，発酵不適物であるビニール袋などを破袋装置によって除去し，スラリータンクに保管する．その後，メタン発酵槽に投入し，メタン発酵によりバイオガスを回収する．

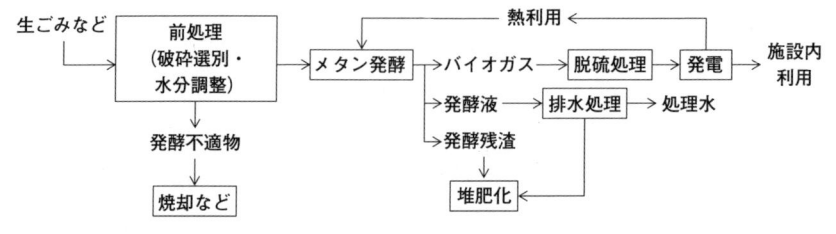

図 11.14 メタンガス化処理の流れ
富山グリーンフードリサイクル社のパンフレットを参考に作成．

回収されたバイオガスは脱硫処理され，マイクロガスタービン発電機による発電に使用される．余剰バイオガスは隣接する企業に販売される．メタン発酵の際に生じる発酵液と発酵残渣は剪定枝やコーヒーかすなどと一緒に堆肥化される．

c. 飼料化

生ごみを原料として加工処理されたリサイクル飼料のことである．ダイオキシン問題から，厨芥類，レストランの残飯，食品加工工場廃棄物など高水分で燃えない動植物性廃棄物の焼却処理が見直され，堆肥化が行われている．生ごみは水分含有量が多く，常温では腐敗や臭気発生などのおそれがあるため，様々な技術によって飼料化が取り組まれている．飼料化技術は，水分を除去する乾式処理技術と，水分を除去しない湿式処理技術に分けられる．

乾式処理技術は，水分を除去すれば腐敗せず長期保存が可能となるため様々な乾燥技術が開発されているが，エネルギーコストが大きくなることが課題である．

湿式処理技術には，乳酸発酵技術と液状飼料化技術がある．乳酸発酵技術は，密封埋蔵することにより乳酸発酵がおき，雑菌による変質が防止される特性を利用したものである．野菜くず，ビールかす，おからなどの水分の比較的少ない生ごみに利用できる．液状飼料化技術は，水や牛乳を混合しスープ状にすることで，乳酸菌により雑菌の繁殖を抑えることができる．このように湿式処理技術は，乾式と比べ処理に必要なエネルギーは小さい．

乾式，湿式の双方に共通する課題として，製造されたリサイクル製品の需要が少ないことが挙げられる．製造された飼料はブタやウシの飼料の一部にされるが，肉質の低下を嫌う生産者は利用を避ける傾向にある．このような需要の課題は，ほとんどのリサイクル製品が抱えており，行政の横断的な取組みなどにより解決が望まれるところである．

[佐伯　孝]

文　献

環境省 (2011)：平成 23 年版環境白書——循環型社会白書/生物多様性白書，日経印刷．
環境省 (2012a)：(参考) ごみ総排出量と 1 人 1 日当たりごみ排出量の推移，日本の廃棄物処理 (平成 22 年度版)．
環境省 (2012b)：産業廃棄物の排出及び処理状況等 (平成 22 年度実績) について．
環境省 (2012c)：平成 24 年版環境白書——循環型社会白書/生物多様性白書，日経印刷．
環境省大臣官房廃棄物・リサイクル対策部廃棄物対策課 (2013)：日本の廃棄物処理　平成 23 年度版 (http://www.env.go.jp/recycle/waste_tech/ippan/h23/data/disposal.pdf)，2013 年 6 月 20 日アクセス．
日本産業廃棄物処理振興センター (http://www.jwnet.or.jp/waste/knowledge/manifest.html)，2013 年 6 月 20 日アクセス．

12. 化学物質

　化学物質（chemical substance）とは，「物質（substance, material, matter）という一般用語の中で特に化学的な立場で物質を取り扱う場合の用語」（長倉ほか，1998）であるが，環境問題においては人の健康や生態系に有害な影響を及ぼす人工的に合成された物質（人工化学物質）を意味する場合が多い．アメリカ化学会（American Chemical Society）の情報部門である Chemical Abstracts Service（CAS）は，世界で公表されたすべての化学物質情報を収集・体系化し，日々データベースに登録しているが，2012年11月現在における登録化学物質数は6900万件を超えており，その追加速度は数秒に1件から1秒に数件程度である．この極めて速い速度で追加されている化学物質のほとんどが人工化学物質であり，このうち10万種程度は世界で日常的に生産・使用されているといわれる．石油化学製品や農薬，洗剤など，化学物質は我々の生活を豊かにし，現代社会において欠くことのできないものになっているが，その使用や管理を誤ると，人間の健康や動植物，生態系に有害な影響を及ぼし，広範囲な環境問題を引き起こすことに留意しなければならない．

12.1　化学物質の環境影響

12.1.1　フロンによるオゾン層破壊

　フロンとは，「炭化水素に結合している水素原子をフッ素原子や塩素原子で置換した化合物の総称であり，正式にはフルオロカーボンという．四塩化炭素（CCl_4），クロロホルム（$CHCl_3$），六塩化エタン（C_2Cl_6）などを原料としてハロゲン化アンチモンなどの存在下で無水のフッ化水素（HF）を作用させることで得られる」（長倉ほか，1998）．フロンのうち炭素，フッ素，塩素のみからなるものをクロロフルオロカーボン（CFC），これに水素を含むものをハイドロクロロフルオロカーボン（HCFC）という．フロンは不燃性でほぼ無毒であり，金属を腐食しない，油類の溶解性が高い，電気絶縁性が高いなどの特徴を有することから，冷蔵・冷凍庫や空調機器の冷媒，半導体基板や各種部品の洗浄剤，スプレーの噴霧剤など様々な用途に利用された．しかし，このフロンが大気中（成層圏）のオ

ゾン層を破壊することが明らかになり，現在，世界各国ではフロンの生産・消費の規制から全廃に至る取組みが行われている．

オゾン（O_3）は3つの酸素原子からなる気体である（図 12.1）．成層圏の中程（高度 16〜35 km あたり）にはオゾンを多く含む大気層があり，これをオゾン層という（図 12.2, 環境省, 2012a）．オゾン層は，人間や動植物に有害な太陽からの紫外線（UV-B，波長 280〜315 nm）を吸収し，地球上の生物を守っている．オゾン層では，酸素分子が太陽からの強い紫外線によって解離して酸素原子となり，これが他の酸素分子と結合してオゾンが生成する．一方，生成したオゾンは紫外線などによって分解して酸素原子と酸素分子となり，酸素原子はオゾンと反応してこれも酸素分子となる．

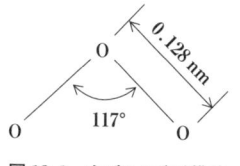

図 12.1 オゾンの分子構造

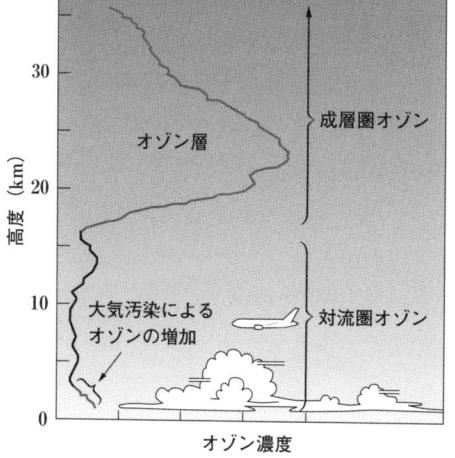

図 12.2 大気中のオゾン（環境省, 2012a）

[O_3 生成反応]

$$O_2 + h\nu^* \rightarrow O + O$$
$$O + O_2 + M \rightarrow O_3 + M$$

ここで $h\nu^*$ は紫外線のエネルギー，M は反応による化学エネルギーを受け渡す第三体（窒素 N_2 など）を示す．

[O_3 分解反応]

$$O_3 + h\nu^{**} \rightarrow O_2 + O$$
$$O + O_3 \rightarrow 2O_2$$

ここで $h\nu^{**}$ は紫外線のみならず可視光，赤外線の一部を含むエネルギーを示す．

このような反応メカニズムによってオゾンは常に生成と分解を繰り返し，オゾン層のオゾン濃度は一定のバランスが保たれてきた．しかし，フロン（CFC，HCFC）などの化学物質の影響でこのバランスが崩れ，オゾン層の破壊を引き起こしている．

フロンは化学的に安定であり分解されにくいため，地上で放出されたフロンはゆっくりと拡散・上昇しオゾン層に到達する．そこでフロンは紫外線によって分解され，フロンから発生した塩素原子がオゾンを酸素分子に変える．

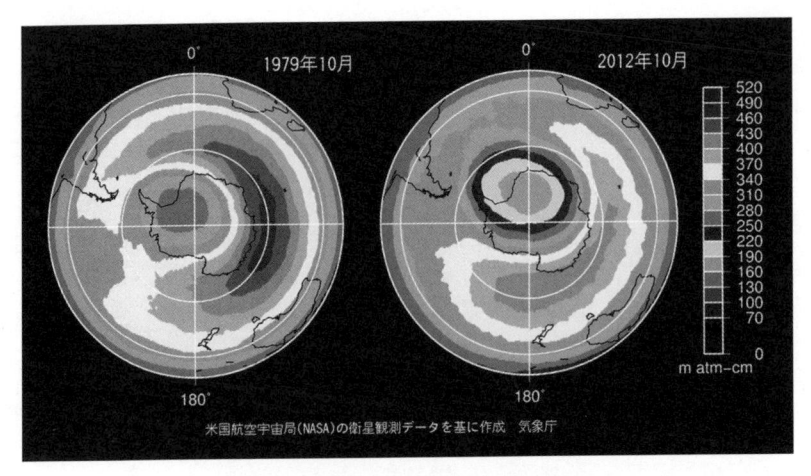

図 12.3 南極域上空のオゾン全量の変化
気象庁ウェブサイトより.

$$\text{CFC（または HCFC）} + h\nu \rightarrow \text{Cl} + \text{M}$$
$$\text{Cl} + \text{O}_3 \rightarrow \text{ClO} + \text{O}_2$$
$$\text{ClO} + \text{O} \rightarrow \text{Cl} + \text{O}_2$$

ここで $h\nu$ は紫外線のエネルギー, M は CFC または HCFC の分解生成物を示す.

また, 下部成層圏では水素酸化物 (HO_x) や臭素酸化物 (BrO_x) も分解反応に関与する. このように, フロンなどの化学物質がオゾンの生成・分解速度のバランスを崩すことでオゾン層の破壊を引き起こし, 南極域上空にオゾンホール (図 12.3) を出現させる原因となっている.

オゾン層の破壊の結果, 地上に到達する有害な紫外線 (UV-B) が増加すると, 皮膚ガンや白内障などの健康被害や, 動植物の生育阻害を引き起こす. 現在, フロンはオゾン層破壊の原因となる塩素原子を含まないハイドロフルオロカーボン (HFC) への代替が国際的に進んでいる.

12.1.2 PCB, ダイオキシン類, DDT, POPs

a. PCB

ポリ塩化ビフェニルの略称. 2つのベンゼン (C_6H_6) が単結合でつながった構造を持つビフェニル ($C_{12}H_{10}$) の水素原子を塩素原子で置換することで得られる (図 12.4). 置換される塩素原子の数は 1〜10 個で, 図に示す 2〜6 または 2'〜6' の位置の水素原子が塩素原子に置換される. 一般式は $C_{12}H_{(10-n)}Cl_n$ ($1 \leq n \leq 10$)

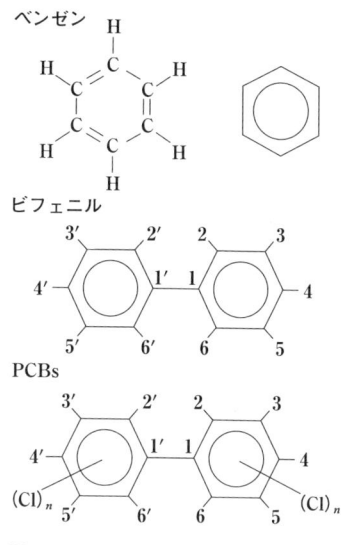

図12.4 ベンゼン，ビフェニル，PCBsの構造図

であり，置換される塩素原子の数や位置の違いによって209種類の異性体が存在する．PCBは水に溶けにくい，沸点が高いなどの物理的な性質を有する油状の物質であり，熱分解しにくい，不燃性，電気絶縁性が高いなど化学的にも安定な性質を有することから，かつては電気機器の絶縁油，熱交換器の熱媒体，ノーカーボン紙用溶媒など様々な用途に利用された．PCBが使用された代表的な電気機器には，高圧トランス（変圧器）や高圧コンデンサ（蓄電器），安定器（低圧コンデンサ）がある（図12.5）．

しかし日本では，1968年に食用油の製造過程において熱媒体として使用されたPCBが製品に混入し健康被害を発生させたとされるカネミ油症事件を契機として，PCBの毒性が社会問題化した．PCBは，化学的に安定であるがゆえに環境中での残留性が高く，また，水に難溶である（脂肪に溶けやすい）がゆえに生物体内に蓄積しやすい．食物連鎖を通じた慢性的な摂取により体内で次第に濃縮し，目やに，爪や口腔粘膜の色素沈着，ざ瘡様皮疹（にきびなど），爪の変形，まぶたや関節の腫れなどの様々な中毒症状を引き起こすとされている．国際的にも，北極圏などのPCB未使用地域において，PCB使用地域からの長距離移動汚染が確認されたことから，PCBの製造・使用に関する規制が進んでいる．

b. ダイオキシン類

一般にポリ塩化ジベンゾ-パラ-ジオキシン（PCDD）とポリ塩化ジベンゾフラン（PCDF）をまとめた化合物の総称．図12.6に示すように，1つまたは2つの酸素原子を介して結合した2つのベンゼン環の1～9の位置にいくつかの塩素原子が結合した構造をしている．ダイオキシン類は工業的に製造する物質ではなく，物を燃やしたり，塩素を含む有機化合物を製造する工程などで副生成物（非意図的生成物）として生成される．また，PCBの異性体のうち2つのベンゼン環が同一平面上にあって扁平な構造（共平面状構造）をとるコプラナーPCBは，ダイオキシン類と同様の毒性を示すことから，日本の「ダイオキシン類対策特別措置法」では，PCDDおよびPCDFにコプラナーPCBを含めて「ダイオキシン類」と定

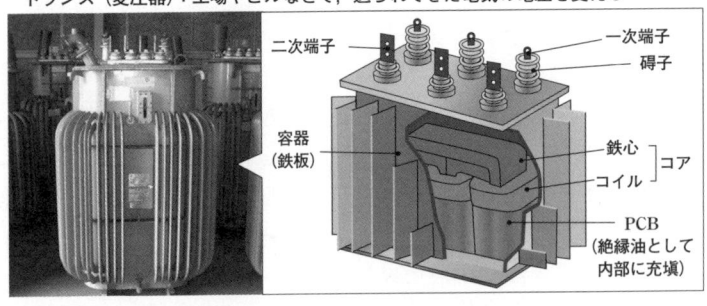

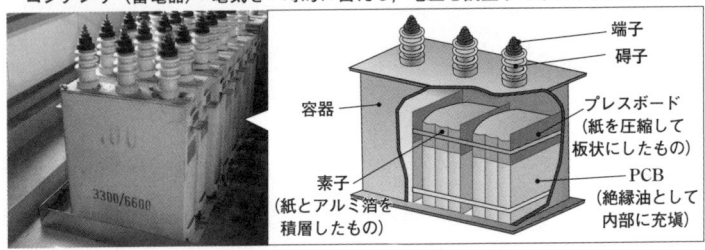

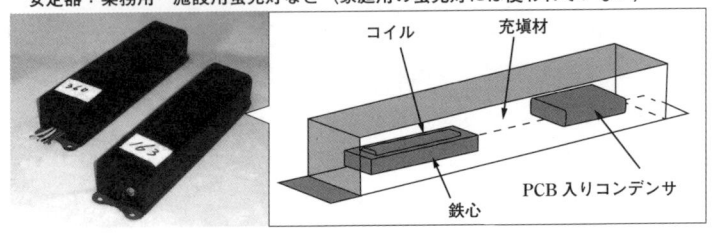

図 12.5 PCB の代表的な用途
写真提供：日本環境安全事業株式会社．図についても同社ウェブサイトをもとに作成．

義している．ダイオキシン類は，発ガンを促進する作用や，甲状腺機能，生殖機能，免疫機能などに影響を及ぼすとされる．

c. DDT

ジクロロジフェニルトリクロロエタン（$C_{14}H_9Cl_5$，図 12.7）の略．過去に農薬や防疫のための害虫駆除剤として広く使用されたが，人間に対する発ガンの可能性や環境中での残留が認められることから，日本では 1981 年にすべての用途での製造，販売，使用が禁止されている．しかし DDT の防疫効果は極めて高く，一部

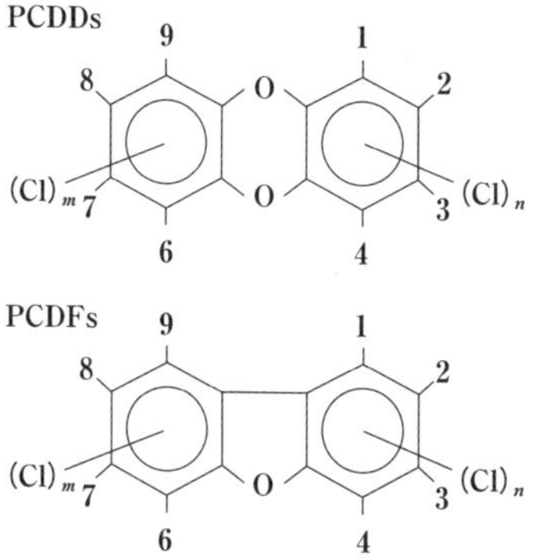

図 12.6 ダイオキシン類の構造図 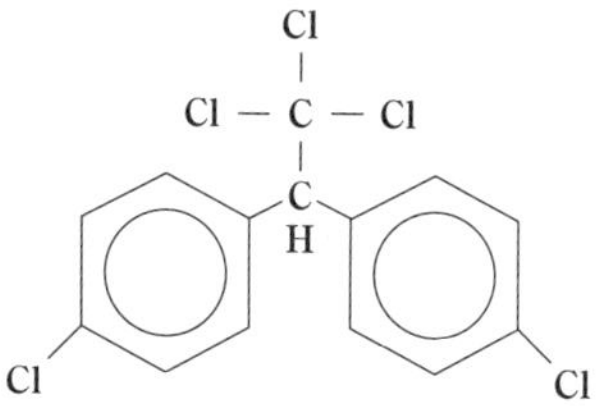　　**図 12.7** DDT の構造図

の国ではマラリア対策の目的で現在も使用されている．

d. POPs (persistent organic pollutants)

PCB やダイオキシン類，DDT のように環境中で分解されにくく，長距離移動による環境汚染を引き起こし，生物体内に蓄積して人間や野生生物に有害な影響を及ぼしかねない性質を持つ化学物質は，残留性有機汚染物質（POPs）と呼ばれ，国際的な規制の対象となっている．

12.1.3 内分泌攪乱化学物質（環境ホルモン）

ノニルフェノール（$C_{15}H_{24}O$）は，洗剤などの界面活性剤の合成原料として広く使われており，日本でも低濃度であるが環境水中から検出される．魚類（メダカ）を用いた試験の結果，ノニルフェノールは，魚類の女性ホルモン受容体との結合性が強く，雄の肝臓中ビテロジェニン（卵黄タンパク前駆体）濃度の上昇，精巣卵の出現，受精率の低下を生じさせることが報告されている（環境省，2010）．

ノニルフェノールのように，人間や野生生物の内分泌系に影響を及ぼし，生殖機能阻害や悪性腫瘍など，生体に障害や有害な影響を引き起こす外因性の化学物質を内分泌攪乱化学物質（endocrine disruptor，環境ホルモン）といい，PCB やダイオキシン類，DDT もその作用が疑われている．しかし，化学物質の内分泌攪乱作用については未解明な点が多く，日本では関係府省が連携して，環境中濃度の実態把握，試験方法の開発，人間への健康影響や生態系影響に関する科学的知見を集積するための調査研究を，OECD（経済協力開発機構）などを通じて国際的に協調して実施している（環境省，2012c）．

12.2 化学物質の法的規制と管理

12.2.1 国際的な取り決め

人間の健康や生態系に有害な影響を及ぼしたり，地球環境を悪化させる化学物質については，世界各国の共通課題として国際的な対策の枠組みが定められており，日本でもそれに基づく法的規制と管理が進められている．

a. フロン

フロンについては，1985年に「オゾン層の保護のためのウィーン条約」が成立し，1987年には条約に基づいて具体的な規制内容を定めた「オゾン層を破壊する物質に関するモントリオール議定書」が採択された．議定書ではCFCやHCFCを含むオゾン層破壊物質の生産・消費の規制から全廃に至るスケジュールが定められており，日本ではこれらを的確かつ円滑に実施するため，1988年に「特定物質の規制等によるオゾン層の保護に関する法律」（オゾン層保護法）を制定し，オゾン層破壊物質の生産や輸出入の規制，排出抑制の努力義務などを規定した．加えて，2001年に「特定製品に係るフロン類の回収及び破壊の実態の確保等に関する法律」（フロン回収・破壊法）を制定し，家庭や業務用の冷凍・冷蔵庫，エアコンなどに入っているフロンの適正な回収・破壊を進めている．なおCFCやHCFCの代替物質であるHFCはオゾン層を破壊しないものの，気候変動枠組条約に関する京都議定書における削減対象物質であり，大気中の濃度が増加傾向にある（環境省，2012d）ことから，HFCを含めたフロン類の排出規制は，地球温暖化防止の観点からも重要である．

b. PCB

PCBについては，ダイオキシン類やDDTとともにPOPsとして，2001年に「残留性有害汚染物質に関するストックホルム条約」（POPs条約）が採択され，製造・使用・輸出入の制限に関する国際的な取組みが始められた．この条約ではPCBに関して，2025年までの使用全廃と2028年までの適正な処分を求めている．日本では1972年以降，PCBの製造は行われていないが，すでに製造されたPCBの処理が進まず，保管の長期化による紛失や漏洩による環境汚染の進行が懸念されたことから，2001年に「ポリ塩化ビフェニル廃棄物の適正な処理の推進に関する特別措置法」（PCB処理特別措置法）を制定し，処理施設の整備と適正な処理を進めている．

c. ダイオキシンおよびその他の物質

ダイオキシン類については，「ダイオキシン類対策特別措置法」に基づき排出規制を行うとともに，発生源別に排出量の目録を整備し，事業活動に伴い排出されるダイオキシン類の削減計画を策定するなどの対策を行っている．また，その他の物質については，「化学物質の審査及び製造等の規制に関する法律」や「農薬取締法」などによって規制されている．

12.2.2　化学物質の審査及び製造等の規制に関する法律 （化学物質審査規制法または化審法）

人の健康や動植物に有害な影響を及ぼす化学物質による環境汚染を防止するため，新規化学物質の製造・輸入に際し事前にその性状を審査する制度を設けるとともに，その性状に応じて化学物質の製造，輸入，使用などについて必要な規制を行うことを目的とする．新規化学物質の審査では，①化学物質の自然分解性，②生物体内への蓄積性，③人への長期曝露による毒性，④動植物への生態毒性についての判定が行われ，その判定結果に応じて，化学物質は，第一種および第二種特定化学物質，または第一種，第二種，第三種監視化学物質などに指定分けされ，それぞれの指定に応じた規制措置が講じられる．

12.2.3　特定化学物質の環境への排出量の把握等及び管理の改善の促進に関する法律 （化学物質排出把握管理促進法または化管法）

PRTR（pollutant release and transfer register，化学物質排出移動量届出）制度とMSDS（material safety data sheet，化学物質など安全データシート）制度を柱として，化学物質排出量の把握と管理を行うものである．

PRTR制度とは，事業者が対象化学物質を排出・移動した際に，その量を把握し，国に届け出ることを義務づける制度であり，国は届け出られた排出・移動量の集計データを公表する．これによって，国民は毎年どんな化学物質が，どの発生源から，どれだけ排出されたかを知ることができる．

MSDS制度とは，事業者が対象化学物質やそれを含む製品を他の事業者に譲渡・提供する際に，その特性や取扱いに関する情報を，SDS（安全データシート）により事前に提供することを義務づける制度である．

化管法は，これらの制度によって，事業者による化学物質の自主的な管理の改善を促進し，環境の保全上の支障を未然に防止することを目的としている．

12.2.4 欧州連合（EU）における法的規制

EU 圏では市民の環境意識が高く，2006 年 7 月には RoHS 指令（restriction of the use of certain hazardous substances in electrical and electronic equipment）が，2007 年 6 月には REACH 規則（registration 登録，evaluation 評価，authorization 認可 and restriction 制限 of chemicals 化学物質）が施行されるなど，化学物質の法的規制とその強化が進んでいる．

RoHS 指令は，電気・電子機器や構成部品の再使用（リユース）や再利用（リサイクル）を容易にするために，あらかじめ電気・電子機器の製造時における有害化学物質の使用を制限するものであり，鉛（Pb），水銀（Hg），カドミウム（Cd），六価クロム（Cr (VI)），ポリ臭化ビフェニル（PBB），ポリ臭化ジフェニルエーテル（PBDE）の 6 物質の使用を原則禁止している．

REACH 規則は，EU 圏内で製造・輸入される化学物質について，その特性を確認することで，予防的かつ効果的に，有害な化学物質から人間の健康と環境を保護することを目的としている．年間 1 t 以上製造または輸入する化学物質に対して，その毒性情報などの登録，評価，認定を義務づけ，安全性が確認されていない化学物質を市場から排除するという考えに基づいており，新規化学物質に限らず，既存の化学物質も対象としている．

このように，化学物質の法的規制は今後も強化される方向にあり，グローバル化する経済において化学物質や製品の輸出を行う事業者は，その動向を注視する必要がある．

12.3 環境リスクとリスクコミュニケーション

12.3.1 化学物質の安全性と環境リスク

有害な化学物質に対する社会的な不安を解消するためには，化学物質の安全性に関する科学的根拠（情報）を公開し，市民，産業，行政との意見交換などを通じて安全利用に関する社会的な合意を得ることが重要である．ここで化学物質の安全性とは化学物質によるリスクの逆数であり，リスクを見積もることで数学的に得ることができる．化学物質が環境を経由して人間の健康や生態系に有害な影響を生じさせる可能性（確率）を環境リスクといい，その大きさは有害性の程度と曝露量（摂取量）の積として定義される．

$$化学物質の安全性 = \frac{1}{化学物質によるリスク}$$

化学物質によるリスク(環境リスク) = 有害性×曝露量(摂取量)

有害性の程度は，動物や細胞，遺伝子などを用いた毒性学的試験を実施し，化学物質の用量（濃度）と反応（影響）との関係（用量反応関係）を明らかにすることで決定される．曝露量は，環境中への排出量や，環境からの摂取量についての観測値や推定値をもとに決定される．したがって，有害な化学物質が存在したとしても，その曝露量が少なければリスクは低くなり，その化学物質の安全性は高いと評価される．

12.3.2 リスクコミュニケーション

環境リスクなどの化学物質に関する情報を，市民，産業，行政などのすべてが共有し，意見交換などを通じて意思疎通と相互理解を図ることをいい，化学物質による環境リスクを減らす取組みを進めるための基礎となる．化学物質に関するリスクコミュニケーションの推進には，①情報の整備，②場の提供，③対話の推進が重要である．情報の整備にあたっては，環境リスクなど化学物質についてのわかりやすい情報を作成し提供することが求められる．場の提供とは，市民，産業，行政などによる環境リスクなどの化学物質に関する情報の共有と相互理解の促進を意味する．対話を推進するためには，身近な化学物質に関する疑問に対応する人材（化学物質アドバイザー）の育成やリスクコミュニケーションの手法の開発などが必要となる（環境省，2012d）．　　　　　　　　　　　　　　　［高見　徹］

文　献

環境省（2010）：化学物質の内分泌かく乱作用に関する今後の対応── EXTEND 2010（http://www.env.go.jp/chemi/end/extend2010/extend2010_full.pdf），2012年11月アクセス．
環境省（2012a）：オゾン層を守ろう──地球温暖化防止のためにも，フロンの放出を抑えよう 2012年版パンフレット（http://www.env.go.jp/earth/ozone/pamph/2012/full.pdf），2012年11月アクセス．
環境省（2012b）：POPs残留性有機汚染物質 パンフレット（http://www.env.go.jp/chemi/pops/pamph/index.html），2012年11月アクセス．
環境省（2012c）：環境白書（平成24年度版），循環型社会白書／生物多様性白書．
環境省ウェブサイト（2012d）：（http://www.env.go.jp/chemi/communication/9.html），2012年11月アクセス．
気象庁ウェブサイト（http://www.data.kishou.go.jp/obs-env/ozonehp/link_hole_monthave.html），2012年11月アクセス．
長倉三郎，ほか（1998）：岩波理化学辞典第5版，岩波書店．
CASウェブサイト（http://www.cas-japan.jp），2012年11月アクセス．

13. 持続社会と資源循環

13.1 資源面からみた持続可能性

13.1.1 資源循環（resource circulation）を捉えることの重要性

日本では2009年度において，国内外で採掘・採取された約13億tの天然資源，約2.3億tのリサイクル資源が投入され，約13億tの様々な製品やエネルギーが生み出された（図13.1）．一方で，約5.6億tの廃棄物が排出された．これらは途方もなく大きな数字なので想像しにくいが，日本の経済は膨大な量の資源を投入することで成り立っている．

資源から製品やエネルギーが生産される一連の流れは，人間の血管にたとえて動脈と呼ばれる．同様に，廃棄物の処理にかかる一連の流れは静脈と呼ばれる．

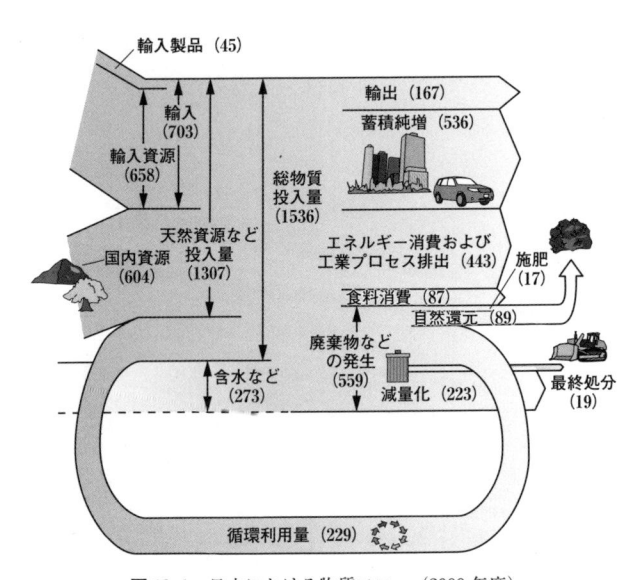

図13.1 日本における物質フロー（2009年度）
（ ）内の数値は物質の重量（100万t）．「含水など」は，廃棄物などの含水など（汚泥，家畜糞尿，し尿，廃酸，廃アルカリ）および経済活動に伴う土砂などの随伴投入（鉱業，建設業，上水道業の汚泥および鉱業の鉱さい）を含む．環境省（2012）をもとに作図．

製品や廃棄物は元々資源であり，資源が形を変えて動脈と静脈を循環していると考えることができる．このように動脈と静脈を一体として捉え，資源の循環構造を把握しようとする考え方を資源循環という．なお資源，製品，廃棄物のように，比較的短い時間で循環する資源のことをフローと呼ぶ．これに対し，道路や建物などの社会資本や自動車などの耐久消費財のように，長期間社会に蓄積される資源をストックと呼ぶ．ストックは使用後に廃棄物（フロー）として排出される．

資源循環に関する考え方は，元々は炭素，窒素，水の大循環のような地球スケールでの自然の物質代謝（metabolism）を起源としている．この考え方を社会や産業にも適用し，人工的な物質代謝を明らかにする学問分野を，産業エコロジー（industrial ecology）という．

循環型社会は，大量生産・大量消費・大量廃棄から脱却するために提案された概念であるが，根底には鉱物・エネルギー資源の枯渇問題および安全保障の観点から，現在の経済構造を可能な限り維持しつつ資源循環量を最小化することで，資源面からみた持続可能性を目指すという理想がある．

13.1.2 循環型社会（sound material cycle society, circular economy）

循環型社会とは，①廃棄物の発生抑制，②3R（排出抑制，再利用，再資源化（reduce, reuse, recycle））の促進，③適正処分の実施により，天然資源の消費が抑制され，環境への負荷ができる限り低減される社会と定義されている．

これまでの廃棄物処理政策では，いかに最終処分量を削減するかに重点が置かれていた．循環型社会に関連する一連の法律（13.3節参照）が施行されたことで，動脈（天然資源の枯渇問題に伴う資源使用量の削減）と静脈（廃棄物のリサイクルと適正処理）の対策を一体として実施できるようになった．

13.1.3 経済活動と資源利用のデカップリング

経済活動を可能な限り維持しつつ，循環型社会の構築を目指すことは可能なのだろうか．現状では，経済発展と資源投入量・廃棄物排出量はほぼ比例関係にあるといって差し支えない．これを，いかに分断（デカップリング）するかが重要である．

経済成長と環境負荷のデカップリングが可能であるという仮説として，環境クズネッツ仮説が提唱されている．経済規模の拡大に伴って環境負荷物質の排出は増えるが，ある一定の規模まで経済規模が大きくなると，逆に環境負荷物質の排

出は削減されるというものである（図13.2）．図中では，経済規模と環境負荷物質の排出量は逆U字で表されている．これを，環境クズネッツ曲線（environmental Kuznets curve）といい，SO_xやBODなどにみることができる．これは，公害問題が顕在化することで，環境負荷削減に対する社会的な要請が活発化し，排出規制が設けられるようになるからである．

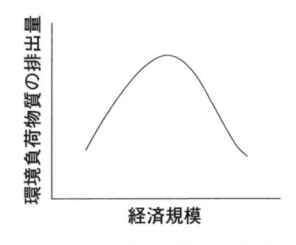

図13.2 環境クズネッツ曲線

これを資源に置き換えると，経済規模と資源使用量との間で環境クズネッツ曲線がみられるようになることが理想的である．廃棄物についていえば，第11章で示したように排出量は減少傾向にある．一方で，図13.3の粗鋼生産量を例に示すように，多くの金属資源やエネルギー資源の使用量は世界規模で増加し続けている．とはいえ，資源は有限である．粗放的な資源利用はいずれ資源の枯渇を招き，世界的な経済破綻につながる可能性がある．そのためにも，日本だけでなく世界規模で，適切な資源管理を実施するための取組みが急務である．

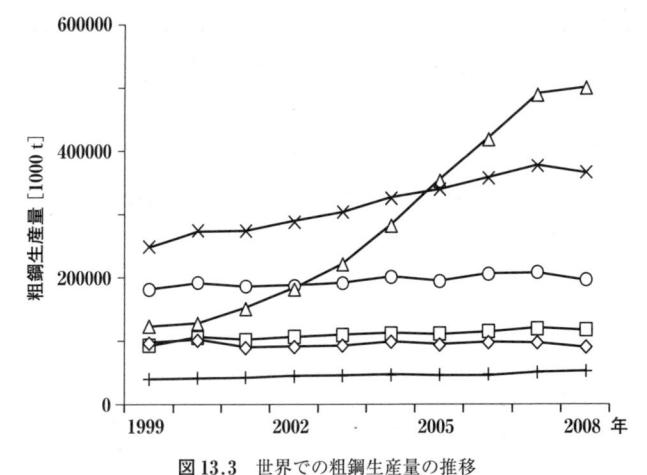

図13.3 世界での粗鋼生産量の推移
―〇― EU（27カ国），―△― 中国，―□― 日本，―◇― アメリカ，―+― 韓国，―✕― その他．
World Steel Association（2010）をもとに作成．

13.1.4 隠れたフロー（hidden flow）

資源には枯渇以外に，もう1つの問題がある．それは，資源採掘の際に発生する不要物である．例えば石炭や鉄鉱石は露天掘りが多いが，採掘の際に発生した

残土や不要鉱石などの不要物は，利用されずに廃棄される．これらは，隠れたフローあるいはエコロジカルリュックサック（ecological rucksack）と呼ばれる．

例えば鉄を1kg生産するときに発生する隠れたフローは21kgである（環境省，2003）．同様に銅の場合は500kg，金の場合は54万kgにまで達する．土中の含有割合が少ない資源ほど，隠れたフローは大きくなる．なお隠れたフローには，侵食された土壌，林地残材，家畜への飼料投入なども含まれる．隠れたフローは，統計では表に出てこないものの，土地の改変や生物多様性の減少につながる環境影響の一種として取り扱うことができる．資源面からみた持続可能性を検討する際には，隠れたフローも考慮することが重要である．

13.2 資源循環の評価手法

資源循環は，廃棄物の種類や質，それを管理する主体により規模が異なる．大規模な循環圏（マクロスケール）は，世界，アジアなどの地域区分，国である．中規模（メゾスケール）は都道府県や市町村であり，小規模（ミクロスケール）は工場や家庭である．

資源循環を評価するための手法は様々であるが，循環の規模により，適用される手法は異なる．主な評価手法をまとめたのが表13.1である．それぞれの評価手法は，特徴により大きく2つに分類できる．1つ目は現状把握型であり，ある時点での資源循環の構造を把握したり，それに伴う環境負荷量などを評価する際に用いられる．2つ目は効率算定型であり，ある時点での資源循環の構造の良し悪しを判断する際に用いられる．以下では，現状把握型および効率算定型の評価手法を説明する．

表13.1 循環規模別の評価手法

循環規模	現状把握型	効率算定型
マクロスケール	物質フロー分析，関与物質総量	エコロジカルフットプリント，物質フロー指標
メゾスケール	物質フロー分析，ライフサイクルアセスメント	物質フロー指標，環境効率
ミクロスケール	物質フローコスト会計，環境会計，関与物質総量，ライフサイクルアセスメント	環境効率，ファクターX

13.2.1 現状把握型の評価手法

a. 物質フロー分析（material flow analysis, MFA）

物質フロー分析とは，資源循環をある閉ざされたシステムとして捉え，システ

ムに投入される物質および産出される物質の収支を定量的に把握する手法の総称である．図13.4は，物質フローの考え方を表したものである．投入される物質としては，資源，水，空気などが該当し，産出される物質としては，製品，副産物，廃棄

〈①投入〉
鉱物資源
化石燃料
水，空気など

→ システム →

〈②産出〉
製品
副産物など

↓

〈③産出〉
廃棄物，廃水，廃熱，環境負荷など

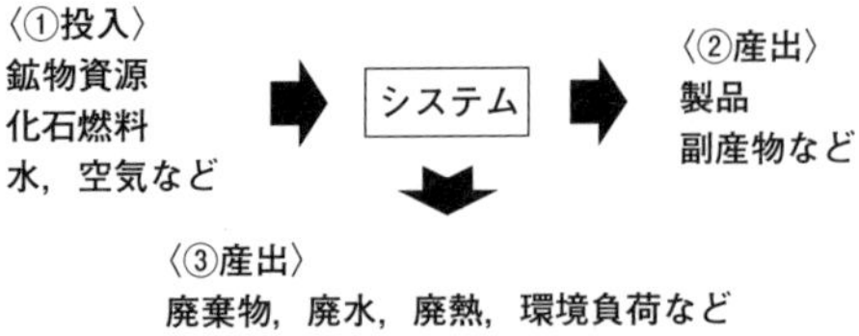

図13.4　物質フローの考え方
物質収支式：①＝②＋③

物，廃水，廃熱，環境負荷などが該当する．物質フロー分析では，物質投入量と物質産出量の合計で物質収支が満たされることが大前提となる．

　物質フロー分析は，循環規模の様々なスケールで適用可能である．マクロスケールでは，鉱物資源の循環構造や廃棄物の国際移動についての評価が実施されている（例えば，Adriaanse et al., 1997；Gradel and Allenby, 2003；森口，1997；寺園，2008）．特に鉄やリンなどの元素に着目した物質フロー分析を，サブスタンスフロー分析（substance flow analysis, SFA）という．また，グローバリゼーションの進展に伴い，中国などアジア各国から日本への最終製品の輸入が増えているが，貿易に伴う内包環境負荷を明らかにした研究もある（井村ほか，2005）．輸入された最終製品には，各国での製品生産に伴い発生した環境負荷が内包されていると考えることができる．これはいうなれば，本来は日本で発生するはずだった環境負荷を他国に肩代わりさせているといえる．

　マクロスケールでは，資源だけでなく，最終製品や廃棄物なども含めた資源循環の評価が実施されることが多い．例えば環境省（2012）は，日本における資源循環構造を明らかにし，物質フロー指標を用いた循環型社会の達成度合いに関する評価を実施している．また，国の経済活動とそれに伴い消費される水，森林などの自然資源の消費量を合わせて把握するための手段として，環境資源勘定も考案されている．

　メゾスケールでは，マクロスケールと同様に資源，最終製品，廃棄物などの資源循環の評価が実施されることが多い．例えば図13.5は，1998〜2001年における名古屋市の物質フローの変化を示したものである（田畑ほか，2004）．名古屋市では最終処分場の逼迫問題を解決するため，1999年度に「ごみ非常事態宣言」を発令し，リサイクルを中心としたごみ処理政策を実施した．その結果，図13.5に示すように，1998年に比べて2001年の最終処分量は激減した．しかし物質フローでみると，最終処分は元々名古屋市外で実施されていたこと，リサイクルの多

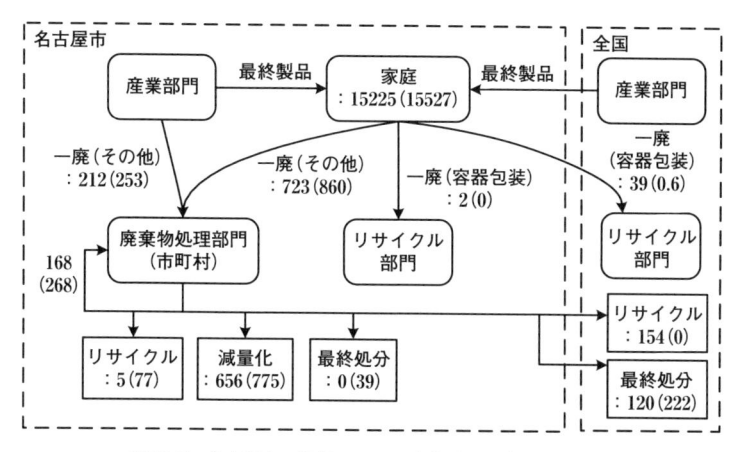

図 13.5 名古屋市の物質フローの変化（1998 年 → 2001 年）
単位：1000 t．一廃：一般廃棄物．（ ）内の数値は 1998 年．田畑ほか（2004）をもとに作成．

くが市外でなされていることがわかる．このことから，名古屋市は市外に依存しながらごみ処理政策を成功させたといえる．

循環型社会に関する法律や制度は政府が策定しているが，これをもとに循環型社会の構築に関する具体的な計画を実行するのは現場（地方自治体）である．そのため，メゾスケールで実施される物質フロー分析は，循環型社会の構築に深く直結しているといっても過言ではない．

b. 物質フローコスト会計（material flow cost accounting, MFCA）

物質フローコスト会計とは，事業所の製造プロセスにおいて，原材料やエネルギーを用いて製造した製品だけでなく，排出される廃棄物も物量単位と金額単位で測定する手法である．図 13.6 に，その概念を示す．通常，廃棄物は無用物であ

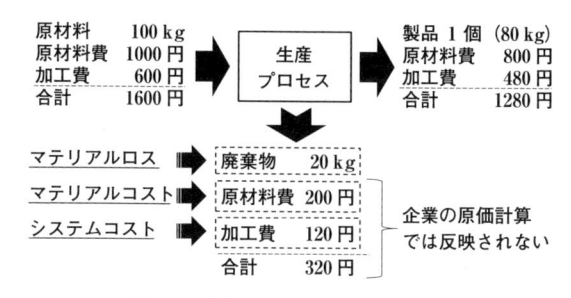

図 13.6 物質フローコスト会計の概念
経済産業省（2008）をもとに作成．

るため価格はつかないが，物質フローコスト会計では廃棄物についても正確な原価を算定する．これにより，廃棄物が持つ価値への気づきを与えるとともに，廃棄物の排出を少なくするようなプロセス改善の提案につなげることができる．

物質フローコスト会計では，生産プロセスから排出される廃棄物のことをマテリアルロスと呼ぶ．また，廃棄物に付随する原材料費をマテリアルコスト，加工費や労務費などをシステムコストと呼ぶ．

物質フローコスト会計は企業の内部管理活動に利用されており，環境管理会計 (environmental management accounting) とも呼ばれている．経済産業省は1999年度より物質フローコスト会計の国内での導入と普及を進めており，製造業や製薬業などで物質フローコスト会計の適用事例がみられる．また2011年には，ISO 14051として物質フローコスト会計が国際標準化された．

c. 環境会計 (environmental accounting)

物質フローコスト会計が企業の内部管理活動に利用されているのに対し，企業の外部報告に利用されているのが環境会計である．環境会計とは，環境保全コスト（貨幣単位），環境保全効果（物量単位），環境保全対策に伴う経済効果（貨幣単位）を，それぞれ数値およびそれを説明する記述情報で表現したものである（環境省, 2005）．これにより，企業の財務活動における環境保全対策とその費用対効果を一体として評価することが可能である．

1990年代後半から企業におけるISO 14000シリーズの認証取得が盛んになったころと同時期に，企業の環境報告書やCSR報告書において環境会計が掲載されることが多くなった．現在は環境パフォーマンスの一部として，一般的なものになっている．

環境会計は企業を中心に適用されているが，自治体でも下水道事業や廃棄物処理事業などを対象に適用されており，家庭においても適用されている．家庭で用いられる環境会計は環境家計簿と呼ばれる．これは月々の電力消費量，ガス消費量，水道使用量から，CO_2排出量を計算するものが主流である．これ以外にも，生鮮食品や書籍など，日常的な製品購入量とそれに伴うCO_2排出量を算出可能な拡張型環境会計も検討されている（河尻・田畑, 2010）．

d. 関与物質総量 (total material requirement, TMR)

関与物質総量は，製品を製造するのに必要な天然資源の総重量に，天然資源の隠れたフローを合計して計算される．TMRに関する研究としては，世界規模でのTMRを含めた物質フローを分析した事例がある（Adriaanse, et al., 1997）．ま

た身近な例として，中島ほか（2006）は使用済み携帯電話を対象にTMRを算出している．その結果として，回収された携帯電話のうち，原材料として回収される元素は金，銀，白金などで，これらは携帯電話の重量の約11％にすぎないが，TMRでみると約90％に及ぶと推計されている．

e. ライフサイクルアセスメント（life cycle assessment, LCA）

LCAとは，製品のライフサイクル（原材料の採掘〜製品製造〜廃棄）を通して，資源消費量や環境負荷量を評価する手段である．

通常，我々が自動車や家電製品などから排出される環境負荷の大小を考えるとき，燃費や電力消費量などの使用プロセスを思い浮かべる．しかし実際は，使用プロセス以外でも環境負荷は排出される．例えば製品を製造するためには原材料が必要であり，多くは海外で採掘され輸入される．また製品は多くの部品から成り立っており，これらの部品を加工し組み立てることが必要である．製品は使用後に廃棄されるが，リサイクルや適正処理が必要である．

図13.7に，飲料包装容器を例としたLCAの考え方を示す．LCAでは，それぞれのプロセスで入力される資源や排出される環境負荷に関するデータを収集あるいは算出し，ライフサイクル全体での資源消費量や環境負荷量を明らかにする．これにより，環境負荷が高いプロセスを特定することができる．また，環境負荷が高い特定のプロセスに対し，環境負荷を削減するための改善策の提案につなげることができる．LCAで対象とする環境負荷は，地球温暖化（CO_2，CH_4など），大気汚染（SO_x，NO_x），水質汚濁（BOD，CODなど），重金属などであり，それぞれの環境負荷を算出するだけでなく，各環境負荷を生態系や人間へのインパク

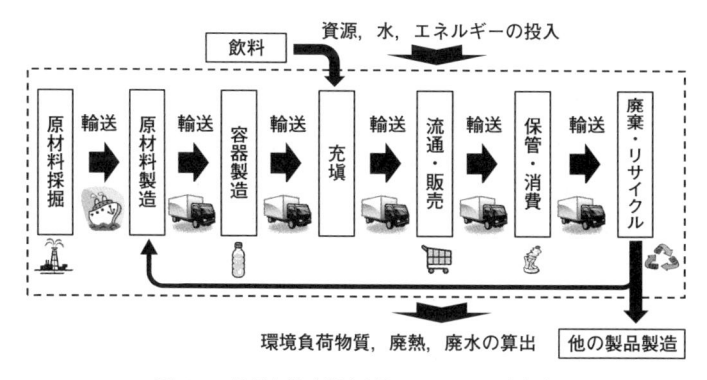

図13.7 飲料包装容器を例としたLCAの考え方

トとして統合評価することも可能である．

　LCAは，自社の製品評価をするために企業を中心に実施されているが，地方自治体の廃棄物処理政策やまちづくりに対しても適用可能である（玄地ほか，2010）．政府や地方自治体でも，ごみ処理計画や土木建築工事などに，LCAが取り入れられる事例が増えている．

　LCAの消費者向けの展開として，カーボンフットプリント（carbon footprint of products, CFP）がある．商品やサービスがライフサイクルで発生する温室効果ガス排出量をCO_2排出量換算で算出し，その数値をラベリングする方法である．CFPの狙いは，CO_2排出量を「見える化」することである．CFPがラベリングされた商品が店頭に多く出回れば，消費者の購入決定の判断材料として，価格だけでなくCO_2排出量も考慮されるようになると期待できる．

　CFPは2007年にイギリスで始まり，フランスなど多くの国々で導入や検討が進んでいる．日本では，経済産業省が中心となり2009〜2011年度の期間で試行事業が実施され，2012年度より本格運用が始まったところである．

13.2.2　効率算定型の評価手法

a.　エコロジカルフットプリント（ecological footprint, EF）

　エコロジカルフットプリントとは，経済活動に伴い資源を採取するために必要な土地，および環境負荷物質を浄化するために必要な土地を，土地面積で算出する手法である．WWFジャパン（2010）は世界各国のエコロジカルフットプリントを算出し公表しているが，これによると，2009年の日本人のEFは，約4.1 ha/人である．世界中が日本人と同じような暮らしをした場合，地球が約2.3個必要であるといわれている．同様にアメリカ人と同じような暮らしをした場合には，地球が約5.0個必要であるといわれている．

b.　環境効率（environmental efficiency）

　環境効率は製品が環境へ与える負荷を，製品が提供する価値と比較する考え方であり，次式のように表せる．分子の「価値」には製品・サービスが持つ機能，利益，生産額，GDPなどが該当し，分母の「環境負荷」にはCO_2排出量，エネルギー消費量，廃棄物埋立て量などが該当する．

$$製品・サービスの環境効率 = \frac{製品・サービスが提供する価値}{製品・サービスの環境負荷}$$

　環境効率の数値が増加した場合，すなわち価値の向上に対して環境負荷の削減

がみられる場合は，環境効率が向上したと判断する．逆に，環境効率の数値が減少した場合は，環境効率が低下したと判断する．

環境効率は，企業が，自社の製品がどれだけ「環境にやさしいか」をアピールするために用いられている．環境効率の改善度合いを示す方法としては，ファクターX（factor X）が用いられている（Xには数字が入る）．一般的にはファクター4やファクター10が用いられる．ファクター10は，例えば新製品の価値を旧製品（機能は同一）の5倍にし，環境負荷を旧製品の1/2にすることで達成できる．

13.3 循環型社会の構築に関する取組み

循環型社会の構築を目指すため，政府，地方自治体，企業，家庭などの利害関係者（ステークホルダー）において様々な取組みが実施されている．13.3節では政府，地方自治体，企業における主な取組みを説明する．家庭における取組みは，13.4節を参照されたい．

13.3.1 政府の取組み

循環型社会に関しては，「循環型社会形成推進基本法」を中心として，廃棄物の処理・リサイクルに関する法律が定められている（図13.8）．「循環型社会形成推進基本法」の上位に位置しているのは「環境基本法」である．

以下に，「循環型社会形成推進基本法」および関連法案を説明する．

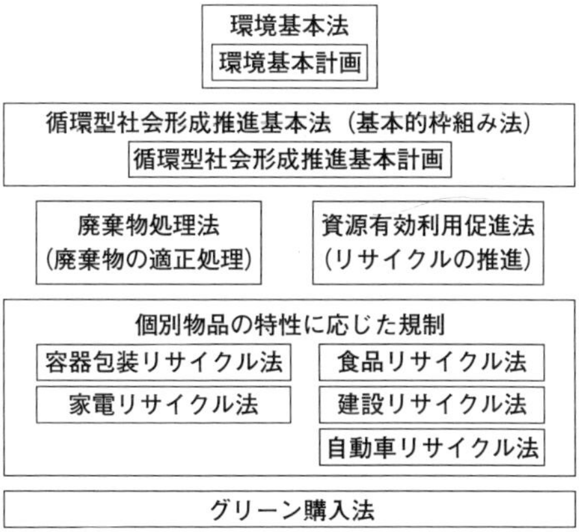

a. 循環型社会形成推進基本法（2001年完全施行）

図13.8 循環型社会の形成推進のための施策体系

循環型社会の形成を目指すことを基本原則として定めた基本法である．循環型社会の形成に関する各ステークホルダーの責務を明らかにするとともに，循環型社会に関連する法律・制度を束ねるための枠組みを明記している．

循環型社会形成推進基本法の特徴として，①3R，廃棄物の適正処理，②排出者責任，③拡大生産者責任，④「循環型社会形成推進基本計画」の策定が挙げら

れる．このうち排出者責任とは，廃棄物の排出者は，分別や処理の責任を担っているという考え方である．拡大生産者責任（extended producer responsibility, EPR）とは，企業は製品の製造や使用段階だけでなく，原材料の選定から廃棄処分までに関わるライフサイクルを通じて，生産した製品の環境影響に重要な責任を負うべきであるという考え方である．通常，企業は廃棄された製品の処理について責任を負っていないが，EPR の考え方では，たとえ廃棄された製品であっても，企業はそれらが適正に処理されるまで責任を負うことが定められている．

「循環型社会形成推進基本計画」は，循環型社会の形成に関する施策を総合的かつ計画的に推進するために定められたものである．循環型社会のあるべき姿についてイメージを示すとともに，達成のための数値目標（物質フロー指標）を設定している．物質フロー指標は，国の資源循環構造をもとに，①資源生産性（経済成長と天然資源投入量をいかにデカップリングするか），②循環利用率（リサイクルによる資源の循環利用をいかに促進するか），③最終処分量（最終処分量をいかに削減するか）の3つが定められている．また，2008年に公表された第二次計画では，廃棄物の種類や性質に応じて資源循環の規模を変化させる考え方である地域循環圏が提唱されている．

b. 廃棄物処理法（1970 年施行）

廃棄物処理に関する法律であり，現在は「循環型社会形成推進基本法」の下位に位置づけられている．

c. 資源有効利用促進法（2001 年完全施行）

事業者に対し，製品の省資源化・長寿命化，回収・再商品化などの対策を促すことを目的としている．本法に基づき，パーソナルコンピュータと小型二次電池が指定再資源化製品に位置づけられ，事業者が回収・再商品化することが義務づけられている．

d. 容器包装リサイクル法（2000 年完全施行）

容積比でごみ排出量の6割を占めている容器包装ごみに対して，分別回収・再商品化ルートの構築を制度面から支援するものであり，日本で EPR の考えを取り入れた第1号の法律である．

本法では，特定事業者（包装容器製造事業者，小売業者など）に容器包装ごみの回収と再商品化を義務づけている．特定事業者による回収・再商品化の方法として，自主回収，指定法人（容器包装リサイクル協会）への委託，独自ルートの3種類がある．このうち指定法人による方法を説明すると，以下の順番となる．

① 特定事業者は，指定法人に委託金を支払う．これにより，本法における義務が免除される
② 指定法人は，毎年の容器包装ごみの落札量を設定する．これに基づいて，自治体は，容器包装ごみを分別・回収する
③ 指定法人は，一般競争入札により再商品化事業者を決定する．委託金を支払うことで，再商品化事業者に再商品化を委託する

特定事業者は委託金さえ支払えば，再商品化義務を免れることができるため，本法は，正確にはEPRに則っているとはいえないとの意見もある．

e. 家電リサイクル法（2001年完全施行）

特定家電製品の分別回収と再商品化ルートの構築を制度面から支援するものである．法律施行当初は，家庭用エアコン，ブラウン管テレビ，冷蔵庫，洗濯機が対象であったが，2004年に冷凍庫が，2009年に液晶テレビ，プラズマテレビ，衣類乾燥機が追加された．

本法では，家電事業者が，自社製造の使用済み特定家電製品の引取り，再資源化に対する義務を担っている．これに基づき，家電事業者は共同で再商品化施設を設置し運営している．容器包装リサイクル法と異なり事業者が再商品化を担っていることから，EPRの考えが生かされているといわれている．

f. 食品リサイクル法（2001年完全施行）

食料品製造業，食品小売業，食品卸売業，外食産業を対象とし，食品廃棄物の発生抑制，分別・再商品化を義務づけるものである．再商品化の方法としては，肥料化，飼料化のほか，バイオガス化などによる熱回収がある．

g. 建設リサイクル法（2001年完全施行）

建設・解体現場から発生するがれき，コンクリートくず，金属，ガラスなどの産業廃棄物を対象とし，現場での分別や再資源化を義務づけるものである．

h. 自動車リサイクル法（2005年本格施行）

廃棄自動車の適正処理・リサイクルを推進するものである．また，車体重量比で20%になるシュレッダーダスト（破砕くず）のリサイクル，地球温暖化の原因となる自動車冷媒用フロンの回収・破壊が，事業者に義務づけられている．

i. グリーン購入法（2001年完全施行）

国など公的機関が率先して環境物品など（環境負荷低減に資する製品・サービス）の調達を推進するとともに，環境物品などに関する適切な情報提供を促進するものである．リサイクル品が生産されても使用されなければ意味がなくなって

しまうため，リサイクル品の使用を法律面から後押しするのが本法の役割である．

13.3.2 地方自治体を中心とした取組み
a. エコタウン事業
環境産業を通じた地域振興および廃棄物の発生抑制・リサイクルの推進による循環型社会の構築を目的に，1997年に創設された．2011年3月の時点で，エコタウン事業承認地域は全国に26地域ある．なお海外では，エコタウンと同様の構想としてエコインダストリアルパーク（eco-industrial park）がヨーロッパやアジア各国で稼働している．

b. バイオマスタウン構想
バイオマス資源の発生から利活用に関わる産業の育成，地域内連携による利活用システムの構築を目指すための構想事業であり，地域の活性化，循環型社会・低炭素社会を形成するための国家戦略（バイオマス・ニッポン総合戦略）がもとになっている．本構想は2002～2010年に実施され，承認されたバイオマスタウン構想は全国318地区である．なおバイオマスタウン構想は2010年12月に終了し，これ以降は「バイオマス活用推進基本計画」が実施されている．

c. 都市鉱山（urban mine）からのレアメタルの回収
近年，資源枯渇や資源安全保障などの観点から，電気電子機器からのレアメタルの回収・再資源化が注目されている．我々は建物，自動車，家電など様々なストックに囲まれて生活している．これらは最終的には廃棄物となるが，見方を変えれば再資源化することが可能な資源とも考えることができる．このように，都市に蓄積されているストックを人工的な鉱山と見立てる考え方を都市鉱山という．

携帯電話やデジタルカメラなどの小型電気電子機器には，インジウムやネオジムなど様々なレアメタルが高純度で含まれている．政府は2008年度より，地方自治体における小型電気電子機器を対象とした資源回収モデル事業を実施した．得られた成果を踏まえ，「使用済小型電子機器等の再資源化の促進に関する法律」が策定され，2012年8月10日に公布，2013年4月1日に施行された．主な内容は，①制度対象品目は28分類（携帯電話，デジタルカメラ，据置型ゲーム機など）を定める，②特定対象品目は市町村が回収する，③政府は適切なリサイクルを実施する事業者を認定するというものである．

13.3.3 企業における対策
a. ゼロエミッション（zero emission）

ある産業で排出された廃棄物は，別の産業では有価物として再資源化・再利用が可能である．ゼロエミッションは，この考えのもと，産業間で廃棄物を有価物として循環させることで，最終処分される廃棄物の排出をゼロにする考え方である．ゼロエミッションは多くの企業で実践されており，工場単位でのゼロエミッションを達成した事例が数多く報告されている．

b. 環境配慮設計（design for environment, DfE）

製品設計時から，製品を分解・解体することを視野に入れておく考え方である．具体例としては，逆工場（inverse manufacturing）が挙げられる．逆工場とは，製品を製造する過程とは逆の工程で，製品を解体して再び原材料に戻す仕組みである．レンズ付きフィルムや複写機などについて実施例が報告されている．

13.4 持続可能な消費（sustainable consumption）

最後に，家庭における3Rの取組みとして，持続可能な消費を取り上げる．

持続可能な消費という考え方は，南アフリカ共和国で2002年に開催された持続可能な開発に関する世界サミット（World Summit on Sustainable Development, WSSD）における成果の1つである「持続可能な生産と消費に関する10年枠組み」を端緒としている．

WSSD実施計画書の第22項目では，3Rを実施しごみ排出抑制の最小化や再利用・再資源化の最大化を目指すこと，これを目指すために家庭を含むすべてのステークホルダーの参加が必要であることが明記されている．これより，家庭における取組みがいかに重要視されているかがわかる．

13.4.1 脱物質化（dematerialization）

排出されるごみは，経済性や再資源化などに伴うエネルギー消費を考慮したうえで，可能な限り再利用・再資源化されるべきである．しかし，最も重要なのは排出抑制である．これは，端的には余計なものを購入しないことにつながるが，ライフサイクルの側面でみれば製品製造に伴う資源やエネルギー使用量の節約につながる．

上記の考えのもと，自動車や家電製品などを所有するのではなく，必要なときにレンタルすることで製品が持つ機能を利用する，グリーンサービサイジングが

実践されている．また，製品が持つ機能や利便性と，資源やエネルギーの使用量をデカップリングさせるための考え方を，脱物質化という．スマートフォンやタブレットの普及による電子書籍の拡大も，脱物質化の1つの流れといえよう．

持続可能な消費を実践する際，排出抑制による脱物質化は非常に重要であるが，消費者は脱物質化に対してどのように考えているのだろうか．内閣府は1963年より「国民生活に関する世論調査」を毎年実施しており，そのなかで「心の豊かさと物の豊かさのどちらを重視するか」を尋ねている．1970年代は，心よりも物の豊かさを重視する意見が多かったが，1980年代以降は，物よりも心の豊かさを重視する傾向が強くなっている．これは，日本が先進国に仲間入りするとともに経済成長が一巡し，家庭での耐久消費財の普及率が高まり心に余裕ができた表れと捉えることができる．

図13.9は，生鮮食品の包装容器を対象とした，ごみ排出抑制に関するアンケート調査の結果である（田畑，2011）．スーパーで，発泡スチロール製トレイの「パック売り」と「袋売り」の生鮮食品が並んでいるとき，袋売りを選ぶかどうかを尋ねている．野菜，鮮魚，精肉で結果が異なるものの，価格差に関係なく袋売りを選ぶ回答者は7～8割にのぼった．このことから，消費者の排出抑制に対する潜在的な意識は高いといえる．

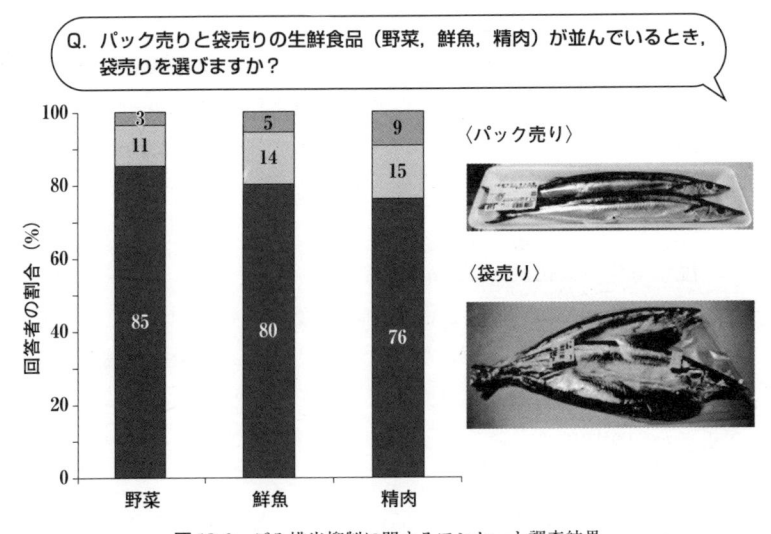

図13.9 ごみ排出抑制に関するアンケート調査結果
■安くても選ばない，■袋売りのほうが安ければ選ぶ，■袋売りを選ぶ（回答者数：2841）．田畑（2011）より．

しかし実際には，スーパーではパック売りの商品が大部分を占めている．また，新商品の発売時には多くの行列ができることからもわかるように，我々の物に対する欲求は未だに根強い．「循環型社会形成推進基本法」の関連法案でも，リサイクル法が中心に制定されている一方で，排出抑制に着目した法案は少数にとどまっている．これらからわかるように，脱物質化に対する取組みは発展途上である．

資源の観点から持続可能な社会を目指すためには，脱物質化を重視した行動が必要不可欠である．そのためにも家庭が率先して排出抑制を心がけるとともに，企業や政府に対して脱物質化につながる行動の実施を働きかけていくことが求められる．

[田 畑 智 博]

> **コラム： 循環型社会と災害廃棄物（disaster waste）**
>
> 災害廃棄物とは，地震，津波，洪水，台風などの災害によって発生したがれき，被災した家電製品・家具類・自動車，津波堆積物のことを指す．避難場所で排出されたごみも災害廃棄物に分類される．2011年3月11日に発生した東日本大震災は，岩手県，宮城県，福島県を中心に，約1万8560人の死者・行方不明者，約39万8400戸の住宅全壊・半壊など，近代の日本における未曾有の災害であった（2013年5月10日時点，復興庁調べ）．発生した災害廃棄物は，岩手，宮城，福島の3県合計で約1600万t，津波堆積物は約1020万tと推計されている（2013年5月31日，環境省調べ）．
>
> これらの廃棄物の合計は，日本の2010年度におけるごみ排出量（約4500万t）の約58%に相当する量であり，単独自治体で処理するのは時間的・経済的に困難とされている．そのため，被災地以外の全国各地の自治体が災害廃棄物を受け入れて処理する広域処理が実施されている．しかしながら，広域処理に積極的な自治体がある一方で，住民による反対も少なくない．「放射性物質に汚染された廃棄物（汚染廃棄物）」の拡散に対する懸念が主な理由となっている．
>
> 汚染廃棄物は，東日本大震災時に発生した福島第一原子力発電所（福一原発）事故による放射性物質の拡散に由来しており，福一原発周辺の被災地で発生した災害廃棄物だけでなく，放射性物質が付着した下水汚泥，草木や除染された土壌など多岐にわたっている．従前の廃棄物処理法では，汚染廃棄物の処理はまったくの想定外であり，処理方法が定められていなかった．そのため政府は，2011年8月26日に「放射性物質汚染対処特措法（特措法）」を可決・成立させ，その処理にあたっている（正式名称は，「平成二十三年三月十一日に発生した東北地方太平洋沖地震に伴う原子力発電所の事故により放出された放射性物質による環境の汚染への対処に関する特別措置法」）．

特措法では，汚染廃棄物を2種類（特定地域および高レベルの汚染廃棄物，低レベルの汚染廃棄物）に分類している．前者は，福一原発20 km圏内の避難区域および計画的避難区域において発生した災害廃棄物，セシウム（^{134}Csと^{137}Cs）濃度の合計値が8000 Bq/kgを超える下水道汚泥・焼却灰を対象としており，国が処理を実施するものとしている（Bq（ベクレル）は，放射性物質が放射線を出す能力）．後者は，濃度合計値が8000 Bq/kg以下の下水道汚泥・焼却灰であり，自治体が廃棄物処理法の規定を適用して処理するものとしている．この濃度合計値の基準を超える廃棄物を指定廃棄物，それ以下を特定廃棄物と呼ぶ．ただし特定廃棄物であっても，焼却・溶融に伴いセシウムが濃縮されて基準値を超えた場合は，指定廃棄物として保管・処理されるものとしている．

政府は特措法を踏まえて広域処理を推進しているが，広域処理に慎重な意見も多い．例えば日本学術振興会（2012）は，災害廃棄物の量と質を正確に把握したうえで可能な限り地域内で処理すること，モニタリング情報などを住民に情報公開することを提言している．また，2005年に導入された「原子炉等規制法に基づくクリアランス基準」では，セシウム濃度の基準値を100 Bq/kgと定めており，特措法との矛盾が指摘されている．

東日本大震災以前は，廃棄物はその種類や質に合わせて，特定規模の循環圏において自区内処理あるいは広域処理されるのが望ましいとされてきた．しかし放射性物質に汚染された廃棄物の発生は，循環型社会ではまったくの想定外であった．今回の問題は，これまでの循環型社会に対する考え方自体を変化させると予想される．

文献

井村秀文ほか（2005）：日・米・アジアの産業・貿易構造変化と環境負荷の相互依存に関する研究．土木学会論文集，**790**：11-23．

河尻耕太郎，田畑智博（2010）：家庭の購買行動に伴う温室効果ガス排出量の把握とその抑制を目的としたウェブ環境家計簿サービスの開発と応用．第5回日本LCA学会研究発表会講演要旨集，172-173．

環境省（2003）：平成15年版環境白書，ぎょうせい．

環境省（2005）：環境会計ガイドライン2005年版（http://www.env.go.jp/policy/kaikei/guide2005.html），2012年11月19日アクセス．

環境省（2012）：平成24年版環境白書，日経印刷．

経済産業省（2008）：マテリアルフローコスト会計（MFCA）について（http://www.meti.go.jp/policy/eco_business/mfca/MFCA-summaryJpn.pdf），2012年11月19日アクセス．

玄地 裕ほか 編（2010）：地域環境マネジメント入門―― LCAによる解析と対策，東京大学出版会．

田畑智博（2011）：ごみの排出抑制に対する消費者の受容性の分析：食品用発泡PSトレイを対象として．日本家政学会第63回大会研究発表会要旨集，175．

田畑智博ほか（2004）：資源循環の観点からみた「ごみ非常事態宣言」後の名古屋市の廃棄物処

理政策の評価. 社団法人環境科学会2004年会, 92-93.
寺園　淳（2008）：日本からアジア各国へ向かう使用済み電気電子機器：ごみか資源か. 科学, **78**（7）：768-772.
中島謙一ほか（2006）：関与物質総量（TMR）に基づく使用済み携帯電話リサイクルフロー解析. 日本LCA学会誌, **2**（4）：341-346.
日本学術振興会（2012）：災害廃棄物の広域処理のあり方について（http://www.scj.go.jp/ja/info/kohyo/pdf/kohyo-22-t-shien5.pdf），2012年11月19日アクセス.
森口祐一（1997）：マテリアルフロー分析からみた人間活動と環境負荷. 環境システム研究, **25**：557-568.
WWFジャパン（2010）：エコロジカル・フットプリント・レポート　日本2009（http://www.wwf.or.jp/activities/lib/lpr/WWF_EFJ_2009j.pdf），2012年11月19日アクセス.
Adriaanse, A., *et al.* (1997)：Resource Flows: The material basis of industrial economics, World Resource Institute.
Gradel, T.E. and Allenby, B.R. (2003)：Industrial Ecology 2nd ed., Prentice Hall.
World Steel Association (2010)：Steel Statistical Yearbook 2009, Worldsteel Committee on Economic Studies.

おわりに

　本書は環境の初学者のために様々な分野を網羅した内容となっているが，それでもまだすべてを扱ったわけではない．読者が関心を持つ分野に触れていないかもしれない．本書は読者の関心に十分に応えていないかもしれないが，読者は次の段階に進んでほしい．

●環境行動に踏み出せない君へ

　環境問題を理解することから始めよう．行動を起こすためには，環境を保全することに価値を見出すことが大切である．富士山をはじめとする美しい日本の自然を，我々の原風景である里山と農村を，豊かに広がる青い海をどうしたいのか？　すべての人が守りたいと答えるであろう．それこそが環境を守るということである．

　次に，身近な行動から始めてみよう．環境教育の目標は，責任ある環境行動を実践することである．身の回りには環境行動があふれている．マイバッグを携帯する，エアコンの温度を調整する，不必要な電気を消灯する，ごみを分別する…．日本の伝統である「もったいない」精神を活かせば，それが環境行動に必ずつながる．

●環境行動をしている君へ

　最初の一歩を踏み出した君は素晴らしい．次に行ってほしいのは，環境問題には様々な事象が複雑に絡み合っていることを理解することである．君が環境行動を実行することがどんな影響を及ぼすであろうか．想像力を働かせて，遠い異国の地へ及ぼす影響を考えてほしい．必ずどこかでつながっているはずである．その上で，その行動が本当に環境保全に役に立っているかどうかを振り返ってみよう．短絡的な行動は何も進歩を生み出さない．本編でも触れているが，包括的な視点，ライフサイクル視点で環境問題を考える習慣を身につけてほしい．こうした習慣が自発的で独創的な環境行動に結びつくであろう．

● さらにその先を行く君へ

　環境活動を実践すると必ず他者との関わりが必要となってくる．他者との合意形成は環境問題にとって大変重要な課題である．規模が大きくなればなるほど関係者は多くなり，関係者間の調整が必要になる．環境保全には利益相反の場面が度々出てくるであろう．そのような場面を克服するためには，初期の段階から関係者が参加する場をつくることが必要である．

　迷ったら原則に立ち戻ってほしい．環境問題を克服することは，人類に持続社会を実現することにつながる．持続可能な開発のためのリオ宣言は我々の偉大な道標である．自分が実践しようとしている行動が，リオ宣言で述べられている様々な原則（世代間公平，地域間公平，予防原則，汚染者負担…）に合致しているかどうかを振り返ってほしい．これら原則は，ビジネスチャンスのタネでもある．積極的に参照してほしい．

　最後に技術について触れたい．技術は人類の発展をもたらしたが，その結果として，技術が環境問題を引き起こした．一方で，技術が環境問題を解決する1つの手段であることも事実である．経済発展が人類の進歩に不可欠なことと同様に，技術開発も人類の進歩に不可欠である．人類と技術の関係はこれまでにも議論されてきたが，我々は福島の原発事故を防ぐことができなかった．今後も次々と新技術が開発されるであろう．読者には，技術に対して盲信や否定という極端な態度をとるのではなく，文明と技術という大局から評価する態度をとってほしい．

　最後までいろいろと書いたが，まずは第一歩を踏み出してほしい．踏み出したあとで，必ず振り返ることが必要になるであろう．そのときに，本書を参照してもらえれば幸いである．

　朝倉書店編集部に謝意を表したい．企画から少し時間がかかってしまったが，編集部が温かく見守り，励まし続けてくれたおかげで，満足のいく本を作り上げることができた．よい編集者と巡り逢うことができて，本当によかったと思う．

付録1　環境と開発に関するリオデジャネイロ宣言

[序文]：　国連環境開発会議は1992年6月3日から14日までリオデジャネイロで開催され，1972年6月16日の国連人間環境会議で採択されたストックホルム宣言を再確認するとともに，その発展を目指し，社会や市民のかなめとなる分野と各国間の新たな水準の協働の創造を通じて，新しく公平な地球規模の協力関係の確立を目標とし，すべての国家の尊厳ある利益の保護の必要性を尊重しつつ，地球の環境と開発システムの一体性の保全への国際的な合意を追求し，われわれの住まいである地球が不可分なものであり相互に依存することを再認識し，次の諸原則を宣言する．

[第一原則]：　人類は持続可能な開発に対する関心の中心にある．人類は自然と調和して健康で生産的な生活を送る権利がある．

[第二原則]：　国家は国連憲章と国際法の原則に従い，自らの環境とと開発の政策に準じて自国の資源を開発する主権的権利と，自ら管轄または支配する行動がほかの国や自らの管轄権の及ばない地域への環境破壊を起こさないようにする責任を有する．

[第三原則]：　開発の権利は，現在および将来の世代の開発と環境での必要性を公平に満たすよう行使されなければならない．

[第四原則]：　持続可能な開発を達成するために，環境の保護は開発過程の欠くことのできない部分とならなければならず，それから離れて検討することはできない．

[第五原則]：　生活水準の格差を縮小し，世界の大部分の人々の必要性をより良く満たすため，すべての国家，国民は持続可能な開発に必要不可欠な要求として，貧困を根絶する重要な任務に協力しなければならない．

[第六原則]：　発展途上国，特に最も開発が進んでおらず最も環境にぜい弱な国々の特別の状況と必要性には，特段の優先順位が与えられるべきである．環境，開発の分野での国際的な行動は，すべての国の利益と必要性に向けて取られるべきである．

[第七原則]：　各国は地球の生態系の健全性および完全性を保全，保護，復元するために全地球的に協力する精神で協力しなければならない．地球環境の悪化への関与はそれぞれ異なることから，各国は共通だが異なった責任を持つ．先進諸国は，彼らの社会が地球環境にかけている圧力および支配している技術，財源の観点から，持続可能な開発を国際的に追求する上で有している責任を認識する．

[第八原則]：　全人類が持続可能な開発とより高度な生活水準を達成するために，各国は持続不可能なパターンの生産と消費を縮小，廃止し，適切な人口政策を推進すべきである．

[第九原則]：　各国は，科学と技術の知識の交換を通じた科学的認識の向上と，革新技術を含む技術の開発，適用，普及，移転を強化することによって，持続可能な開発に向けた内なる能力のために協力すべきである．

[第十原則]：　環境問題は関心あるすべての市民が適時，参加することで，最も良く対処される．国内のレベルでは，個々人は，危険物質や地域社会の活動を含む公共機関が持っている環境関係の情報を適切に入手し，政策決定に参加できる機会を得なければならない．国家は情報を広く公開し，国民の認識と参加を促進，奨励しなければならない．賠償や救済を含む，司法や行政手続きへの効果的な参加が与えられるべきである．

[第十一原則]：　各国は効果的な環境法を制定しなければならない．環境基準，規制対象，優先順位は，適用する環境と開発の状況を反映したそれぞれの国で適用する．ある国で有用な基準は別の国々，特に発展途上国では不適当で，不当な経済的，社会的費用をもたらすかもしれない．

[第十二原則]：　各国は，環境悪化問題のより良い対処をし，すべての国に経済成長と持続可能な開発をもたらすような，有効で国際的に開かれた経済システムを促進するため，協力しなければならない．環境目的の貿易政策は，し意的または正当化できない差別，偽装した国際貿易の制限の手段とされるべきではない．輸入国の司法権の外での環境問題に対する一方的な行動は避けるべきである．国境を越える，または地球規模での環境問題への対処は，可能な限り国際合意に基づくべきである．

[第十三原則]：　各国は汚染被害者やほかの環境被害の犠牲者に対する責任と補償に関する国内法を作成しなければならない．各国はまた将来，国の管轄権の及ばない地域で，国の管轄下あるいは支配下による行動が起こした環境被害の影響に対する責任と補償に関する国際法を作成するため，迅速でより断固とした姿勢で協力しなければならない．

[第十四原則]：　各国は深刻な環境破壊をもたらすか，人間の健康に害があることが判明した，いかなる活動，物質の他国への移転を思いとどませたり，防止するため効果的に協力すべきである．

[第十五原則]：　環境を防御するため各国はその能力に応じて予防的方策を広く講じなければならない．重大あるいは取り返しのつかない損害の恐れがあるところでは，十分な科学的確実性がないことを，環境悪化を防ぐ費用対効果の高い対策を引き延ばす理由にしてはならない．

[第十六原則]：　各国政府は，環境の汚染者は原則的に汚染の費用を支払うことを考慮に入れ，公衆の利益を配慮するとともに，国際貿易と投資をゆがめることがないように，環境にかかる費用の国際化と経済手段の使用促進に努力すべきである．

[第十七原則]：　国の手段としての環境影響評価は，環境に明白な悪影響を及ぼしかねない対象について行わなければならず，権威ある国家機関の決定の対象とすべきである．

[第十八原則]：　各国はほかの国に突発的で有害な影響をもたらしかねない，あらゆる自然災害や緊急事態について，それらの国に直ちに通報しなければならない．被害を受けた国を支援するため，国際社会によるあらゆる努力がなされるべきである．

[第十九原則]：　各国は国境を越えて重大な環境への悪影響をもたらしかねない活動について，潜在的に影響を受ける国に対し，事前に適切な通報をするとともに，的確な情報を提供しなければならず，初期の段階でそれらの国と誠実に相談しなければならない．

[第二十原則]：　女性は環境の管理と開発に極めて重要な役割を有する．彼女らの全面的な参加はそれゆえ，持続可能な開発を達成するうえで欠くことができない．

[第二十一原則]：　すべての人に持続可能な開発とより良い未来を保障するために，世界の青年たちの創造力，理念，勇気が，地球規模のパートナーショップ創造に向けて動員されるべきである．

[第二十二原則]：　先住民とその社会，さらに地域社会は，彼らの知識と伝統ゆえに環境の管理と開発に重要な役割を有する．各国は彼らの主体性，文化，利益を認め，正当に支持し，持続可能な開発を達成するために彼らの効果的な参加を可能とすべきである．

[第二十三原則]：　圧政，抑圧，占領下にある人々の環境および天然資源は保護されなければならない．

[第二十四原則]：　戦争は本質的に持続可能な開発の破壊者である．それゆえ各国は交戦時における環境保護の国際法を尊重し，必要に応じて，その一層の発展に協力しなければならない．

[第二十五原則]：　平和，開発，環境保護は相互に依存しており，不可分のものである．

[第二十六原則]：　各国はすべての環境に関する抗争を平和的かつ国連憲章に従って，適切な手段で解決しなければならない．

[第二十七原則]：　各国は，この宣言に具体化された原則を満たすとともに，持続可能な開発の分野での国際法の一層の発展のために，誠意を持って，パートナーショップの精神で協力しなければならない．

付録2　サステナビリティの各類型の例

1 体制内改革論～資本主義維持，主権国家維持
　1)　成長の限界論
　　メドウズ　1972年．「持続可能な社会とは世代を超えて維持できる社会であり，それを維持している物理的，社会的システムを侵害しないだけの先見性の明と柔軟性，智慧を備えた社会である」
　2)　エコ効率論
　　WBCSD（The World Business Council for Sustainable Development：持続可能な発展のための世界経済人会議）1997年．「エコ効率性（製品サービスの質／環境影響）により，持続可能な資本主義が達成される」
　3)　エコエコノミー論
　　レスター・ブラウン　2001年．「環境的に持続可能な経済システム——態系の法則に配慮する経済」
　4)　その他
　①EU　2001年．持続可能な発展戦略「グローバル化による地球住民の過半数の貧困と少数の過剰消費が，環境劣化の原因であり，貧困対策こそ重要である」
　②IISD（International Institute for Sustainable Development：持続可能な発展に関する国際研究所）2002年．「持続可能な発展は環境問題解決だけにあるのではなく，社会経済問題をとらえる枠組みである」
　③OECD環境委員会（Organization for Economic Co-operation and Development：経済協力開発機構）1992年．「市場手段により循環型社会へと移行し資本主義体制を強化しながらブラントラント委員会の持続可能な発展を促進する」

2 中間論
　1)　主権国家維持，資本主義一部変革
　①反グローバル経済，地域資本主義再生論
　　ジョン・グレイ　1998年．「各国の事情に即した資本主義体制の復ト（脱アメリカ型資本主義文明），第三世界のニーズに適合するグローバル規制・管理システムの構築」
　②自然資本主義論
　　ポール・ホーケン，A.ルービンス，H.ルービンス　1999年．「人類が行う人工的な産業生産は，自然資本と密接な依存関係にあることを前提に新しい持続可能な産業構造を構築すべきである．所得と物質的豊かさの国家間の不平等を正し，一般市民のニーズに基づく民主統治制度を作るべきだ」
　2)　資本主義一部変革，主権国家体制一部変革
　①脱企業世界論
　　デイビット・コーテン　1998年．「グローバル資本主義経済からステークホルダー資本主義と自給的地域経済単位による健全な市場経済へと移行するというエコロジー革命により，脱国家ビジョンも遠望する」

3 資本主義維持，主権国家体制変革
　①定常コミュニティ経済論
　　ハーマン・デイリー　1977年．「地球の収容能力は成長しない．地球の資源を枯渇させず，自然を破壊しないためには，スループットのレベルを一定以下に抑える必要がある．持続可能な社会は質素・倹約社会である」
　②定常経済論
　　J.S.ミル　1995年．「環境・生態系の保全のためには，経済成長をやめて定常経済にしないといけない」
　③定常型社会論
　　広井良典　2001年．「個人の生活保障がしっかりとなされつつ，それが資源・環境制約とも両立しながら長期にわたって存続しうる社会」

4 資本主義体制変革，主権国家体制維持一部は社会主義的計画経済も目指す
　1)　権威主義的政府と中央統制経済（エコ権威主義体制論）
　　ハーディン　1972，1974年．ハーディンは「コモンズの悲劇」で有名だが，「持続可能性の基本は人口問題にある．経済誘因と制裁を組み合わせた人口統制政策を世界規模でできるような世界的な権威と強制力を制度化することが必要」という態度から一転「人口問題は，それぞれの国の伝統や文化を反映した政策により解決すべき問題である」としている．
　2)　エコ社会主義論
　①自給自足型経済
　　フランケル　1987年．「準アウタルキー・準自給自足型経済とは，管理可能な共和国単位の統治により，被搾取構造の貿易により，準自給自足をする」
　②エコ社会主義革命
　　フォスター　2002年．「持続可能な社会を達成するには，資本主義体制の中での搾取・差別の対象になっているすべてのグループが合流し，抵抗運動を組織し，エコ社会主義革命を起こすべきだ」というもの．エコ社会主義革命は，暴力ではなく，各地で行われる生態系保全活動の積み重ねによる経済社会構造の変化を意味している．
　3)　権威主義政府と分散自立型経済
　　オルファス　1973年．「現在は異常な状態で，節約型の社会と，それを支える強い国家が必要である．ただし，自治の原則を重視し，住民の意思により決められる［自己抑制政策］である」
　4)　緑の国家論
　　エッケルスレイ　2004年．生態中心主義による，エコロジカル民主主義原理を提唱した．「長期的視野を持ち幅広い目影響原則に則り，リスクを生む決定はすべてのステークホルダーによるエコ民主主義的決定が行われる」というものである．「エコ近代化論（エコロジカルモダナイゼーション）」において，経済成長と環境劣化の関係を断ち切る考えを提唱し，強いエコ近代化（再帰的近代化）に関し考察している．再帰的近代化とは，環境問題を対処的に扱うのではなく，産業構造を批判的に再検討すべきであるという立場である．
　5)　発展途上国の立場からの分散自立型経済論
　①シバ　1999年．「産業革命は，経済の本質を生存のための基本ニーズを満たすという限られた目的の枠内での慎重な資源管理から，利潤を最大化するための商品生産へと変形させた」とし，女性原理による持続可能な社会を創造できる可能性を提示している．
　②コール　1996年．グローバル経済，金融システムを変革し，公正な経済力，富，収入の配分を実現できるようにすることが大切だと説く．第三世界の共同体システムを再発見しいかしてゆくことが，持続可能な社会を築くためには欠かせないとする．

5 主権国家変革，資本主義変革論
　1)　エコ世界政府論
　　ボーヤン・オフールズ　1992年．「地球の生態系を守る道はただ1つ，世界政府である．」
　2)　地球市民社会論
　　ストラウス・フォーク　2001年．「国家の役割が大幅に縮小し，地球公益を代表する地球会議」を提唱している．
　3)　エコ無政府主義理論
　①生命地域主義
　　サレ　2000年．「バイオリージョナリズム＝生命地域主義」を唱え，「生態系に対応した強い共同体の再生」を説いている．

②ディープエコロジー
ネス 1972年．生態系中心主義．それには5つの要素がある．(1) 人と環境の関係は人と環境の性質を決める本質的なものであり，すべての関係を含む全体の場のイメージを持つこと，(2) 生態系における平等，すなわち，人間にとっての有意性とは関係なく，すべての種は，存在する権利をもつ生命圏平等主義，(3) 人間の生存のために破壊されてはならないすべての生命体からなる多様性と豊かさ，(4) 他の生物種がたんに存続できるだけでなく栄える余地をつくるように人間の数を徐々にだが大幅に削減すること，(5) より低い消費と資源利用レベルにおける人間の自己実現．さらに，搾取・非搾取，支配・服従などの階層性に反対する反階級姿勢，複雑性とそこに存在する共生を尊重する態度，労働の断片化に反対し，人が人として活動できるように全体と統合する分業ができるような複雑な経済を好む態度，地方の自律性と分権化原則などへの支持・共感を表明している．

4) エコ無政府主義（コミューン主義）
バロ 1986年．国家機能をコミューンに分散・解消し，基本的ニーズは共同体単位で自給自足できる経済体制に移行するエコ無政府主義構想を提示．「資本主義が生態系破壊の原因である」

5) 社会生態学
ブクチン 1980年．エコ共同体の中に国家権力は分散解消し，支配と従属のない世界を実現してゆこうという無政府ビジョンを提示．社会階層と支配構造が，人間の自然支配が続き，生態系破壊は避けられないとする．

6 日本国内のサステナビリティへの提言
倉阪秀史 2007年．環境を守ることとして以下をあげる．①「人の健康・身体に関わる」問題に対しては何よりもましてそれを回避する必要がある．②社会の制度，制度を色づける文化が持続することである．これが持続可能な社会の確保．

内藤正明 2004年．持続可能性とは，「①南北間倫理（空間的），②世代間倫理（時間的），③生物種（生き物）間倫理という倫理規範の3側面として統一的に捉えられるのではないか」と指摘．

JFS (Japan for Sustainability：ジャパン・フォー・サステナビリティ) 2005年．「持続可能性とは，人類が他の生命をも含めた多様性を尊重しながら，地球環境の容量の中で，いのち，自然，くらし，文化を次の世代に受け渡し，よりよい社会の建設に意志を持ってつながり，地域間，世代間を越えて最大多数の幸福を希求すること」と定義め，それらは「資源・容量，時間的公平性，空間的公平性，多様性，意志とつながり」であるとしている．

加藤尚武 2005年．「①世界の有限性の認識，②世代間倫理，③生物種の生存権の3原則によって，［枯渇性資源への依存と廃棄物の累積を回避する］という義務が導かれる」

RSBS (Research on the Scientific Basis for Sustainability：サステナビリティの科学的基礎に関する調査) 2005年．「人間活動の将来的な発展の可能性を担保し，地球の生命維持システムがもたらす果実を全人類で享受できるようになる状態が，『サステナブル＝持続可能』であると捉えている．これは単なる物質的な目標ではなく，倫理に基づく人類共通の目標であるということも合わせて確認したい」

文　献

深井慈子（2005）：持続可能な世界論．ナカニシヤ出版．

付録3　水質汚濁にかかる環境基準

1 人の健康の保護に関する環境基準

項目	基準値	項目	基準値
カドミウム	0.003 mg/L 以下	1,1,2-トリクロロエタン	0.006 mg/L 以下
全シアン	検出されないこと	トリクロロエチレン	0.03 mg/L 以下
鉛	0.01 mg/L 以下	テトラクロロエチレン	0.01 mg/L 以下
六価クロム	0.05 mg/L 以下	1,3-ジクロロプロペン	0.002 mg/L 以下
砒素	0.01 mg/L 以下	チウラム	0.006 mg/L 以下
総水銀	0.0005 mg/L 以下	シマジン	0.003 mg/L 以下
アルキル水銀	検出されないこと	チオベンカルブ	0.02 mg/L 以下
PCB	検出されないこと	ベンゼン	0.01 mg/L 以下
ジクロロメタン	0.02 mg/L 以下	セレン	0.01 mg/L 以下
四塩化炭素	0.002 mg/L 以下	硝酸性窒素及び亜硝酸性窒素	10 mg/L 以下
1,2-ジクロロエタン	0.004 mg/L 以下	ふっ素	0.8 mg/L 以下
1,1-ジクロロエチレン	0.1 mg/L 以下	ほう素	1 mg/L 以下
シス-1,2-ジクロロエチレン	0.04 mg/L 以下	1,4-ジオキサン	0.05 mg/L 以下
1,1,1-トリクロロエタン	1 mg/L 以下		

2 生活環境の保全に関する環境基準（河川）

ア

項目 類型	利用目的の適応性	基準値				
		水素イオン 濃度（pH）	生物化学的酸素 要求量（BOD）	浮遊物質量（SS）	溶存酸素量 （DO）	大腸菌群数
AA	水道1級 自然環境保全 及びA以下の欄に掲げるもの	6.5以上 8.5以下	1 mg/L 以下	25 mg/L 以下	7.5 mg/L 以上	50 MPN/100 mL 以下
A	水道2級 水産1級 水浴 及びB以下の欄に掲げるもの	6.5以上 8.5以下	2 mg/L 以下	25 mg/L 以下	7.5 mg/L 以上	1000 MPN/100 mL 以下
B	水道3級 水産2級 及びC以下の欄に掲げるもの	6.5以上 8.5以下	3 mg/L 以下	25 mg/L 以下	5 mg/L 以上	5000 MPN/100 mL 以下
C	水産3級 工業用水1級 及びD以下の欄に掲げるもの	6.5以上 8.5以下	5 mg/L 以下	50 mg/L 以下	5 mg/L 以上	−
D	工業用水2級 農業用水 及びEの欄に掲げるもの	6.0以上 8.5以下	8 mg/L 以下	100 mg/L 以下	2 mg/L 以上	−
E	工業用水3級 環境保全	6.0以上 8.5以下	10 mg/L 以下	ごみ等の浮遊が認 められないこと	2 mg/L 以上	−

イ

項目 類型	水生生物の生息状況の適応性	基準値		
		全亜鉛	ノニル フェノール	直鎖アルキルベンゼン スルホン酸及びその塩
生物A	イワナ，サケマス等比較的低温域を好む水生生物 及びこれらの餌生物が生息する水域	0.03 mg/L 以下	0.001 mg/L 以下	0.03 mg/L 以下
生物特A	生物Aの水域のうち，生物Aの欄に掲げる水生 生物の産卵場（繁殖場）又は幼稚仔の生育場とし て特に保全が必要な水域	0.03 mg/L 以下	0.0006 mg/L 以下	0.02 mg/L 以下
生物B	コイ，フナ等比較的高温域を好む水生生物及びこ れらの餌生物が生息する水域	0.03 mg/L 以下	0.002 mg/L 以下	0.05 mg/L 以下
生物特B	生物A又は生物Bの水域のうち，生物Bの欄に 掲げる水生生物の産卵場（繁殖場）又は幼稚仔の 生育場として特に保全が必要な水域	0.03 mg/L 以下	0.002 mg/L 以下	0.04 mg/L 以下

付録3 水質汚濁にかかる環境基準

3 生活環境の保全に関する環境基準（湖沼）

ア

類型	項目 利用目的の適応性	基準値				
		水素イオン 濃度（pH）	化学的酸素要 求量（COD）	浮遊物質量 （SS）	溶存酸素量 （DO）	大腸菌群数
AA	水道1級 水産1級 自然環境保全 及びA以下の欄に掲げるもの	6.5以上 8.5以下	1 mg/L 以下	1 mg/L 以下	7.5 mg/L 以上	50 MPN/100 mL 以下
A	水道2, 3級 水産2級 水浴 及びB以下の欄に掲げるもの	6.5以上 8.5以下	3 mg/L 以下	5 mg/L 以下	7.5 mg/L 以上	1000 MPN/100 mL 以下
B	水産3級 工業用水1級 農業用水 及びCの欄に掲げるもの	6.5以上 8.5以下	5 mg/L 以下	15 mg/L 以下	5 mg/L 以上	−
C	工業用水2級 環境保全	6.0以上 8.5以下	8 mg/L 以下	ごみ等の浮遊が認 められないこと	2 mg/L 以上	−

イ

類型	項目 利用目的の適応性	基準値	
		全窒素	全燐
I	自然環境保全及びⅡ以下の欄に掲げるもの	0.1 mg/L 以下	0.005 mg/L 以下
Ⅱ	水道1, 2, 3級（特殊なものを除く） 水産1種 水浴及びⅢ以下の欄に掲げるもの	0.2 mg/L 以下	0.01 mg/L 以下
Ⅲ	水道3級（特殊なもの）及びⅣ以下の欄に掲げるもの	0.4 mg/L 以下	0.03 mg/L 以下
Ⅳ	水産2種及びVの欄に掲げるもの	0.6 mg/L 以下	0.05 mg/L 以下
V	水産3種 工業用水 農業用水 環境保全	1 mg/L 以下	0.1 mg/L 以下

ウ

類型	項目 水生生物の生息状況の適応性	基準値		
		全亜鉛	ノニル フェノール	直鎖アルキルベンゼン スルホン酸及びその塩
生物A	イワナ, サケマス等比較的低温域を好む水生生物及び これらの餌生物が生息する水域	0.03 mg/L 以下	0.001 mg/L 以下	0.03 mg/L 以下
生物特A	生物Aの水域のうち, 生物Aの欄に掲げる水生生物 の産卵場（繁殖場）又は幼稚仔の生育場として特に保 全が必要な水域	0.03 mg/L 以下	0.0006 mg/L 以下	0.02 mg/L 以下
生物B	コイ, フナ等比較的高温域を好む水生生物及びこれら の餌生物が生息する水域	0.03 mg/L 以下	0.002 mg/L 以下	0.05 mg/L 以下
生物特B	生物A又は生物Bの水域のうち, 生物Bの欄に掲げ る水生生物の産卵場（繁殖場）又は幼稚仔の生育場と して特に保全が必要な水域	0.03 m g／L 以下	0.002 mg/L 以下	0.04 mg/L 以下

4 生活環境の保全に関する環境基準（海域）

ア

類型	利用目的の適応性	基準値				
		水素イオン濃度（pH）	化学的酸素要求量（COD）	溶存酸素量（DO）	大腸菌群数	n-ヘキサン抽出物質（油分等）
A	水産1級 水浴 自然環境保全 及びB以下の欄に掲げるもの	7.8以上 8.3以下	2 mg/L 以下	7.5 mg/L 以上	1000 MPN/100 mL 以下	検出されないこと
B	水産2級 工業用水 及びCの欄に掲げるもの	7.8以上 8.3以下	3 mg/L 以下	5 mg/L 以上	−	検出されないこと
C	環境保全	7.0以上 8.3以下	8 mg/L 以下	2 mg/L 以上	−	−

イ

類型	利用目的の適応性	基準値	
		全窒素	全燐
I	自然環境保全及びII以下の欄に掲げるもの（水産2種及び3種を除く）	0.2 mg/L 以下	0.02 mg/L 以下
II	水産1級 水浴及びIII以下の欄に掲げるもの（水産2種及び3種を除く）	0.3 mg/L 以下	0.03 mg/L 以下
III	水産2種及びIVの欄に掲げるもの（水産3種を除く）	0.6 mg/L 以下	0.05 mg/L 以下
IV	水産3種 工業用水 生物生息環境保全	1 mg/L 以下	0.09 mg/L 以下

ウ

類型	水生生物の生息状況の適応性	基準値		
		全亜鉛	ノニルフェノール	直鎖アルキルベンゼンスルホン酸及びその塩
生物A	水生生物の生息する水域	0.02 mg/L 以下	0.001 mg/L 以下	0.01 mg/L 以下
生物特A	生物Aの水域のうち，水生生物の産卵場（繁殖場）又は幼稚仔の生育場として特に保全が必要な水域	0.01 mg/L 以下	0.0007 mg/L 以下	0.006 mg/L 以下

5 一律排水基準（健康項目）

有害物質の種類	許容限度	有害物質の種類	許容限度	有害物質の種類	許容限度
カドミウム及びその化合物	0.1 mg/L	テトラクロロエチレン	0.1 mg/L	セレン及びその化合物	0.1 mg/L
シアン化合物	1 mg/L	ジクロロメタン	0.2 mg/L	ほう素及びその化合物	海域以外 10 mg/L, 海域 230 mg/L
有機燐化合物（パラチオン，メチルパラチオン，メチルジメトン及びEPNに限る）	1 mg/L	四塩化炭素	0.02 mg/L		
		1,2-ジクロロエタン	0.04 mg/L		
鉛及びその化合物	0.1 mg/L	1,1-ジクロロエチレン	1 mg/L		
六価クロム化合物	0.5 mg/L	シス-1,2-ジクロロエチレン	0.4 mg/L	ふっ素及びその化合物	海域以外 8 mg/L, 海域 15 mg/L
砒素及びその化合物	0.1 mg/L	1,1,1-トリクロロエタン	3 mg/L		
水銀及びアルキル水銀その他の水銀化合物	0.005 mg/L	1,1,2-トリクロロエタン	0.06 mg/L		
		1,3-ジクロロプロペン	0.02 mg/L	アンモニア，アンモニウム化合物，亜硝酸化合物及び硝酸化合物	100 mg/L*
アルキル水銀化合物	検出されないこと	チウラム	0.06 mg/L		
		シマジン	0.03 mg/L	1,4-ジオキサン	0.5 mg/L
ポリ塩化ビフェニル	0.003 mg/L	チオベンカルブ	0.2 mg/L		
トリクロロエチレン	0.3 mg/L	ベンゼン	0.1 mg/L		

*アンモニア性窒素に0.4を乗じたもの，亜硝酸性窒素及び硝酸性窒素の合計量．

索　引

1日許容摂取量　153
2010年目標　173
3E経営　65
3R　199, 96
4つの危機　165

ABS　173
ABSに関する名古屋議定書　173
BADS　63
BDF　116
BES　168
biodiversity　160
BOD　136
BRT　49
CAS　188
CCS　50
CFC　188
CFP　206
CGS　120
COD　136
COP 3　43
COP 10　7, 171
COP/MOP 5　171
CSR　54
DDT　192
DfE　211
DNA　159
DO　134
EF　206
EMS　57
EPR　208
ESD　80
GBO 3　164
GOODS　63
HCFC　188
HDI　76
HFC　37, 190
IPBES　174
IPCC　43, 53
IPSI　173
ISO 14001　54, 58
ISO 14051　204
ISO　56
IT技術　33

LCA　205
LED　42
LRT　49
MSDS　195
NGO　86
NPO　86
n-ヘキサン抽出物質　136
PCB　190
PCDD　191
PCDF　191
PDCA　58
PFC　37
p-n接合　111
POPs　193
POPs条約　194
PRTR　195
REACH規則　196
RoHS指令　196
SATOYAMAイニシアティブ　173
SDS　195
SF_6　38
SPM　126
SS　136
TEEB　167
TMR　204
UNCCD　141
WSSD　211

あ行

愛知目標　173
アオコ　135
アカウンタビリティ　57
赤潮　134
悪臭　21
悪臭防止法　22
亜酸化窒素　37
アジェンダ21　13, 14
足尾銅山　18, 52
アスファルト　31
アセトアルデヒド　21
圧縮　184
あぶみ　30
アメニティ　72, 94
アルカリ法　28

安定型処分場　182

イエローケーキ　109
硫黄酸化物　108
イオン交換膜電解法　29
移行層　129
一般環境大気測定局　124
一般廃棄物　175
遺伝　159
遺伝子　159
遺伝資源　162
　　──の取得と利益配分　173
遺伝的な多様性　161
隕石　146

ウィーン条約　5, 194
ウォーターフットプリント　143
宇宙船地球号　1
宇宙飛行士経済　2
ウラン　109

エアレーション　139
栄養塩　134
エコインダストリアルパーク　210
エコタウン事業　210
エコファーマー　156
エコロジカルフットプリント　16, 206
エコロジカルリュックサック　201
エコロジー教育　83
エコロジー的永続可能性　76
越境汚染　5
江戸時代　32, 90
エネルギー資源　106
塩害　141
塩化ビニル　29
エンドオブパイプ　63
エントレインメント層　129

オスロ議定書　5
汚染者負担原則　11, 100
オゾン酸化　140

索　引

オゾン層　4, 189
オゾンホール　5, 190
オットー，ニコラウス　31
汚物掃除法　32
温室効果　3, 36
温室効果ガス　3
温泉熱　118
温度逆転層　34

か 行

ガイア思想　1
回収技術　49
解析解モデル　131
貝塚　32
開発　80
外部報告　204
海洋汚染　9
外来種　166
外来生物，外来生物法　171
カウボーイ経済　2
化学的酸素要求量　136
化学肥料　31
拡散幅　132
拡大生産者責任　100, 208
核分裂　110
隔離技術　50
隠れたフロー　201
ガス化　117
化石燃料　106
ガソリン自動車　42
活性汚泥，活性汚泥法　139
活性炭吸着　140
家電リサイクル法　209
カーボンオフセット　48
カーボンフットプリント　206
カルタヘナ議定書第5回締約国会議　171
ガレー船　30
環境アセスメント法　96
環境影響評価法　96
環境会計　204
環境家計簿　204
環境管理会計　204
環境基準　123, 136
環境基本計画　95
環境基本法　78, 95
環境教育　77
環境教育指導資料　82
環境クズネッツ曲線　101, 200
環境経営　57

環境計画　103
環境権　72, 98
環境効率　206
環境収容力　15
環境省　96, 213
環境政策　89
環境側面　58, 60
環境庁　92
環境と開発に関する国連会議　168
環境と開発に関する世界委員会　94
環境配慮設計　211
環境保全型農業　155
環境保全効果　204
環境保全コスト　204
環境保全対策に伴う経済効果　204
環境ホルモン　193
環境マネジメント　56
環境マネジメントシステム　54
環境問題に関する世論調査　173
環境容量　58, 62
環境リスク　196
乾燥断熱減率　129
乾燥地域　141
乾燥度指数　141
関与物質総量　204
管理型処分場　182

企業環境教育　85
企業サステナビリティ　75
気候変動　3
気候変動枠組条約　42, 96
規制の手法　104
逆浸透法　140
キャップアンドトレード　46
キャパシティビルディング　7
キャリングキャパシティ　58
急速ろ過池　138
凝集剤　138
協働原則　103
共同実施　46
京都議定書　43
京メカニズム　46
近隣騒音　22

クチクラ　148
鞍　30

グリーンウォーター　143
クリーンエネルギー自動車　121
クリーン開発メカニズム　46
グリーン購入法　209
グレイウォーター　143
クレジット　46
グローバリゼーション　202
グローバル倫理　68

景観　157
蛍光灯　42
経済側面　60
経済的手法　104
限外ろ過　140
原核生物　160
嫌気性　134
嫌気分解　154
原始大気　145
現状把握型　201
原子力発電　109
原子炉等規制法に基づくクリアランス基準　214
建設リサイクル法　209
顕熱　127
原油　106
源流対策の原則　100

コア　146
広域処理　213
公害国会　92
光化学オキシダント　125
好気性　134
鉱業条例　91
工場排水規制法　92
工場法　91
高度処理　140
効率算定型　201
国際希少野生動植物種　171
国際生物多様性年　173
国際生物多様性の日　169
国際標準化機構　56
コークス　28
国内希少野生動植物種　171
国民生活に関する世論調査　212
国有林野の管理経営に関する法律　170
国立公園法　91
国連砂漠化防止会議　7

索 引

国連生物多様性の10年　174
国連人間環境会議　10, 93
コジェネレーション　120
骨材　29
固定価格買取制度　45
コプラナーPCB　191
コペンハーゲン合意　44
ごみ非常事態宣言　202
コモンズ　62, 90
コンクリート　29
コンパクトシティ　42, 48

さ 行

災害廃棄物　176, 213
再資源化　199
最終処分量　208
最終沈殿池　139
最初沈殿池　139
再生可能エネルギー　111
再利用　199
サステナビリティの類型　73, 220
サステナビリティマインド　85
サステナビリティマネジメント　54
サステナブル経営　67
サステナブルデベロップメント　53
里山保全運動　157
砂漠化　6, 141
砂漠化対処条約　7
サブスタンスフロー分析　202
産業エコロジー　199
産業騒音　22
産業廃棄物　175
産業廃棄物管理票　181
サンゴ礁　165
酸性雨　5
残余年数　70

シアノバクテリア　147
シェールガス　109
支援的手法　104
紫外線　189
事業的手法　104
資源循環　198, 199
資源生産性　208
資源有効利用促進法　208
自主的取組み手法　104
システムコスト　204

システムダイナミクス　10
自然環境基本法　170
自然環境保全地域　170
自然環境保全法　93
自然公園　170
自然公園法　170
自然農法　155
自然の生存権　54
持続可能性経営　54
持続可能性原理　98
持続可能な開発　12, 53, 80
　──のための教育　80
持続可能な開発委員会　13
持続可能な開発に関する世界サミット　211
持続可能な消費　211
自動車排出ガス測定局　124
自動車リサイクル法　209
地盤沈下　23
縞状鉄鉱層　147
社会側面　60
社会的責任　52, 61
遮断型処分場　182
臭気指数　22
重金属　135
自由大気　127
終末処理場　138
種　161
　──の大量絶滅　162
　──の多様性　161
　──の保存法　171
種間の多様性　161
種内の多様性　161
狩猟採集　24
狩猟法　91
循環型社会形成推進基本計画　208
循環型社会形成推進基本法　207
循環型社会　199
循環圏　201
循環利用率　208
旬産旬消　157
省エネ法　94
生涯学習　84
浄化　152
焼却　183
硝酸性窒素　32
浄水場　138
使用済小型電子機器等の再資源化の促進に関する法律　210
情報的手法　104
静脈　198
縄文人　24
自溶炉　20
食品リサイクル法　209
植物工場　156
飼料化　187
進化　159
人口　71
人工化学物質　135
人口容量　14
振動　21
身土不二　158
森林管理　6
森林原則声明　6
森林生態系保護地域　170
森林伐採　141
森林法　91, 170
人類生態学　17, 58
人類の生活の豊かさ　166

水銀電極法　29
水質汚濁防止法　92
水質保全法　92
水利権　113
水力発電　112
数値モデル　131
鈴木幸毅　77
ステークホルダー　55, 207
ステークホルダーマネジメント（ステークホルダー経営）　61
ステファン-ボルツマン則　36
ストック　199
スマートグリッド　119
スマートコミュニティ　48, 119
スマートシティ　48
スローフード　158

生息地等保護区　170
生態系　161
　──の多様性　161
生態系サービス　166
『成長の限界』　1, 10, 14
青銅　18
生物　159
生物化学的酸素要求量　136
生物多様性　7, 160
　──の経済学　167

生物多様性基本法 7, 169
生物多様性国家戦略 165
生物多様性条約第10回締約国
　会議 7, 171
生物多様性総合評価報告書
　166
生物多様性と生態系サービスに
　関する政府間科学政策プラ
　ットフォーム 174
生物濃縮 135
精密ろ過 140
生命 159
生命系 159
生命体 159
世界遺産地域 170
世界の森林面積 164
石炭 107
石油 106
世代間公平性 72
石器時代 24
接地逆転層 129
接地境界層 127
接地層 127
雪氷冷熱 118
絶滅速度 163
セメント 29
ゼロエミッション 211
センスオブワンダー 81
選別 184
戦略計画 2011-2020 171
騒音 21
総合的な学習 82
ソーシャルキャピタル 87
ソフィア議定書 5
ソルヴェー法 29

た 行

ダイオキシン類 191
大気安定度 129
大気汚染 123
大気汚染防止法 92, 123
大気拡散 126
大気境界層 127
大三角帆 30
大絶滅 162
大腸菌群数 136
堆肥化 186
太陽光発電 111
太陽熱 118

対流混合層 127
脱水・乾燥 185
脱物質化 212
脱硫 20
田中正造 19
炭素循環 151
炭素本位資本主義 62
断熱化 48

地域間公平性 72
地域循環圏 208
地球温暖化 3
地球温暖化係数 38
地球温暖化対策基本法 45
地球温暖化対策推進大綱 45
地球温暖化対策推進法 45
地球温暖化防止行動計画 45
地球規模生物多様性概況第3版
　164
地球サミット 13, 95, 168
地球生命圏 1
地球有限論 68
地産地消 157
地中熱 118
窒素酸化物 108, 125
地熱発電 117
中和 185
長距離越境大気汚染条約 5
鳥獣保護区, 鳥獣保護法 170
調整的手法 104

津波堆積物 213

定常化社会 11
ディーゼル, ルドルフ 31
低炭素社会 106
デイリー, ハーマン 11, 76
デカップリング 199
適正処分 199
手続き的手法 104
電解法 29
電気自動車 42, 49
天然ガス 107
天然資源 198

銅 18
動脈 198
特定外来生物 171
特定事業者 208
特別管理一般廃棄物 176

特別管理産業廃棄物 176
特別緑地保全地区 170
都市鉱山 210
土壌汚染 151
土壌肥沃度 150
都市緑地法 170
ドノラ 34
トリプルスズ 9
トリプルボトムライン 59
トリレンマ 71
トレーサビリティ 158

な 行

内部管理活動 204
内分泌攪乱化学物質 193
ナイロビ宣言 94
ナノろ過 140

二酸化硫黄 124
二酸化炭素 3, 37
二酸化炭素排出 53
日本農林規格 155
人間開発指数 76
人間環境会議 9
人間環境宣言 10

ネガティブリスト 153
熱帯性感染症 39
熱帯林 6, 164
燃料電池 121

農村生態系 157
濃度予測 131
農薬 152

は 行

ばい煙等規制法 92
バイオエタノール 117
バイオディーゼル燃料 116
バイオマス 115
バイオマス活用推進基本計画
　210
バイオマスタウン構想 210
バイオマス・ニッポン総合戦略
　210
バイオマスリファイナリー
　117
廃棄物 175, 198
廃棄物の処理及び清掃に関する
　法律（廃棄物処理法） 155,

索引

175, 208
排出抑制 199
排出量取引 46
ばいじん規制法 123
排水基準 137
ハイドレード 50
ハイドロフルオロカーボン 37, 190
廃プラスチック 28
ハイブリッド車 42, 49
白熱灯 42
破砕 184
バーゼル条約 9
バーチャルウォーター 142
発生抑制 199
ハーバー–ボッシュ法 31
パーフルオロカーボン 37
波力発電 119
バルディーズ号 9, 35

ピークオイル 69
ピグー税 101
日立鉱山 19
ヒートポンプ 120, 156
ヒューマンエコロジー 17, 58

ファクターX（10） 207
風力発電 114
富栄養化 135
附属書Ⅰ国 46
復興庁 213
物質収支 202
物質代謝 199
物質フローコスト会計 203
物質フロー指標 208
物質フロー分析 201
フードマイレージ 158
フネレポート 9
浮遊物質量 136
浮遊粒子状物質 136
フラー，バックミンスター 1
フリーライダー 62, 77
ブルーウォーター 143
フルオロカーボン 188
プルーム式 132
ブルントラント委員会 12, 72
フロー 199
フロック 138
フロン 4, 188
分類群 161

ヘルシンキ議定書 5

放射性廃棄物 110, 176, 213
放射性物質汚染対処特措法 213
補完性原則 103
保護増殖事業計画 171
保護林 170
母材 150
ポジティブリスト 153
ポスト京都議定書 44
ポツダムイニシアティブ 168
ホットスポット 7
ポリシーミックス 104
ポルトランドセメント 30

ま 行

マグマオーシャン 146
膜ろ過 140
マスキー法 34, 93
マテリアルコスト 204
マテリアルフローコスト会計 64
マニフェスト 181
マングローブ林 164
マントル 146

未然防止原則 99
緑の国勢調査 170
水俣病 20
ミューズ渓谷 34
ミレニアム生態系評価 162

無過失損害賠償責任 92

メタン 37
メタンガス化 186
メタン発酵 117
メチル水銀 20
メドウズ，デニス 1

木質資源 27
モーダルシフト 49
モントリオール議定書 5, 194

や 行

薬品沈殿池 138

有機塩素化合物 135
有機農産物 155

有機農法 155
有効煙突高さ 132
有性生殖 160
油水分離 185

容器包装リサイクル法 208
溶存酸素 134
溶融 184
用量反応関係 197
揚力 114
ヨハネスブルグサミット 13
予防原則 11, 51, 99

ら 行

ライフサイクル 205
ライフサイクルアセスメント 205
ライン川 34
ラブロック，ジェームズ 1
ラムサール条約 95
ラムサール条約湿地 170
乱流拡散 126

リオサミット 13
リオ宣言 13, 14, 219
リサイクル資源 198
リスクコミュニケーション 197
リービッヒ，ユストゥス・フォン 31
硫化水素 147
臨界 110

ルノアール，ジャン＝ジョセフ・エティエンヌ 31
ルブラン法 28

レアメタル 210
レッドデータブック 7
レッドリスト 164
レメディエーション 152

六フッ化硫黄 38
ローマクラブ 1, 10
ロンドン条約 9

わ 行

ワシントン条約 95
ワット，ジェームズ 31

編著者略歴

後藤尚弘
1966年　東京都に生まれる
1994年　東京大学大学院工学系
　　　　研究科博士課程修了
現　在　豊橋技術科学大学
　　　　環境・生命工学系准教授
　　　　博士（工学）

九里徳泰
1965年　神奈川県に生まれる
1999年　中央大学大学院総合政策
　　　　研究科修士課程修了
現　在　相模女子大学学芸学部教授
　　　　博士（工学）

基礎から学ぶ環境学

定価はカバーに表示

2013年9月25日　初版第1刷
2020年1月15日　第6刷

編著者　後　藤　尚　弘
　　　　九　里　徳　泰
発行者　朝　倉　誠　造
発行所　株式会社　朝倉書店
　　　　東京都新宿区新小川町6-29
　　　　郵便番号　162-8707
　　　　電話　03(3260)0141
　　　　FAX 03(3260)0180
　　　　http://www.asakura.co.jp

〈検印省略〉

© 2013〈無断複写・転載を禁ず〉　Printed in Korea

ISBN 978-4-254-18040-4　C 3040

JCOPY　<(社)出版者著作権管理機構　委託出版物>

本書の無断複写は著作権法上での例外を除き禁じられています．複写される場合は，そのつど事前に，(社)出版者著作権管理機構（電話 03-3513-6969，FAX 03-3513-6979, e-mail: info@jcopy.or.jp）の許諾を得てください．

東京大学大学院環境学研究系編 シリーズ〈環境の世界〉1	〔内容〕自然環境とは何か／自然環境の実態をとらえる（モニタリング）／自然環境の変動メカニズムをさぐる（生物地球化学的，地質学的アプローチ）／自然環境における生物（生物多様性，生物資源）／都市の世紀（アーバニズム）に向けて／他
自然環境学の創る世界	
18531-7 C3340　　　　A 5 判 216頁 本体3500円	
東京大学大学院環境学研究系編 シリーズ〈環境の世界〉2	〔内容〕〈環境の世界〉創成の戦略／システムでとらえる物質循環（大気，海洋，地圏）／循環型社会の創成（物質代謝，リサイクル）／低炭素社会の創成（CO_2排出削減技術）／システムで学ぶ環境安全（化学物質の環境問題，実験研究の安全構造）
環境システム学の創る世界	
18532-4 C3340　　　　A 5 判 192頁 本体3500円	
東京大学大学院環境学研究系編 シリーズ〈環境の世界〉3	〔内容〕〈環境の世界〉創成の戦略／日本の国際協力（国際援助戦略，ODA政策の歴史的経緯・定量分析）／資源とガバナンス（経済発展と資源断片化，資源リスク，水配分，流域ガバナンス）／人々の暮らし（ため池，灌漑事業，生活空間，ダム建設）
国際協力学の創る世界	
18533-1 C3340　　　　A 5 判 216頁 本体3500円	
東洋大学国際共生社会研究センター編	アジアの発展と共生を目指して具体的コラムも豊富に交えて提言する。〔内容〕国際開発と環境／社会学から見た内発的発展／経済学から見た〜／環境工学から見た〜／行政学から見た〜／地域開発学から見た〜／観光学から見た〜／各種コラム
国 際 開 発 と 環 境 ―アジアの内発的発展のために―	
18039-8 C3040　　　　A 5 判 168頁 本体2700円	
岡山大 塚本真也・高橋志織著	プレゼンテーションを効果的に行うためのポイント・練習法をたくさんの写真や具体例を用いてわかりやすく解説。〔内容〕話すスピード／アイコンタクト／ジェスチャー／原稿作成／ツール／ビジュアル化・デザインなど
学生のための **プレゼン上達の方法** ―トレーニングとビジュアル化―	
10261-1 C3040　　　　A 5 判 164頁 本体2300円	
高橋麻奈著	まったくの初心者へ向けて統計学の基礎を丁寧に解説。図表や数式の意味が一目でわかる。〔内容〕データの分布を調べる／データの「関係」を整理する／確率分布を考える／標本から推定する／仮説が正しいか調べる（検定）／統計を応用する
ここからはじめる **統計学の教科書**	
12190-2 C3041　　　　A 5 判 152頁 本体2400円	
東京海洋大 刑部真弘著	日常の素朴な疑問に答えながら，エネルギーの基礎から新技術までやさしく解説。陸電，電気自動車，スマートメーターといった最新の話題も豊富に収録。〔内容〕簡単な熱力学／燃料の種類／ヒートポンプ／自然エネルギー／スマートグリッド
エ ネ ル ギ ー の は な し ―熱力学からスマートグリッドまで―	
20146-8 C3050　　　　A 5 判 132頁 本体2400円	
東京理科大学安全教育企画委員会編	本書は，主に化学・製薬・生物系実験における安全教育について，卒業研究開始を目前にした学部3〜4年生，高専の学生を対象にわかりやすく解説した。事故例を紹介することで，読者により注意を喚起し，理解が深まるよう練習問題を掲載。
研究のための **セーフティサイエンスガイド** ―これだけは知っておこう―	
10254-3 C3040　　　　B 5 判 176頁 本体2000円	
埼玉大 浅枝　隆編著	本文と図を効果的に配置し，図を追うだけで理解できるように工夫した教科書。工学系読者にも配慮した記述。〔内容〕生態学および陸水生態系の基礎知識／生息域の特性と開発の影響（湖沼，河川，ダム，汽水，海岸，里山・水田，道路など）
図説 **生 態 系 の 環 境**	
18034-3 C3040　　　　A 5 判 192頁 本体2800円	
東大 宮下　直・京大 井鷺裕司・東北大 千葉　聡著	遺伝子・種・生態系の三部構成で生物多様性を解説した教科書。〔内容〕遺伝的多様性の成因と測り方／遺伝的多様性の保全と機能／種の創出機構／種多様性の維持機構とパターン／種の多様性と生態系の機能／生態系の構造／生態系多様性の意味
生 物 多 様 性 と 生 態 学 ―遺伝子・種・生態系―	
17150-1 C3045　　　　A 5 判 184頁 本体2800円	

上記価格（税別）は 2019年 12月現在